U0227964

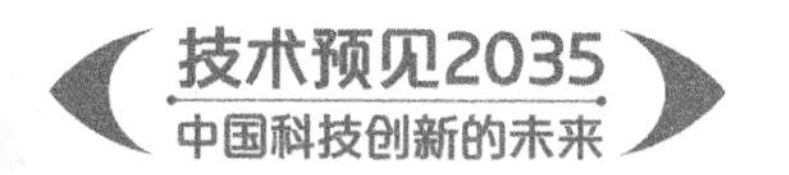

本书出版受中国科学院科技战略咨询研究院重大咨询项目
“支撑创新驱动转型关键领域技术预见与发展战略研究”资助

Technology Foresight Towards 2035 in China: Ecology and Environment

中国生态环境2035技术预见

中国科学院创新发展研究中心
中国生态环境技术预见研究组 ◎ 著

科学出版社
北京

内 容 简 介

本书面向2035年，对大气污染防治、土壤污染防治、水环境保护、清洁生产、生态保护与修复、化学品环境风险防控、环保产业技术、重大自然灾害预判与防控、全球环境变化与应对等9个子领域进行技术预见分析。邀请国内专家对9个子领域共计125项技术课题的发展趋势和前景进行研判和分析，遴选出25项关键技术课题并进行了展望。本书对我国生态环境领域技术预见研究、关键技术选择、重大科技决策和产业政策制定具有重要的现实意义和理论价值。

本书适合科技决策部门工作人员、科技政策研究人员和广大科学技术工作者阅读。本书内容有助于了解生态环境领域科技发展的现状和热点，科学判断和前瞻把握生态环境领域科技发展的前沿与趋势，有效支撑相关决策、规划和研究。

图书在版编目（CIP）数据

中国生态环境2035技术预见/中国科学院创新发展研究中心，中国生态环境技术预见研究组著. —北京：科学出版社，2020.8

（技术预见2035：中国科技创新的未来）

ISBN 978-7-03-065288-1

Ⅰ.①中… Ⅱ.①中… ②中… Ⅲ.①生态环境-环境预测-研究-中国 Ⅳ.①X321.2

中国版本图书馆CIP数据核字（2020）第088427号

丛书策划：侯俊琳 牛 玲

责任编辑：牛 玲 刘巧巧 / 责任校对：韩 杨

责任印制：李 彤 / 封面设计：有道文化

科学出版社 出版

北京东黄城根北街16号

邮政编码：100717

http://www.sciencep.com

北京虎彩文化传播有限公司 印刷

科学出版社发行 各地新华书店经销

*

2020年8月第 一 版 开本：720×1000 B5

2022年1月第四次印刷 印张：20 1/2

字数：320 000

定价：138.00元

（如有印装质量问题，我社负责调换）

技术预见2035：中国科技创新的未来

丛书编委会

中国生态环境2035技术预见

研 究 组

组　　长： 穆荣平

副 组 长： 王孝炯

成　　员： 赵彦飞　张久春　文　皓　任志鹏　池康伟
程嘉颖　郭　鑫　张汉军　吕慧中　樊永刚
陈凯华

专 家 组

组　　长： 刘文清

成　　员（按姓氏拼音排序）：
曹宏斌　陈吕军　陈晓清　陈运法　崔保山
葛全胜　胡立刚　廖晓勇　骆永明　吴绍洪
谢品华　杨　敏　俞汉青

子领域专家名单

大气污染防治子领域

组　　长：谢品华

成　　员（按姓氏拼音排序）：

程水源　桂华侨　李　昂　刘文清　陆克定　王自发

吴丰成　朱廷钰

土壤污染防治子领域

组　　长：骆永明

副 组 长：廖晓勇

成　　员（按姓氏拼音排序）：

陈梦舫　顾爱良　黄沈发　李书鹏　李秀华　刘五星

马　骏　马奇英　宋　静　宋　昕　滕　应　吴龙华

赵　玲　赵方杰　周东美　周友亚　朱东强

水环境保护子领域

组　　长：杨　敏

副 组 长：俞汉青

成　　员（按姓氏拼音排序）：

胡宝兰　李爱民　李文卫　强志民　盛国平　孙承林

王　军　王爱杰　于建伟　赵　旭　竺建荣

清洁生产子领域

组　　长：曹宏斌

副 组 长：陈吕军

成　　员（按姓氏拼音排序）：

郭占成　廖学品　刘庆芬　齐　涛　孙　峙　田金平

徐　峻

生态保护与修复子领域

组　　长：崔保山

成　　员（按姓氏拼音排序）：

董世魁　刘世梁　邵冬冬　孙　涛　杨　薇　易雨君

于淑玲　赵彦伟

化学品环境风险防控子领域

组　　长：胡立刚

成　　员（按姓氏拼音排序）：

陈嘉斌　郭　欢　郭　磊　李敬光　刘景富　史建波

王殳凹　王铁宇　王祥科　王亚韡　张效伟

环保产业技术子领域

组　　长：陈运法

成　　员（按姓氏拼音排序）：

曹宏斌　韩　宁　何发珏　贺　泓　李会泉　李俊华

刘海弟　刘建国　钱　鹏　易　斌　朱天乐　朱廷珏

庄绪亮

重大自然灾害预判与防控子领域

组　　长：陈晓清

副 组 长：吴绍洪

成　　员（按姓氏拼音排序）：

崔　鹏　戴尔阜　鲁　帆　吕雪峰　欧阳朝军　殷　杰

张继权

全球环境变化与应对子领域

组　　长：葛全胜

成　　员（按姓氏拼音排序）：

崔宗强　邓祥征　董文杰　郭　浩　刘文彬　吕宪国

魏　伟　吴建国　徐晓斌　许端阳　郑景云　周天军

加强技术预见研究　提升科技创新发展能力（总序）

新一轮科技革命和产业变革加速了全球科技竞争格局重构，世界主要国家和地区纷纷调整科技发展战略和政策，面向未来重大战略需求，布局实施重大科技计划，力图把握国际科技竞争主动权。我国政府提出了2035年跻身创新型国家前列和2050年建成世界科技强国的宏伟目标①，对于细化国家科技创新发展目标、精准识别科技创新战略重点领域和优先发展技术清单提出了新的更高的要求，迫切需要大力开展科学前瞻和技术预见活动，支撑科技创新发展宏观决策和政策制定，把握新技术革命和产业变革引发的新机遇，全面提升国家科技创新发展能力和水平。

技术预见活动是一个知识开发的过程，借助多种方法对科学、技术、经济、社会和环境的远期未来进行系统分析并形成发展愿景。技术预见活动是一个对远期未来技术需求认知进行动态调整和修正的过程。技术预见是一个利益相关者共同选择未来的沟通、协商与交流过程。自20世纪90年代以来，技术预见活动已经成为世界潮流。世界主要国家和地区纷纷开展技术预见实践，力图通过系统研究科学、技术、经济和社会发展的远期趋势，识别并选择有可能带来最大经济效益、社会效益的战略领域或通用新技术。21世纪初，世界主要国家和地区先后将技术预见活动纳入科技发展规划和政策制定过程中，为加强国家宏观科技管理、提高科技战略规划能力、实现创新资源高效配置提供支撑。同一时期，我国也组织开展了一系列技术预测和关键技术选择等着眼于未来技术选择的调查研究工作，并将技术预测作为研究编制《"十三五"国家科技创新规划》中优先技术选择的重要依据，标志着技术预见已经成为我国政策制定过程的重要环节。

① 习近平. 2017. 决胜全面建成小康社会 夺取新时代中国特色社会主义伟大胜利——在中国共产党第十九次全国代表大会上的报告. http://www.xinhuanet.com/2017-10/27/c_1121867529.htm［2017-10-27］.

从 2000 年开始“技术预见与政策选择方法研究”到 2003 年开展“中国未来 20 年技术预见研究”[①]，我们亲身经历了技术预见从一个概念、一种方法到一个识别未来技术的系统工程的演化过程，出版了《中国未来 20 年技术预见》《中国未来 20 年技术预见（续）》《技术预见报告 2005》《技术预见报告 2008》等研究报告。值得指出的是，2003 年提出的 2020 年中国社会发展愿景的六个画面——“全球化、信息化、工业化、城市化、消费型和循环型”在很大程度上已经变成了现实，遴选的重要技术课题中的多数已经实现。

新时代“中国未来 20 年技术预见研究”是 2015 年中国科学院科技战略咨询研究院启动的重大咨询项目“支撑创新驱动转型关键领域技术预见与发展战略研究”[②]的重要内容，延续了 2003 年“中国未来 20 年技术预见研究”的工作思路和主要方法论，聚焦先进能源、空间、信息、生命健康、生态环境、海洋等重点领域，在分析世界创新发展格局演进趋势的基础上，从创新全球化、制造智能化、服务数字化、城乡一体化、消费健康化和环境绿色化六个方面勾勒了 2035 年中国创新发展愿景，引导技术选择。为保障技术选择过程的专业化，技术预见研究组专门邀请了国内著名专家担任领域专家组组长，组建了领域专家组和研究组。

技术预见活动是一项系统工程，需要综合系统地考虑影响技术预见结果的各种因素。一是方法论复杂，既包括开发人们创造力的方法，也包括开发利用人们专业知识能力的方法，前者提出可能的未来，后者判断可行的未来；二是利益相关者复杂多元，未来是社会各界共同的未来，社会各界有效参与对技术预见结果有重要影响；三是技术预见是科技、经济、社会、环境发展等领域的知识开发过程，对研究者的知识综合能力具有挑战性。因此，技术领域专家组与技术预见研究组精诚合作和有效参与德尔菲调查的 4200 多位专家的奉献成为本丛书质量的重要保障。限于研究组目前的认知水平和研究能力，本丛书一定存在许多值得进一步研究的问题，欢迎学界同仁批评指正。

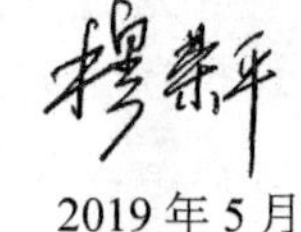

2019 年 5 月

---

① 2003 年中国科学院组织“中国未来 20 年技术预见研究”，穆荣平研究员任首席科学家兼研究组组长。项目涉及信息、通信与电子技术，能源技术，材料科学与技术，生物技术与药物技术，先进制造技术，资源与环境技术，化学与化工技术，空间科学技术 8 个技术领域 63 个子领域，遴选出了 734 项技术课题。

② 穆荣平研究员担任“支撑创新驱动转型关键领域技术预见与发展战略研究”项目和“中国未来 20 年技术预见研究”项目负责人。

前　言

“中国生态环境2035技术预见研究”是2015年中国科学院科技战略咨询研究院布局的重大咨询项目“支撑创新驱动转型关键领域技术预见与发展战略研究”中“新时代中国未来20年技术预见研究”的重要内容，总体上延续了2003年中国科学院组织开展的“中国未来20年技术预见研究”工作思路和主要方法论。本次生态环境领域技术预见研究由中国科学院创新发展研究中心组织实施，穆荣平研究员担任项目总负责人，邀请国内著名专家刘文清院士担任生态环境领域技术预见专家组组长，组建了生态环境领域技术预见专家组和生态环境领域技术预见研究组。

生态环境领域技术预见专家组（以下简称领域专家组）将生态环境领域划分为9个子领域，包括：大气污染防治、土壤污染防治、水环境保护、清洁生产、生态保护与修复、化学品环境风险防控、环保产业技术、重大自然灾害预判与防控、全球环境变化与应对。领域专家组成员担任子领域专家组负责人，负责组建子领域专家组。领域专家组和子领域专家组负责提出面向2035年中国生态环境领域需要发展的重要技术课题备选清单。在两轮大规模德尔菲调查基础上，领域专家组最终遴选出面向2035年中国生态环境领域需要优先发展的25项重要关键技术课题清单。

本报告主要包括五部分内容，各部分内容和主要执笔人如下：引言（穆荣平、杨捷、陈凯华）；第一章（王孝炯）；第二章（赵彦飞）；第三章第一节（刘文清），第二节（骆永明、滕应、刘五星、赵玲），第三节（杨敏），第四节（曹宏斌），第五节（崔保山、于淑玲、孙涛），第六节（何滨），第七节（陈运法），第八节（陈晓清、陈剑刚），第九节（葛全胜、许端阳）；第四章第一节

（刘文清、王孝炯）；第二节（张继权、吴绍洪）；第三节（陈晓清、陈剑刚、于献彬、胡凯），第四节（骆永明、滕应、刘五星、赵玲），第五节（骆永明、滕应、刘五星、赵玲），第六节（王铁宇），第七节（刘世梁、董世魁、崔保山），第八节（赵赫、石艳春），第九节（孙峙、刘春伟、曹宏斌）；第十节（易雨君、孙涛、邵冬冬、崔保山），第十一节（张延玲、李宇、郭占成），第十二节（钱鹏、何发钰、李会泉），第十三节（周天军、李建、邹立维、李普曦），第十四节（程水源、陆克定），第十五节（易轩、关武祥、任小波、陈新文），第十六节（赵旭），第十七节（许端阳），第十八节（韩宁、朱天乐、陈运法），第十九节（王自发），第二十节（谢品华、李昂、吴丰成、桂华桥），第二十一节（王亚韡），第二十二节（刘海弟、朱廷钰、曹宏斌），第二十三节（杨薇、赵彦伟、崔保山），第二十四节（侯得印），第二十五节（田哲），第二十六节（骆永明、滕应、刘五星、赵玲）。

“中国生态环境2035技术预见研究”是一项系统工程，不但需要大量的组织协调工作，更需要多方面专业知识支撑，没有高水平专家的有效参与，就很难保证技术预见结果的质量。在此，我们衷心感谢领域专家组和各子领域专家组专家为本报告作出的重要贡献，衷心感谢来自大学、企业、科研院所、政府部门1300余名参与德尔菲调查的专家学者。

中国生态环境技术预见研究组

2020年1月

技术预见历史回顾与展望（引言）

穆荣平　杨　捷　陈凯华

（中国科学院科技战略咨询研究院）

人类对未来社会的推测和预言活动早已有之。科技政策与管理研究领域在探索和完善各种技术预测方法的同时，逐步形成了以德尔菲调查、情景分析和技术路线图等为核心的技术预见方法，同时在技术预见实践过程中不断探索出与文献计量、专利分析、环境扫描、头脑风暴等方法相结合的技术预见综合方法。技术预见研究已把未来学、战略规划和政策分析有机结合起来，为把握技术发展趋势和选择科学技术优先发展领域或方向提供了重要支撑。随着科技政策和管理环境的不断复杂，面向未来的技术分析从最初简单、确定性环境下的技术预测，逐渐转向复杂、不确定性环境下的技术预见。近几年，技术预见的方法和应用趋于系统性的综合集成，其网络化、智能化和可视化的特征逐渐显现。

科技在经济社会发展规划和发展战略中的作用越来越重要，因此对科技发展方向和重点领域的选择与战略布局已成为世界主要国家和地区规划的重要内容。科技发展方向的不确定性日益增加，科技发展突破需要利益相关者之间达成共识及公众的参与，这就为技术预见的兴起与发展提供了必要条件。作为创造和促进公众参与的重要方法，技术预见不仅在当今世界主要国家和地区制定科技政策过程中发挥着越来越重要的作用，未来也将在全球创新治理与超智能社会建设中发挥重要作用。

一、技术预见历史回顾

技术预见由德尔菲调查为核心的技术预测活动演变而来。20世纪40年代技术预测兴起，第二次世界大战期间，技术预测在美国海军和空军科技计划制定方面得到了广泛的应用，促进了技术预测方法的发展。尽管如此，技术预测仍然多表现为已有技术发展轨迹的外推，影响科学技术发展的外界因素较少得到关注。20世纪70～80年代，技术预测在美国商业领域备受争议，主要是因为20世纪60年代末以后，科技、经济、社会发展越来越复杂多变，传统的技术预测已不能适应瞬息万变的发展节奏，基于定量方法的技术预测的整体关注度呈下滑趋势[①]。80年代，基于德尔菲法的技术预见逐渐受到政府和学术界的关注。

1983年，J. Irvine 和 B. R. Martin 研究了英国政府部门、研究资助机构、科技公司和技术咨询机构展望科学未来、识别长期研究优先领域的方法[②]。在1984年出版的《科学中的预见：挑选赢家》（*Foresight in Science：Picking the Winners*）提出了“预见”（foresight）概念。目前比较主流的观点认为，技术预见是对科学、技术、经济和社会的远期未来进行有步骤的探索过程，其目的是选定可能产生最大经济效益和社会效益的战略研究领域与通用新技术[③]。按照牛津词典的解释，“foresight”是发现未来需求并为这些需求做准备的能力。在“技术预见2035：中国科技创新的未来”这套丛书中，我们将“技术预见”定义为：发现未来技术需求并识别可能产生最大经济效益和社会效益的战略技术领域与通用新技术的能力。技术预见成功与否在很大程度上取决于预见能力。在具体实践中，许多研究没有对技术预见和技术预测进行严格的区分，很多文献中提及的关键技术选择、技术预测和技术路线图等都可以视为广义的技术预见活动。

在20世纪90年代，技术预见迅速成为世界潮流，尤其是在20世纪90年代后期，“technology foresight”在文献中使用的频率远超“technology forecasting”和

---

① Coates J F. Boom time in forecasting［J］. Technological Forecasting and Social Change，1999，62（1-2）：37-40.

② Martin B R. Foresight in science and technology［J］. Technology Analysis and Strategic Management，1995，7（2），139-168.

③ Martin B R. Matching Social Needs and Technological Capabilities：Research Foresight and the Implications for Social Science.（Paper Presented at the OECD Workshop Social Sciences and Innovation）［Z］. Tokyo：United Nationals University，2000.

"technological forecasting"①。这一时期，不仅德国、英国、法国、荷兰、意大利、加拿大、奥地利、西班牙等发达国家广泛开展技术预见活动，新兴工业化国家和发展中国家，如韩国、以色列、印度、泰国、匈牙利等也陆续开展技术预见，技术预见成为主要国家相关政策制定的主要工具。

技术预见成为世界潮流有着深刻的国际背景。首先，经济全球化加剧了国际竞争，技术能力和创新能力已成为一个企业乃至一个国家竞争力的决定性因素，从而奠定了战略高技术研究与开发的基础性和战略性地位。技术预见恰好提供了一个系统的技术选择工具，可用于确定优先支持项目，将有限的公共科研资金投入关键技术领域中。其次，技术预见提供了一个强化国家和地区创新体系的手段。国家和地区创新体系的效率不仅取决于某个创新单元的绩效，更取决于各创新单元之间的耦合水平。基于德尔菲调查的技术预见过程本身既是加强各单元之间联系与沟通的过程，也是共同探讨长远发展战略问题的过程。它可以使人们对技术的未来发展趋势达成共识，并据此调整各自的战略乃至达成合作意向。再次，技术预见活动是一项复杂的系统工程，不是一般中小企业所能承担的，政府组织的国家技术预见活动有利于中小企业把握未来技术的发展机会，制定正确的投资战略。最后，现代科学技术是一把双刃剑，在为人类创造财富的同时也带来了一系列问题，政府组织的国家技术预见活动有利于引导社会各界认识技术发展可能带来的社会、环境问题，从而起到一定的预警作用②。

技术预见在一定程度上可以认为是在技术预测基础上发展起来的。狭义的技术预测主要指探索性预测，广义的技术预测包括探索性预测和规范性预测两类③。探索性预测主要解决的问题包括：①未来可能出现什么样的新机器、新技术、新工艺；②怎样对它们进行度量，或者说它们可能达到什么样的性能水平；③什么时候可能达到这样的性能水平；④它们出现的可能性如何、可靠性怎样。我们可以据此概括出探索性预测所包含的四个因素：定性因素、定量因素、定时因素、概率因素。规范性预测方法主要建立在系统分析的基础上，将预测系统分解为各个单元，并且对各个单元的相互联系进行研究。规范性预测

---

① Miles I. The development of technology foresight：A review［J］. Technological Forecasting and Social Change，2010，77：1448-1456.

② Martin B R，Johnston R. Technology foresight for wiring up the national innovation system：Experiences in Britain，Australia and New Zealand［J］. Technological Forecasting and Social Change，1999，60（1）：37-54.

③ 王瑞祥，穆荣平. 从技术预测到技术预见：理论与方法［J］. 世界科学，2003，（4）：49-51.

常用的方法有：矩阵分析法、目标树法、统筹法、系统分析法、技术关联分析预测法、产业关联分析预测法等，规范性预测方法在系统工程、运筹学等学科中均有所涉及。

值得指出的是，技术预测往往是考虑相对短期的未来，力图准确地预言、推测未来的技术发展方向。技术预见则旨在通过识别未来可能的发展趋势及带来这些发展变化的因素，为政府和企业决策提供支撑。穆荣平认为，技术预见有两个基本假定：一是未来存在多种可能性，二是未来是可以选择的。就对未来的态度而言，预见比预测更积极。它所涉及的不仅仅是"推测"，更多的则是对我们（从无限多的可能之中）所选择的未来进行"塑造"乃至"创造"①。需要进一步指出的是，技术预见的兴起并不意味着技术预测会退出历史舞台，技术预测的方法（如趋势预测）仍然可以作为技术预见的辅助手段。

技术预见是一个知识收集、整理和加工的过程，是一种不断修正对未来发展趋势认识的动态调整机制。定期开展基于大型德尔菲调查的技术预见活动，有利于把握未来中长期技术发展趋势和识别重要技术发展方向，不断修正对远期技术发展趋势的判断。因此，技术预见活动的影响不仅体现在预见结果对现实的指导意义，还体现在预见活动过程本身所产生的溢出效应②。通常认为技术预见收益主要体现在五个方面：一是沟通（communication），技术预见活动促进了企业之间、产业部门之间及企业、政府和学术界之间的沟通和交流；二是集中于长期目标（concentration on the longer term），技术预见活动有助于促使政产学研各方共同将注意力集中在长期性、战略性问题上，着眼于国家和企业的可持续发展；三是协商一致（consensus），技术预见活动有助于技术预见参与各方就未来社会发展图景达成一致认识；四是协作（co-ordination），技术预见活动有助于各参与者相互了解，协调企业与企业、企业与科研部门为共同发展图景而努力；五是承诺（commitment），技术预见活动有助于大家在协商一致的基础上，不断调整各自的发展战略，将创意转化为行动。

技术预见已经成为科技政策研究与制定的重要支撑。技术预见通过系统地研究科学、技术、经济和社会的未来发展趋势及其主要驱动力，识别和选择有可能带来最大经济效益和社会效益的战略研究领域或通用新技术，为国家宏观

---

① 《技术预见报告》编委会.技术预见报告 2005［M］. 北京：科学出版社，2005.

② 穆荣平，王瑞祥. 技术预见的发展及其在中国的应用［J］. 中国科学院院刊，2004，(4)：259-263.

科技管理、科技战略规划提供决策依据。Da Costa 等[①]认为，技术预见在政策制定过程中有 6 项功能：一是为政策设计提供信息（informing policy）；二是促进政策实施（facilitating policy implementation）；三是参与政策过程（embedding participation in policy-making）；四是支持政策定义（supporting policy definition）；五是重构政策体系（reconfiguring the policy system）；六是传递政策信号（symbolic function）。日本、韩国等国家的技术预见实践证明，技术预见已经融入公共政策过程并发挥着重要作用。

二、中国技术预见实践

1. 中国政府有关部门组织技术预见

我国技术预见实践始于 20 世纪 90 年代初国家计划委员会（简称国家计委）和国家科学技术委员会（简称国家科委）组织开展的关键技术选择活动。关键技术选择既是对美国发布《国家关键技术清单》的一种响应，更是在由计划经济体制向市场经济体制转型时期政府宏观科技管理模式的一种改革性探索，关键技术选择与国家科技攻关组织和国家科技规划制定结合比较紧密。国家计委于 1993 年 3 月组织开展关键技术选择，并于 1993 年 8 月发布了“九十年代我国经济发展的关键技术”[②]，从农业、能源与环境、交通运输、原材料与资源、信息与通信、制造技术、生物技术七大领域遴选了 35 项关键技术。1997 年 4 月，国家计委在分析“九十年代我国经济发展的关键技术”实施效果和未来 15 年经济社会发展目标与世界科技发展趋势基础上，发布了《未来十年中国经济发展关键技术》[③]，从农业、能源、交通运输、制造、电子信息、生物工程、材料、石化与化工、轻工与纺织、城镇建设十大领域遴选了 29 个主题 134 项关键技术。1992 年，国家科委组织开展“国家关键技术选择”研究，并于 1995 年 5 月将主要成果编辑出版[④]，遴选出信息、生物、制造和材料四大领域 24 项关键技术和 124 个重点技术项目。在关键技术选择实践中，有关国家关键技术选择的方法

---

① Da Costa O，Warnke P，Cagnin C，et al. The impact of foresight on policy-making：Insights from the FORLEARN mutual learning process［J］. Technology Analysis & Strategic Management，2008，20：369-387.

② 国家计划委员会科技司. 国家计划委员会科技报告选编［M］. 北京：中国计划出版社，1994.

③ 国家计划委员会科技司. 国家计划委员会科技报告选编［M］. 北京：中国计划出版社，1998.

④ 周永春，李思一. 国家关键技术选择——新一轮技术优势争夺战［M］. 北京：科学技术文献出版社，1995.

得到了试验和发展，为此后的国家技术预见和区域技术预见实践提供了借鉴。限于篇幅，本文没有综述区域技术预见实践。

国家科委组织开展的“国家重点领域技术预测”研究（1997～1999 年）被认为是第三次国家技术预测，也是我国技术预见活动的方法系统化、国际化的开端。本次技术预测选择农业、信息和先进制造三大领域，采用德尔菲调查方法，组织了 1200 名专家对技术发展进行咨询调查。通过两轮调查、分析评价及反复论证，最终选择出 128 项国家关键技术。这次技术预见活动积累了技术预见理论方法与实践经验，培养了一批专门从事技术预测研究的人才队伍和专家网络。

2003～2006 年，科技部组织开展了第四次国家技术预测，涉及信息、生物、新材料、先进制造、资源环境、能源、农业、人口与健康、公共安全九大领域。本次技术预测借鉴日本、德国、英国和韩国等国家开展技术预见的经验，主要开展了三方面的工作：一是分析经济社会发展趋势、中长期国家总体战略目标和基本国情，确定技术需求；二是组织科技、经济和社会领域专家开展大规模德尔菲调查；三是在德尔菲调查基础上，综合运用文献调查、专家会议、国际比较等方法，组织专家研讨、论证，根据国情选择未来 10 年我国经济和社会发展急需的重大关键技术群，提出可能的重大科技专项，该次技术预测遴选出 794 项关键技术，出版了《中国技术前瞻报告：信息、生物和新材料 2003》[①]和《中国技术前瞻报告：国家技术路线图研究 2006—2007》等一系列研究成果[②]。

2013 年，科技部组织开展第五次国家技术预测，按照“技术摸底、技术预见、关键技术选择”三个阶段推进，采用文献计量与德尔菲调查等定性和定量相结合的方法，完成了包括信息、生物、新材料、制造、地球观测与导航、能源、资源环境、人口健康、农业、海洋、交通、公共安全、城镇化 13 个领域的调查，选出 100 项核心技术和 280 项领域（行业）关键技术。从科技整体状况、领域发展状况和重大科技典型案例等方面，分析了中国与世界先进水平的差距，客观评价了中国技术发展水平，为国家“十三五”科技创新规划制定提供

① 技术预测与国家关键技术选择研究组. 中国技术前瞻报告：信息、生物和新材料 2003［M］. 北京：科学技术文献出版社，2004.

② 国家技术前瞻研究组. 中国技术前瞻报告：国家技术路线图研究 2006—2007［M］. 北京：科学技术文献出版社，2008.

了支撑。2019年，科技部启动第六次国家技术预测，旨在支撑新一轮国家中长期科学技术发展规划纲要研究编制。此次技术预测的重点工作包括技术竞争评价、重大科技需求分析、科技前沿趋势分析、领域技术调查、关键技术选择5个方面，涉及信息、新材料、制造、空天、能源、交通、现代服务业、农业农村、食品、生物、资源、环境、人口健康、海洋、公共安全、城镇化与城市发展、前沿交叉17个领域。

2. 中国学术咨询机构组织实施预见

2003～2005年，中国科学院组织开展"中国未来20年技术预见研究"[①]，涉及信息、通信与电子技术，先进制造技术，生物技术与药物技术，能源技术，化学与化工技术，资源与环境技术，空间科学与技术，材料科学与技术在内的8个技术领域，63个技术子领域。研究主要包括4方面内容：一是构建了系统化技术预见方法论，包括"未来20年社会发展情景构建与科技需求分析流程"、"德尔菲调查技术路径"和"优先技术课题和技术子领域选择方法"等；二是首次[②]将"愿景构建"纳入技术预见过程，从全球化社会、信息化社会、城市化社会、工业化社会、循环型社会和消费型社会6个方面构建了2020年中国全面小康社会发展愿景，研究提出了全面建设小康社会的科技需求，为技术选择提供依据；三是聘请70余名著名专家组成8个技术预见领域专家组，聘请400余名专家组成63个技术预见子领域专家组，结合主要国家和地区技术预见结果和技术发展趋势分析结果，提出技术课题备选清单；四是设计德尔菲调查问卷并邀请2000余名专家参与德尔菲调查，对技术课题的重要性、预计实现时间、实现可能性、当前我国研究开发水平、国际领先国家或地区、发展制约因素等进行独立判断，确定了中国面向2020年最重要的737项技术课题，遴选出200个重要技术课题，20个重要发展技术子领域，83个优先发展技术课题，公开出版了《中国未来20年技术预见》[③]、《中国未来20年技术预见（续）》[④]、

---

① 穆荣平任"中国未来20年技术预见"研究组组长兼首席科学家，曾主持2000年国家软科学研究计划资助的"技术预见与政策选择方法论研究"和北京市资助的"若干领域技术预见与政策选择研究"。

② 穆荣平，王瑞祥. 全面建设小康社会的科技需求//中国未来 20 年技术预见研究组. 中国未来 20 年技术预见［M］. 北京：科学出版社，2006.

③ 中国未来20年技术预见研究组. 中国未来20年技术预见［M］. 北京：科学出版社，2006.

④ 中国未来20年技术预见研究组. 中国未来20年技术预见（续）［M］. 北京：科学出版社，2008.

《技术预见报告2005》[1]和《技术预见报告2008》[2]。

2015年，中国科学院科技战略咨询研究院启动“支撑创新驱动转型关键领域技术预见与发展战略研究”重大咨询项目，展开了新时代“中国未来20年技术预见研究”，由穆荣平研究员担任组长。此次技术预见中，使用了文献计量法、专家研讨、情景分析法和德尔菲调查法。首先，项目组系统梳理了主要国家和国际组织近年来发布的面向中远期的科技和创新战略规划、研究报告等，总结分析中国经济、社会和国家安全等领域的中长期发展规划中对未来发展目标的设定，综合采用情景分析、专家研讨等方法，分析未来经济、社会和国家安全重大需求，从创新全球化、制造智能化、服务数字化、城乡一体化、消费健康化和环境绿色化6个方面系统描绘2035年中国创新发展愿景，提出未来经济、社会发展面临的若干重大问题，明确相应的科技需求。其次，项目组开展主要学科领域文献计量分析，并把结果用于支撑技术课题的遴选、专家选择及德尔菲调查等技术预见的关键环节。再次，项目组组织开展两轮大规模德尔菲调查，聚焦先进能源、空间、信息、生命健康、生态环境、海洋等事关国家长远发展的重点领域，精炼出2035年关键领域重大技术课题及其发展趋势。这次技术预见活动的预见周期较长，面向中远期科技发展目标，领域专家选择涵盖多方的利益相关者；由于不与科技规划、计划等直接利益挂钩，在重点领域和技术课题选择等方面受专家自身利益的影响相对较小。

2015年，中国工程院与国家自然科学基金委员会共同组织开展“中国工程科技2035发展战略研究”项目，应用文献计量、专利分析、德尔菲调查和技术路线图等方法（图1），提出了面向2035年中国工程科技的发展目标、重点发展领域、需要突破的关键技术、需要建设的重大工程及需要优先开展的基础研究方向，为国家工程科技及相关领域基础研究的系统谋划和前瞻部署提供了有力支撑[3]。在这个项目中，技术预见问卷针对5个方面进行了调查：技术本身的重要性、技术应用的重要性、预期实现时间、技术基础与竞争力、技术发展的制约因素。其中，技术本身的重要性包括技术核心性、通用性、带动性和非

① 《技术预见报告》编委会. 技术预见报告2005［M］. 北京：科学出版社，2005.

② 《技术预见报告》编委会. 技术预见报告2008［M］. 北京：科学出版社，2008.

③ “中国工程科技2035发展战略研究”项目组. 中国工程科技2035发展战略：技术预见报告［M］. 北京：科学出版社，2019.

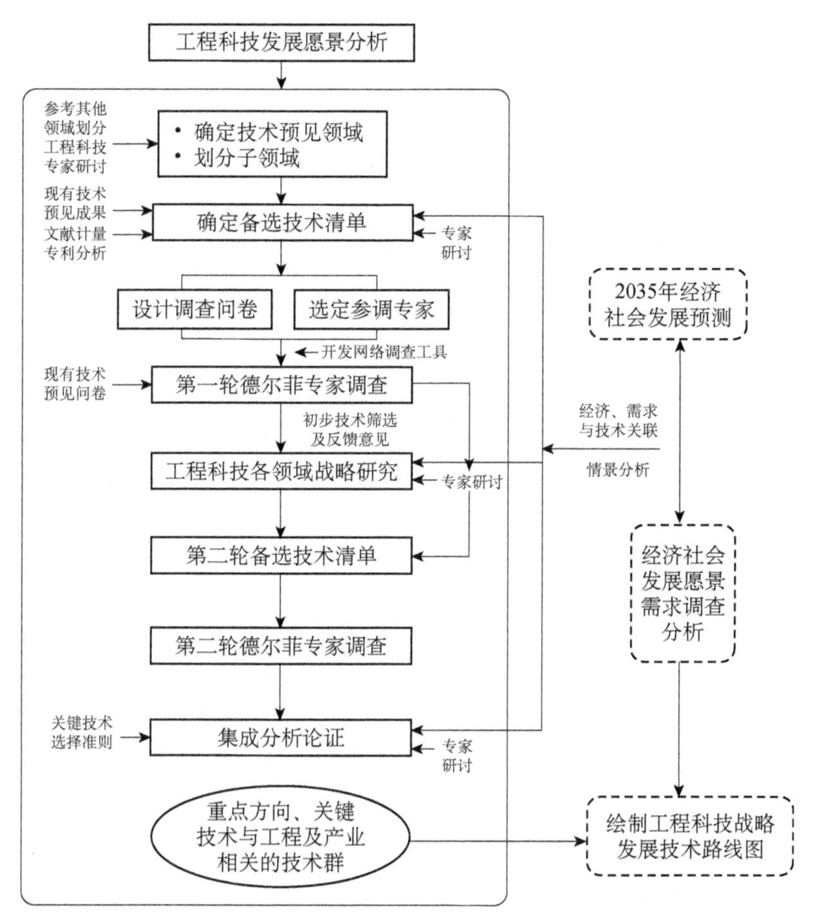

图1　基于战略研究方法体系的中国工程科技 2035 技术预见流程图

资料来源：《中国工程科技 2035 发展战略. 技术预见报告》，作者整理

连续性四个方面；技术应用的重要性包括技术对经济发展、社会发展、国防安全三方面的作用；在预期实现时间方面，为突出工程科技可用性的判断和纵横向比较分析，设置了世界技术实现时间、中国技术实现时间及中国社会实现时间三个问题。为进一步征集专家对未来技术发展的判断，调查中设置了开放性问题，包括备选技术清单之外的重要技术方向、2035 年可能出现的重大产品，以及需要提前部署的基础研究方向等。项目还针对此次技术预见的调查需求开发了在线问卷调查系统，加强了问卷调查的直观性、灵活性，有效提高了调查效率和轮次间反馈的有效性。同时，网上调查系统开设了技术预见调查管理模块，各领域组技术预见专员可以实时查询、监测专家调查进展情况，及时采取推进措施。

三、国外技术预见实践

1. 日本和韩国技术预见

日本是开展国家层面技术预见最系统和最成功的国家之一，经历了从技术预测到技术预见的转变。1971 年，日本科学技术厅（Science and Technology Agency）[①]组织实施了第一次基于德尔菲调查的技术预测，并确定每五年实施一次基于德尔菲调查的技术预测，2000 年改为技术预见活动[②]，截至 2019 年底共完成了 11 次技术预见。日本前 6 次技术预见均以德尔菲调查为主，第 7 次技术预见在德尔菲调查的基础上增加了经济社会需求分析，第 8 次技术预见又新增了情景分析和用于分析新兴技术的文献计量方法，第 9 次技术预见综合采用重大挑战分析、德尔菲调查、情景分析和专家会议等方法，第 10 次技术预见综合采用未来社会分析、在线德尔菲调查、情景分析、交叉分析等多种方法，第 11 次技术预见引入了水平扫描和人工智能方法。值得指出的是，日本从制定第三期科技基本计划开始将技术预见纳入政策制定过程，预见结果作为编制科技基本计划的重要研究基础。第 8 次技术预见为第三期科技基本计划优先科技领域选择提供了依据，为日本《创新 25 战略》(*Innovation 25*）提供了有力支撑。第 9 次技术预见为日本第四期科技基本计划和日本文部科学省的“Japan Vision 2020”（日本 2020 愿景）均提供了重要支撑。第 10 次技术预见主要支撑了日本第五期科技基本计划。

第 11 次技术预见侧重于构建社会愿景，综合水平扫描、愿景构建、专家研讨等构建了未来理想社会情景。在此目标下进行德尔菲调查，并且使用人工智能技术（以机器学习和自然语言处理为中心的智能和相关技术），对德尔菲关键技术进行聚类，提出了面向未来的交叉融合领域和重点发展领域及技术[③]。日本第 11 次技术预见由日本文部科学省科学技术政策研究所负责实施，分为四部分。一是从现有资料中收集、整理、提取未来趋势的有关信息，然后组织专家研讨未来世界的可能情形及国内各地区的可能变化，以把握未来发展趋势。二是邀请各领域、各专业研究人员参与展望未来的研讨会，通过小组讨论和整体讨论的方式，提取了 50 幅社会未来图景及 4 种社会价值。三是组织成立技术预见专家组，筛选并提取了健康、医疗和生命科学，农业水产、食品和生物技

---

① 自 1992 年第 5 次技术预见起，日本科学技术政策研究所（National Institute of Science and Technology Policy，NISTEP）开始负责组织实施日本的技术预见。

② 2000 年日本将技术预测德尔菲调查改为技术预见的德尔菲调查。

③ National Institute of Science and Technology Policy. Close-up science and technology areas for the future［R］. Tokyo，2019.

术，环境、资源和能源，ICT分析和服务，材料、设备和工艺，城市、建筑、土木和交通，宇宙、海洋、地球和科学基础七大领域，59个子领域的702项关键技术开展两轮德尔菲调查。四是以“社会5.0”（Social 5.0）为基础，探讨了社会未来发展的基本情形，总结了支撑日本社会未来发展的科学技术并且提出了相关科技政策①（图2）。

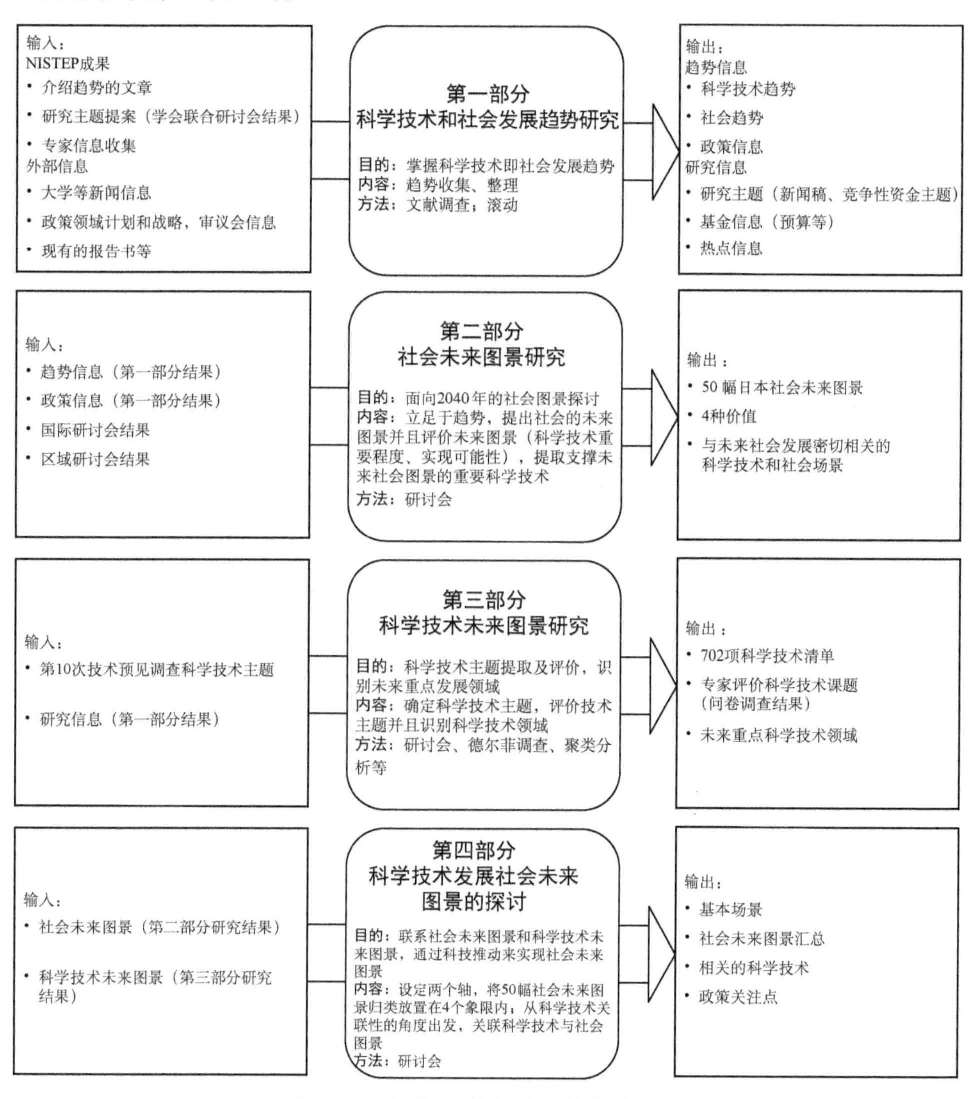

图2 日本第11次技术预见实施流程

资料来源：日本第11次技术预见报告，作者翻译整理

① National Institute of Science and Technology Policy. Science and Technology Foresight 2019［R］. Tokyo，2019.

韩国于 1993 年启动第一次技术预见（面向 2015 年），1998～1999 年启动第二次技术预见（面向 2025 年），2003 年启动第三次技术预见（面向 2030 年），2010 年启动第四次技术预见（面向 2035 年），2015 年启动第五次技术预见（面向 2040 年）。前两次技术预见运用了德尔菲调查法和头脑风暴，第三次和第四次技术预见采用情景分析、横向扫描、德尔菲调查等方法，第五次技术预见采用水平扫描、德尔菲调查、网络调查、大数据网络分析和临界点分析等方法。第五次技术预见（图 3）综合采用多种方法分析社会关注的热点问题，形成“热点问题群”，采用知识图谱分析方法研究技术领域之间的关联性，把握各研究领域发展趋势，遴选出面向 2040 年的社会基础设施、生态环保、机器人、生命与医疗、信息通信和制造融合 6 个领域 267 项未来技术。韩国第三次、第四次和第五次技术预见成果分别应用于第二期、第三期和第四期《科学技术基本计划》制定工作[①]。

2. 德国和英国技术预见

1992 年，德国联邦研究与技术部资助弗劳恩霍夫协会系统与创新研究所和日本科学技术政策研究所联合开展第一次技术预见（Delphi’93），1994 年进一步合作开展了小型德尔菲调查（mini Delphi），涉及第一次德尔菲调查中最重要或新兴技术领域。1998 年弗劳恩霍夫协会系统与创新研究所完成第二次技术预见（Delphi’98），提出了 19 个未来科技发展大趋势，针对 12 个技术领域 1070 项技术课题进行了大规模德尔菲调查，并遴选了最重要的九大创新领域[②]。2001 年，德国联邦教育与研究部发起“Futur 计划”，采用德尔菲调查、情景分析、专家座谈等方法，通过社会各界广泛对话来识别未来技术需求和优先领域[③]。2007 年，德国联邦教育与研究部启动着眼于 2030 年技术预见“Foresight Process”，分两个阶段实施[④]。2007～2009 年实施技术预见阶段 Ⅰ（Cycle Ⅰ），通过专家访谈方式调研传统技术领域，结合未来社会需求，得出了未来研究关键领域。2012～2014 年实施技术预见阶段 Ⅱ（Cycle Ⅱ），由德国工程师联合会技术中心和弗劳恩霍夫协会系统与创新研究所共同实施，综合使用情景分析、文献计量、专家会议、访谈等方法，并且聘请了国际顾问小组参与。本次技术预见包括三个方面：一是研究 2030 年社会发展趋势和面临的挑战，识别出未来 60 个社会发展趋势和七大挑战；二是研究生物、服务、能源、健康和营养、信息和通信、流动

① Korea Institute of Science and Technology Evaluation and Planning. The 5th Science and Technology Foresight（2016-2040）[R]. Republic of Korea：Korea Institute of S & T Evaluation and Planning，2017.

② Cuhls K. Foresight in Germany. The Handbook of Technology Foresight：Concepts and Practice [M]. Cheltenham：Edward Elgar Publishing，2008：131-153.

③ Federal Ministry of Education and Research. Future：future lead visions complete document [R]. Berlin，2002.

④ Zweck A，Holtmannspötter D，Braun M，et al. Stories from the future 2030 Volume 3 of results from the search phase of BMBF Foresight Cycle II（Vol. Future Technologies Vol. 104）[R]. Germany，Department for Innovation Management and Consultancy，2017.

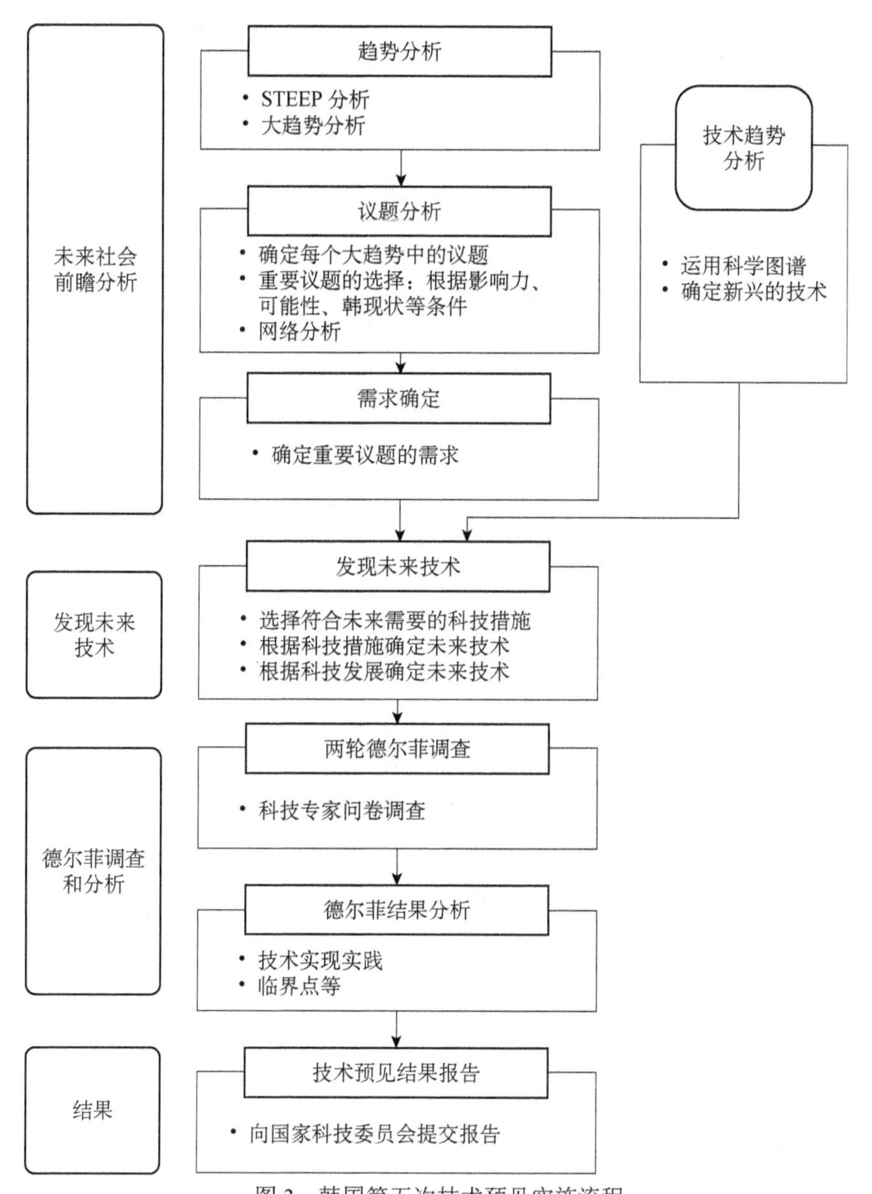

图 3　韩国第五次技术预见实施流程

资料来源：Choi M J. Foresight activities in Korea［C］. The 7th International Conference of the Government Foresight Organization. Network, 2016. 作者翻译整理

性、纳米技术、光子、生产、安全、材料科学技术 11 个技术领域未来发展趋势；三是综合分析社会挑战和技术趋势，识别出 2030 年九大创新领域。技术预见工作流程如图 4 所示，技术预见活动结果有效支撑了德国高技术战略制定。

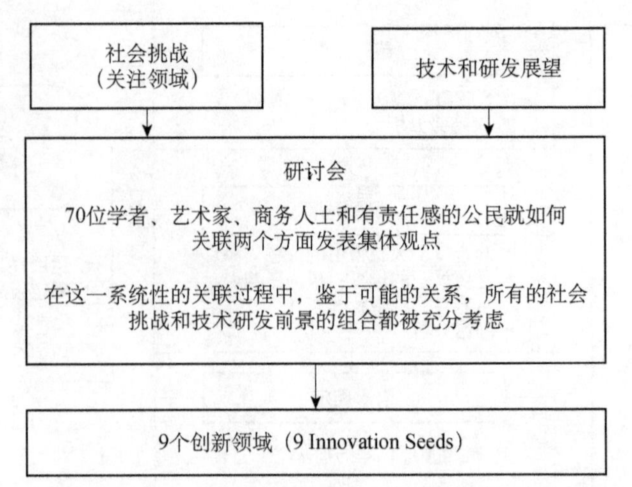

图 4　德国联邦教育与研究部技术预见阶段Ⅱ（Cycle Ⅱ）研究框架

资料来源：德国联邦教育与研究部 2017 年技术预见报告，作者翻译整理

1993 年，英国政府科学技术白皮书《实现我们的潜力》（*Realizing Our Potential*）宣布启动英国技术预见计划。1994 年英国科学技术办公室（Office of Science and Technology，OST）组织实施第一次技术预见，采用德尔菲法对 16 个领域 1207 项技术课题开展调查，关注技术负面影响和预见结果的扩散和应用。1999 年英国启动第二次技术预见，相较前一次技术预见活动，其方法和组织形式有很大改变，并将重点转移到“实现技术与经济社会全面整合”。一是将原来的 16 个技术研究领域整合为 10 个技术领域，并新增人口老龄化、预防犯罪和 2020 年的制造业 3 个主题小组，以及教育、技能及培训和可持续发展 2 个支撑主题；二是强调采用专家会议、情景分析、座谈会等方法，充分利用计算机网络和知识库，通过互联网交流平台广泛收集社会公众对技术发展的看法，是技术预见过程从一个基于技术专家判断拓展到社会公众广泛参与的过程。

2002 年，英国开展第三次技术预见。与前两次相比，第三次技术预见活动又有较大变化，采取专题滚动项目的形式，重点在为公共政策制定提供支撑，采用情景分析、德尔菲调查、专家座谈等方法。英国科学技术办公室在前三次技术预见活动中担当重要角色，后更名为英国政府科学办公室（Government Office for Science, GOS），主要负责支持和推动公共领域的科学研究。2010 年，英国政府科学办公室发布了第三次技术预见第一轮技术预见报告，提出了面向 2030 年的材料和纳米技术、能源和低碳技术、生物和制药技术及数字和网络技术四大领域的53项关键技术[①]。2012年底发布第二轮技术预见报告，更新了上一轮53项关键技术，遴选出3个新兴主题以及生物能源和“负排放”、备用间歇性电源、实时电网模拟和高压直流电网、服务机器人、智能服装、传感器技术6项相关技术[②]。2017年，英国发布第三轮技术预见报告，采用情景分析、德尔菲调查、专家座谈等方法展望未来产业融合的数字世界，探讨了传感器、数据、自动化和使用者之间的互动，提出了未来健康、食品、生活、交通、能源领域的场景，报告指出，已有技术和新兴技术之间的交互是未来发展的重要方向[③]。

3. 俄罗斯和印度技术预见

1998年，俄罗斯组织开展第一次基于德尔菲调查的技术预见，1000多名专家参与调查，评估科学技术长期发展前景，确定优先支持技术领域[④]。2004年，俄罗斯教育与科学部组织新一轮关键技术选择，遴选出信息通信系统，纳米产业和材料，生活系统，资源合理使用，电力工程和节能，运输、航空和空间系统，安全和应对反恐，未来军备和军事特种设备8个优先领域关键技术[⑤]，技术预见结果支撑了“2007—2012年俄罗斯科学技术综合优先发展方向研究开发”[⑥]的制定。

2007年，俄罗斯教育与科学部再次启动国家层面的技术预见。第一轮技术预见面向2025年，针对俄罗斯宏观经济、科学技术和工业发展进行研究，2000多名专家参与德尔菲调查，遴选出10个领域800多项技术课题。2008～2009年，俄罗斯启动面向2030年的第二轮技术预见，对上一次技术预见遴选的关键技术清单进行德尔菲调查，识别了250个关键技术集群，遴选出信息通信技术、

---

① Government Office for Science. Technology and Innovation Futures：UK Growth Opportunities for the 2020s［R］. The United Kingdom，Foresight Horizon Scanning Centre，2010.

② Government Office for Science. Technology and Innovation Futures: UK Growth Opportunities for the 2020s—2012 Refresh［R］. The United Kingdom，Foresight Horizon Scanning Centre，2012.

③ Government Office for Science. Technology and Innovation Futures 2017［R］. The United Kingdom: Foresight Horizon Scanning Centre，2017.

④ Alexander V，Sokolov，Alexander A，et al. Long-term Science and Technology Policy—Russia Priorities for 2030［R］. Moscow，Series：Science，Technology and Innovation，2013.

⑤ Sokolov A. Russia Critical Technologies 2015［R］//European Foresight Monitoring Network Brief：313-318.

⑥ Shashnov S，Poznyak A. S&T priorities for modernization of Russian economy［J］. Foresight-Russia，2011，5（2），48-56.

纳米产业与材料、生活系统、自然资源合理利用、运输和航空航天、能源 6 个领域 25 个重要技术子领域。2011～2013 年，俄罗斯启动面向 2030 年的第三轮技术预见，研究了全球有关组织机构的 200 余份技术预见相关材料[①]，采用专利文献计量、情景分析、技术路线图、全球挑战分析、水平扫描、弱信号等多种方法，识别了俄罗斯未来发展中面临的关键性问题、巨大挑战和“窗口发展机遇”，遴选出信息和通信技术、生物技术、医药和健康、新材料和纳米技术、自然资源合理利用、运输和空间系统、能效与节能 7 个领域 53 项优先发展的技术[②]。

“俄罗斯 2030：科学和技术预见”[③]结果被俄罗斯电信和大众通信部、卫生部、交通部、财政部、经济发展部、工业和贸易部、自然资源和环境部、能源部、俄罗斯联邦航天局和俄罗斯科学院认同并采纳，支撑了俄罗斯“2030 年社会经济长期发展预测”、“2020 年科技发展”和“2035 年俄罗斯能源战略”等多项规划的制定[④]。“俄罗斯 2030：科学和技术预见”指导了俄罗斯社会、经济、科学和技术发展战略，对俄罗斯发展产生了深远影响[⑤]。

1993 年，印度技术信息、预测和评估委员会（Technology Information, Forecasting and Assessment Council，TIFAC）组织实施了印度第一次技术预见（Technology Vision 2020）[⑥]，选择了食品和农业、农产品加工、生命科学与生物技术、医疗保健、电子通信、电信、陆路运输、水路航道、民用航空、工程工业、材料与加工、化学加工工业、电力、战略产业、先进传感器和服务 16 个领域 100 多项子领域技术，技术预见结果服务于印度政府有关部门远景规划，并在农业和渔业、农业食品加工、道路建设和运输设备、纺织品、医疗保健和教

① 包括经济合作与发展组织（OECD）、欧盟（EU）、联合国（UN）、联合国工业发展组织（UNIDO）、世界银行（WB）等国际组织，英国、德国、日本、美国、中国等国家，壳牌、英国石油公司、西门子、微软等企业，兰德公司、曼彻斯特大学、韩国科技评估与规划研究院等顶尖预见机构的技术预见报告及分析材料，并且检索分析了美国、欧洲、世界知识产权组织等主要国家、地区和机构的专利数据库，WOS、SCOPUS 等国际期刊数据库等，共计 200 余份相关信息材料。

② Gokhberg L. Russia 2030：Science and Technology Foresight［R］. Ministry of Education and Science of the Russian Federation，National Research University Higher School of Economics，2016.

③ “俄罗斯 2030：科学技术预见”包括 2007 年的面向 2025 年的技术预见。

④ Gokhberg L. Russia 2030：Science and Technology Foresight［R］. Ministry of Education and Science of the Russian Federation, National Research University Higher School of Economics，2016.

⑤ President R F. Message from the President of the Russian Federation to Federal Assembly［EB/OL］. Retrieved from http://kremlin.ru/news/17118.

⑥ 印度将此类技术前瞻性预见活动称为“Technology Vision”，但其本质仍然为技术预见，本文不做详细区分，统一称为“技术预见”。

育等领域与企业和研发机构合作培育了一批优势产业。

2012年，印度技术信息、预测和评估委员会启动了新一轮技术预见（Technology Vision 2035）。本次技术预见进行大规模的专家调查，5000余名专家参与直接调查，20 000余名专家参与到间接调查中，选择出12个技术子领域[①]的196项关键支撑技术。本次技术预见主要分为五部分：一是识别印度社会需求；二是遴选出技术子领域和关键技术（四个阶段）[②]；三是分析技术子领域实现的必要条件，强调发展基础性技术（材料、制造和信息通信技术），建设支撑性基础设施以及加大基础研究；四是分析印度技术能力和制约因素，从技术领先、技术独立、技术创新、技术应用、技术依赖、技术限制6个方面分析了印度技术发展能力，认为现阶段应该采用有针对性的方法来推进印度国家技术能力建设；五是分析了印度研究机构、大学、政府部门等主体在技术转型过程中应采取的行动和举措。Technology Vision 2035技术预见绘制了教育、医学和保健、食物和农业、水、能源、环境、生活环境、交通运输、基础设施、制造业、材料、信息通信技术12个领域技术路线图[③]。

4. 美国国家关键技术选择

1990年，美国总统办公厅科技政策办公室成立国家关键技术委员会，从1991年开始向总统和国会提交双年度的《国家关键技术报告》。1992年，美国国会命令创建关键技术研究所，由国家科学基金会主持，兰德公司管理，参与制定《国家关键技术报告》。1998年，该研究所更名为科技政策研究所，主要任务更改为协助美国政府改进公共政策。1991～1998年，美国共发布过四个《国家关键技术报告》，对美国科技政策的制定和科技界产生了巨大影响。《国家关键技术报告》列出了美国关键技术发展清单，为各级政府科技投入提供了指南，加强了联邦政府在科技投入方面的宏观调控作用；《国家关键技术报告》为美国企业研发投资指明了方向，加强了企业之间、企业与政府、企业与研发机构之间的合作；《国家关键技术报告》重视技术评估，对于全社会了解未来技术发展

---

① 12个技术子领域指清洁的空气和饮用水；粮食和营养安全；全民保健和公共卫生；全天候能源；体面的居住环境；优质教育、生计和机会；安全和迅速的移动；公共安全和国家安全；文化的多样性；透明高效的政府治理；灾害和气候应对能力以及自然资源和生态保护。

② 四个阶段分为：可以广泛应用、产业化、研究、仍然处于想象阶段。

③ Technology Information，Forecasting and Assessment Council. Technology Vision 2035［R］. New Deli，2015.

趋势，了解美国技术发展现状有重要作用。美国关键技术研究所也曾发布《国际关键技术清单》，该清单汇集美国、日本、英国、法国、德国和经济合作与发展组织6个国家和组织的8份技术预测报告，在对近年来各国技术预测方法、准则、具体技术项目进行比较分析的基础上发布，提出了面向未来10年的在信息和通信，环境，能源，生命健康，制造，材料，运输，金融、海啸、建筑、空间等在内的8个技术领域，38个技术类别，130个技术子列，375个能够实现的重点技术。美国产业界为了应对国际化竞争和争取政府的研发支持等，也开展了许多“类预见”活动，预见活动的时间范围主要是未来5～10年，所运用的方法主要包括情景分析、德尔菲调查、技术情报、技术路线图等，专家在“类预见”活动中发挥了重要的作用。

四、未来技术预见展望

从1970年日本开展基于德尔菲调查方法的技术预测，到20世纪90年代初美国发布《国家关键技术报告》，越来越多的国家和企业关注技术发展趋势及其带来的战略机遇，使得技术预见取代技术预测最终成为世界潮流。进入21世纪以来，创新发展逐步成为世界潮流，世界主要国家和地区纷纷提出建设创新型国家，2006年中国政府提出2020年进入创新型国家行列目标，美国通过《美国创新与竞争力法案》、英国发布《创新型国家白皮书》、欧盟发布《创造一个创新型欧洲》、日本发布《面向创新的日本》等，技术预见活动逐步融入科技创新政策形成过程，并且在科学决策与政策制定过程中发挥越来越重要的作用，例如日本、韩国将技术预见纳入国家科学技术基本计划制定过程。

50年技术预见持续不断的大规模实践，在塑造未来科技、经济、社会和环境发展新格局方面成效显著，成就了一批战略家和预言家。50年技术预见理论方法持续不断地探索与创新，丰富完善了系统化技术预见思想体系和工作体系，实现了从技术预见向科学技术预见的转变，催生了一批预见理论和方法集成创新。在新技术革命和产业变革关键历史时期，在创新全球化与区域一体化双向作用引发的全球竞争格局动态演化的关键历史时期，迫切需要强化“愿景驱动与需求拉动”共同塑造未来、创造未来的功能。科学技术预见作为构建社会发展愿景、识别科学技术需求、凝聚社会各界共识、协调创新主体行为的综合集成平台作用将会进一步加强，并将向着专业化、模块化、网络化、智能化、数字化方向发展，成为决策科学化的重要支撑力量。

1. 科学技术预见平台化发展趋势加速

创新发展政策的复杂性导致科学技术预见平台化发展趋势加速。科学技术预见平台化是指科学技术预见从服务国家科学技术发展规划和政策制定的支撑工作向服务国家创新发展规划和政策制定的综合集成平台转变的过程。创新发展规划和政策制定涉及科技、经济、社会和环境发展等方面，受到政治、法律、伦理、人口以及国际发展环境等众多因素影响，具有影响因素多、不确定性高等特点，对未来科学技术预见工作提出了更新更高的要求。未来的科学技术预见平台化发展需要将技术预见活动嵌入政策过程，重点加强五个方面的工作。一是加强国家经济、社会、环境发展与数字转型趋势分析，构建社会发展愿景，识别发展主要驱动力；二是加强全球科学技术发展趋势分析和科研数字转型趋势分析，识别国际合作伙伴，把握科学技术发展和数字转型机遇；三是加强未来科学技术课题德尔菲调查方法创新与网络建设，识别重要科学技术课题，分析相关伦理、法规和政策制约因素；四是加强技术选择方法创新与能力建设，确定优先发展科学技术课题和优先发展科学技术子领域，支撑科技发展规划和政策制定；五是加强科学技术发展动态监测能力建设，识别优先发展科学技术课题和子领域发展存在的重大问题，支撑科技创新资源配置与学科布局动态调整。

2. 科学技术预见模块化发展趋势加速

科学技术预见平台化发展导致科学技术预见活动目标多元化、问题复杂化、知识专业化、主体多样化，加速了科学技术预见活动模块化发展趋势。未来的科学技术预见平台主要包括四个模块。一是世界科技趋势模块，致力于综合集成全球科学家专业知识，分析世界科学技术发展趋势，识别科学技术发展机遇，选择国际科技合作伙伴；二是社会发展愿景模块，致力于综合集成已有情报资源和理论方法，研究全球政治经济竞争格局演进及其主要驱动力，分析国家经济、社会、环境发展趋势，整合利益相关者的创造力、专业能力和沟通能力，有效参与构建社会发展愿景，识别社会发展愿景驱动力；三是科学技术选择模块，致力于动员创新主体参与未来科学技术课题大规模德尔菲调查，分析相关伦理、法规和政策制约因素，确定优先发展科学技术课题和优先发展科学技术子领域；四是创新发展政策模块，致力于分析优先发展科学技术课题和子领域对经济、社会、环境发展的影响，动员创新主体进行科学技术和创新发展政策实验，定期评估国家（区域）创新发展水平和能力，支撑科技创新资源配置战略调整与动态优化。

3. 科学技术预见数字化转型趋势加速

科学技术预见平台化发展导致科学技术预见系统利益相关者数量和相关数据量呈几何级数增长，科学技术预见数字化转型趋势明显并呈加速演化态势。未来的科学技术预见数字化转型趋势主要体现在五个方面。一是科学技术预见工作平台数字化，统领科学技术预见各个模块的数字化。建立数字化、网络化、智能化平台工作机制和大数据中心，扩大政产学研等创新主体有效参与技术预见活动范围，提升数据获取和处理以及分析结果可视化的智能化水平。二是全球发展趋势分析评价系统的数字化。建立全球政治、经济、社会、环境发展大趋势信息获取与处理数字化模拟系统，提高大趋势及其驱动力数字化分析能力。三是国家社会发展愿景分析系统的数字化。建立国家经济、社会、环境发展趋势信息获取与处理数字化模拟系统，有效整合不同创新主体和利益相关者的创造力、专业能力和沟通能力，推动创新主体就社会发展愿景进行多视角沟通并达成共识。四是科学技术选择的数字化。建立优先发展科学技术课题和优先发展科学技术子领域选择辅助系统，支持利益相关者在线研讨，精准识别创新主体的创造力、专业能力和沟通能力，动态遴选优先发展科学技术课题并提供合法合规判断。五是创新发展政策模拟系统的数字化。建立创新发展数字化政策模拟系统和政策实验室，迭代支撑科技创新资源配置战略调整与动态优化。

目　录
CONTENTS

第一章 中国生态环境2035技术预见研究简介

新时代“中国未来20年技术预见研究”是“支撑创新驱动转型关键领域技术预见与发展战略研究”项目的成果之一，是继2003年中国科学院成功组织“中国未来20年技术预见研究”项目后，再次根据新时代国家重大科技战略需求启动的重大研究项目。

中国生态环境2035技术预见是新时代“中国未来20年技术预见研究”的重要组成部分。由中国科学院科技战略咨询研究院党委书记穆荣平研究员担任研究组组长，由中国科学院安徽光学精密机械研究所环境光学监测专家刘文清院士担任专家组组长，邀请国内知名专家担任子领域专家组成员。

围绕经济、社会和国家安全的战略需求，瞄准生态环境领域技术发展趋势，本次技术预见旨在遴选出2035年前最重要的技术领域和关键技术。研究成果将提供给国家发展和改革委员会、科学技术部、中国科学院、国家自然科学基金委员会等部门参考，为制定新一轮国家科技发展规划（2021—2035年）和实现创新驱动战略提供重要的战略支撑。

第一节 技术预见方法设计

技术预见常用的方法包括德尔菲法、情景分析法、相关树法、趋势外推法、技术投资组合法、专利分析、文献计量和交叉影响矩阵法等[1]。第一步，本次技术预见聚焦于生态环境领域，结合生态环境领域发展的战略需求，对未来社会的发展情景进行构建，以勾勒出 2035 年生态环境领域技术发展的可能需求。第二步，通过多轮会议研讨，在广泛听取技术专家的意见和建议的基础上，划分出子领域，筛选出生态环境领域的重要技术课题。第三步，开展大规模德尔菲问卷调查，以集成专家的集体智慧，确定生态环境领域的关键技术课题。最后，针对调查所得到的成果，组织专家组成员进行专题研讨，依据关键技术课题的选择原则，分析并遴选出 2035 年前生态环境领域最重要的关键技术。技术预见流程设计如图 1-1-1 所示。

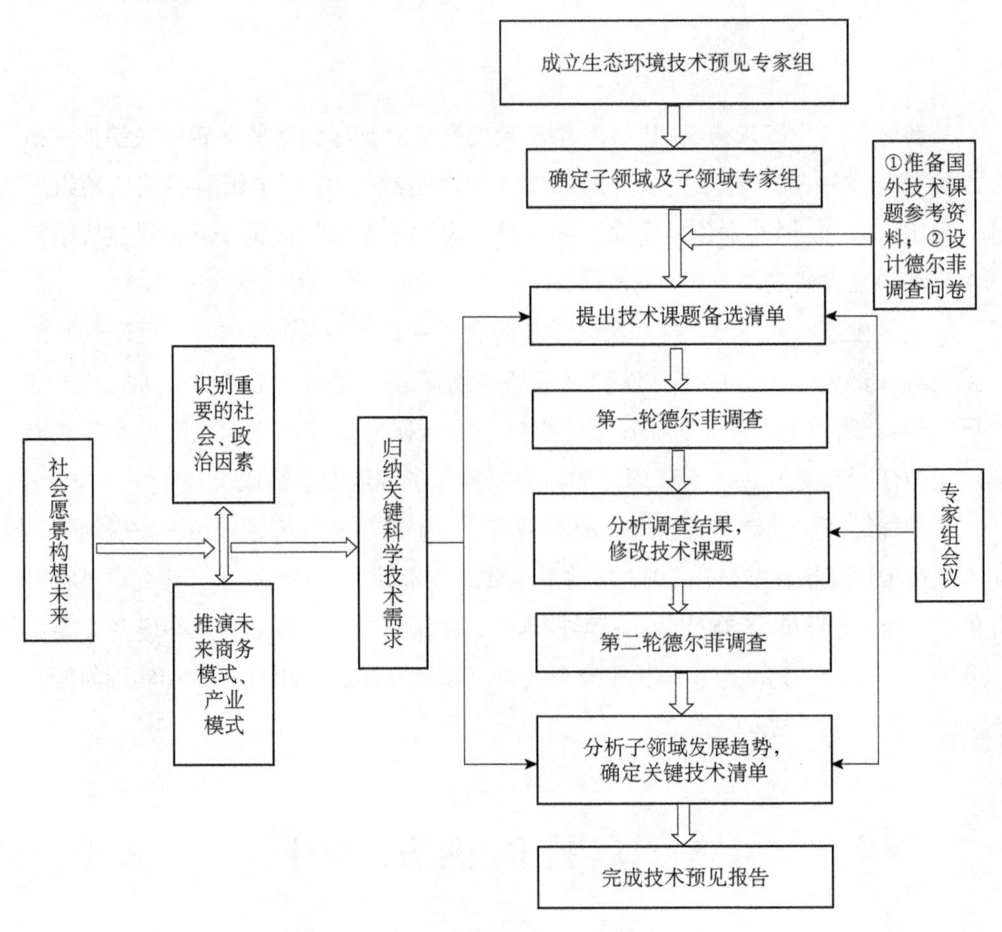

图 1-1-1　生态环境领域技术预见流程图

本次技术预见延续“中国未来 20 年技术预见研究”的方法，综合采用情景分析法和专家提名法确定技术课题。具体过程如下：第一步，研究组在国内外相关研究的基础上，结合全球竞争格局，构建 2035 年中国创新发展愿景。提出实现 2035 年绿色化、健康化等发展目标需要解决的重大技术问题。第二步，研究组翻译和学习了日本第九次和第十次技术预见、联合国环境规划署（UNEP）和美国环境保护署（EPA）报告等相关材料，供专家和研究组参考。第三步，在前述研究的基础上，各子领域专家结合当前中国生态环境技术的发展水平，讨论提出了初步的技术课题清单。第四步，研究组汇总各子领域课题清单，经与子领域专家沟通，删除不符合选择原则的技术课题，合并重复的技术课题。第五步，召开专家组会议，讨论并确定第一轮德尔菲调查备选技术课题清单，随后进行第一轮大规模德尔菲问卷调查。第六步，汇总整理第一轮德尔菲调查中获得的专家意见，经专家组会议，最终形成第二轮德尔菲调查的备选技术课题清单，邀请参与第一轮德尔菲调查的专家填写第二轮德尔菲调查问卷，并汇总最终结果。

第二节　成立技术预见专家组

中国生态环境 2035 技术预见专家组主要负责技术课题的筛选、修改和审定，并为问卷设计等提供咨询和建议。考虑到专家组组长首先既要具备极高的专业知识，能够把握生态环境领域技术发展趋势，也要具有高度的责任感与使命感，能够从国家未来的战略角度出发，客观公正地选择对未来发展至关重要的生态环境技术。依据以上原则，新时代“中国未来 20 年技术预见”研究组组长穆荣平研究员聘请刘文清院士担任中国生态环境 2035 技术预见专家组组长。

一般来说，领域专家组成员应当由来自政府、企业、高校及科研院所的知名专家组成。本次技术预见着重从以下几个方面选择专家组成员。

（1）专家组成员必须是各个子领域的知名专家，必须在工作中努力保证公平公正，具有责任感和使命感。

（2）专家组成员整体应当有合理的知识结构。

（3）专家组成员应当熟悉或了解技术预见。

（4）专家组成员必须保证全程参与。

根据以上原则，经与专家组组长商定，最终确定了中国生态环境 2035 技术预见专家组的成员。

第三节　技术预见子领域划分

在技术预见中，子领域的划分对后续工作的开展至关重要，必须遵循科学合理的原则。本次生态环境领域的子领域的划分主要考虑以下几个方面。

（1）强调学科属性，尽可能涵盖所有重点领域。

（2）相近的技术方向合并到同一子领域，同时尽可能避免不同子领域间的交叉重复。

（3）关注热点领域，充分考虑未来学科融合的趋势。

借鉴国内以往技术预见生态环境子领域的划分及国外相关成果，经过专家组的讨论，最终将生态环境领域划分为 9 个子领域：大气污染防治、土壤污染防治、水环境保护、清洁生产、生态保护与修复、化学品环境风险防控、环保产业技术、重大自然灾害预判与防控、全球环境变化与应对。在此基础上，成立子领域专家组。

第四节　提出技术课题备选清单

技术课题的遴选必须坚持全面、客观、公开、公正[1]的原则。以往经验表明，备选技术课题的描述会影响调查结果的准确性。因此，备选的技术课题的遴选必须遵循以下原则[2]。

（1）唯一性。技术课题必须严格按照原理阐明、开发成功、实际应用和广泛应用 4 个阶段描述，不允许一个技术课题同时处于多个发展阶段。

（2）前瞻性。技术课题应是在远期未来（10～20 年）最重要的，并且能够解决未来经济社会发展所面临的关键问题。

（3）战略性。战略性体现了技术在未来的重要程度。技术课题的选择应优先着眼于未来能够产生最大经济效益和社会效益的战略研究领域与通用新技术。

（4）可行性。技术课题除了要考虑技术上是否可行（技术可能性）外，还应具备商业价值（商业可行性），且不能忽视对社会的影响（社会可行性）。

（5）一致性。技术课题的遴选要尽可能保持在同一层次上。

（6）完备性。遴选技术课题时要尽可能保证重大技术课题无遗漏，同时避免不同领域间的重复。

第五节　德尔菲调查

一、德尔菲调查问卷

德尔菲调查问卷的设计必须坚持“全面、简洁、准确、客观、可行、一致”的原则[3]。本次技术预见项目沿用“中国未来20年技术预见研究”项目的调查问卷格式（表1-5-1），设置了11栏，旨在通过调查获取专家对备选技术课题的五大判断：未来技术的重要性、未来技术的可能性、未来技术的可行性、未来技术合作与竞争对手、未来技术优先发展领域[1]。

调查问卷有8个需要被调查专家回答的问题，具体如下。

（1）您对该课题的熟悉程度：A. 很熟悉；B. 熟悉；C. 一般；D. 不熟悉。

（2）在中国预计实现时间：A. 2020年前；B. 2021～2025年；C. 2026～2030年；D. 2031～2035年；E. 2036年以后；F. 无法预见。

（3）对促进经济增长的重要程度：A. 很重要；B. 重要；C. 一般；D. 不重要。

（4）对提高生活质量的重要程度：A. 很重要；B. 重要；C. 一般；D. 不重要。

（5）对保障国家安全的重要程度：A. 很重要；B. 重要；C. 一般；D. 不重要。

（6）当前中国的研究开发水平：A. 国际领先；B. 接近国际水平；C. 落后国际水平。

表 1-5-1 “中国生态环境 2035 技术预见研究”德尔菲调查样卷

技术子领域	技术课题编号	技术课题名称	您对该课题的熟悉程度（仅选择一项）				在中国[1]预计实现时间（仅选择一项）						对促进经济增长的重要程度	对提高生活质量的重要程度	对保障国家安全的重要程度	当前中国的研究开发水平（仅选择一项）			技术水平领先国家（地区）（可做多项选择）							当前制约该技术课题发展的因素（可做多项选择）					
			很熟悉	熟悉	一般熟悉	不熟悉	2020 年前	2021～2025 年	2026～2030 年	2031～2035 年	2035 年以后	无法预见				国际领先	接近国际水平[2]	落后国际水平	美国	日本	德国	英国	法国	中国	其他	技术可能性	商业可行性	法规、政策和标准	人力资源	研究开发投入	基础设施
				√				√					C	C	A			√	√										√	√	

① 不包括台湾省、香港特别行政区和澳门特别行政区，下同。

② 这里“国际水平”是指国际先进水平，下同。

（7）技术水平领先国家（地区）（可做多项选择）：A. 美国；B. 日本；C. 欧盟；D. 俄罗斯；E. 其他（请填写）。

（8）当前制约该技术课题发展的因素（可做多项选择）：A. 技术可能性；B. 商业可行性；C. 法规、政策和标准；D. 人力资源；E. 研究开发投入；F. 基础设施。

考虑到被调查专家的年龄分布及作答习惯，在第一轮德尔菲调查中，采用“纸质版+电子版”的形式有针对性地发放调查问卷。考虑到当前的工作方式逐渐转向计算机端甚至手机移动端，为方便专家作答，第二轮德尔菲调查主要采用在线问卷的形式。最终的调查取得满意的效果，第一轮、第二轮德尔菲调查问卷回收率分别达到29.52%和31.84%。

二、德尔菲调查专家筛选

被调查专家在很大程度上影响着德尔菲调查的结果。生态环境技术预见项目吸取以往技术预见的经验，在专家筛选上严格把关。

首先，被调查专家数量必须达到一定规模。专家群体的规模太小，采集的数据无法反映真实的技术发展情况；规模太大，不便操作。本次生态环境领域技术预见项目共征集到1313位专家的信息，为调查提供了有效的保障。

其次，被调查专家的组成结构要全面。专家筛选的机构要尽可能涵盖政府、企业、高校和科研院所等，以保证调查的全面性。我国的研发力量主要分布在高校和科研院所中[4]，他们对当前技术的发展状况及趋势有更深入的了解。考虑到这种情况，参与本次技术预见的调查专家来自高校和科研院所的人数相较于政府和企业来说更多。

最后，被调查专家必须具备权威性。专家的权威性是保证调查结果质量的先决条件。本次技术预见所邀请的专家均具有高级职称。

依据以上原则，本次技术预见项目采用“专家推荐制”来确定德尔菲调查专家。具体来说，首先由专家指导小组推荐一批专家，然后由这些专家滚动推荐。研究组核查被推荐的专家名单，剔除不合格人选，最终形成德尔菲调查专家库。

三、第一轮德尔菲调查

经典德尔菲调查一般需要经过四轮，直至调查结果趋于一致。但在实际操作中由于成本、周期等问题，调查过程往往会根据具体情况进行调整。本次技术预见调查规模大、涉及范围广、课题数量多，难以采取四轮调查的方法。因此，本次技术预见在实际操作过程中对传统技术预见程序进行合理修改，将部分操作步骤合并，并加以多轮专家审核以保证最后预见结果的可信度。

第一轮德尔菲调查涉及 9 个子领域的 125 项技术课题，发放问卷 1050 份，回收问卷 310 份（其中 267 份为有效问卷）。参与作答的专家来自高校、科研院所、政府部门和企业的比例分别为 47.5%、37.7%、1.6%和 7.4%。在回收的问卷中，对技术课题“很熟悉”和“熟悉”的专家占回函专家总数的 37.4%，“不熟悉”的专家占 41.7%。除去“不熟悉”的作答（对于回答“不熟悉”的，技术课题组在做统计分析时不做考虑），平均每个技术课题的回答人数仍超过 49 人次。因此，第一轮德尔菲调查的结果是客观的。

第一轮德尔菲调查结束后，研究组共收到 50 多位专家提出的各种意见和建议。按照子领域整理、分析和汇总后，参与调查专家的意见被及时反馈给专家组。针对这些建议，专家组经过讨论，对原有技术课题做出一定程度上的修正，并修改了部分技术课题的描述。

总体来看，第一轮德尔菲调查受到广大专家的肯定。专家提出的意见主要是针对技术课题的描述，对所选技术本身的质疑声较小。从这个角度上看，本轮德尔菲调查的结果是可信的。

四、第二轮德尔菲调查

第二轮德尔菲调查在第一轮德尔菲调查的基础上进行修订。第二轮德尔菲调查涉及 9 个子领域的 125 项技术课题。考虑到部分子领域回函率较低，补充了少量专家。第二轮发放问卷 1313 份，回收有效问卷 418 份。其中，参与作答的专家来自高校、科研院所、政府部门和企业的比例分别为 37.8%、34.5%、2.2%和 7.4%。相较于第一轮德尔菲调查，来自高校的专家比例有所下降，而选择“其他”的专家比例相对升高。课题组加大了对被调查专家的访问力度，第二轮调查实现每个技术课题平均有效回答人数显著提高至 275 人，专家平均作答技术课题数量也提高至 82 项，更全面反映出被调查专家的意见。

总体来看，第二轮德尔菲调查所得数据样本量大、可信度高，取得了满意的效果。

第六节　专家会议

在每轮德尔菲调查结束后，研究组将技术预见调查结果向专家组汇报，并组织召开专家会议对调查结果进行深入分析。专家组结合国家重大战略需求，讨论后筛选出面向 2035 年最重要的 25 项关键技术，即大比例尺、高精度自然灾害风险区划技术，地震次生灾害链的风险判识、评价与控制技术，场地土壤与地下水污染风险管控与协同原位精准修复技术，现代生物、纳米、智能技术，化学品风险评估与事故应急预警及控制技术，水土保持的生态修复与功能提升技术，重化工毒性特征污染基因图及全过程控污策略，大功率电池的清洁生产与循环利用，河网水系生境修复技术，大宗工业固废高值利用与污染协同控制技术，危险废物超洁净协同处置和多位一体监测，国际多尺度天气气候模式，生物安全防控技术，高级氧化技术，关键地区气候变化适应技术，室内空气微量污染物监测与净化技术，大气环境自适应模拟预测技术，大气环境立体监测技术，高风险化学品的环境暴露风险评估技术，工业窑炉多污染物及持久性有机污染物（POPs）控制技术，我国湖沼湿地生态修复技术，废水零排放与资源化技术，污水碳氮分离与能源化技术，土壤复合污染源头控制和可持续修复技术。根据专家会议达成的一致意见，研究组邀请子领域专家撰写各子领域未来发展趋势和 25 项关键技术的展望。

本书汇总了德尔菲调查结果、各子领域发展趋势及 25 项关键技术的展望，以期对未来生态环境领域发展规划制定提供战略性支持。

参考文献

[1] 中国未来 20 年技术预见研究组. 中国未来 20 年技术预见［M］. 北京：科学出版社，2006.

[2] 穆荣平，任中保. 技术预见德尔菲调查中技术课题选择研究［J］. 科学学与科学技术管理，2006,（3）：22-27.

[3] 穆荣平，任中保，袁思达，等. 中国未来 20 年技术预见德尔菲调查方法研究 [J]. 科研管理，2006，(1)：1-7.
[4] 袁志彬，任中保. 德尔菲法在技术预见中的应用与思考 [J]. 科技管理研究，2006，(10)：217-219.

第二章
德尔菲调查结果综合分析

第一节 德尔菲调查概述

“支撑创新驱动转型关键领域技术预见与发展战略研究”之“生态环境领域”参考《“十三五”国家科技创新规划》、日本第十次技术预见活动等分类方法，结合中国生态环境2035技术预见专家组的意见，进行了子领域的分类，并在第一轮德尔菲调查后根据专家的意见做了适当调整。

回函专家构成对比见图2-1-1。总体来说，回函专家主要分布于高校和科研院所，来自企业的专家比例不大，来自政府部门的专家最少。

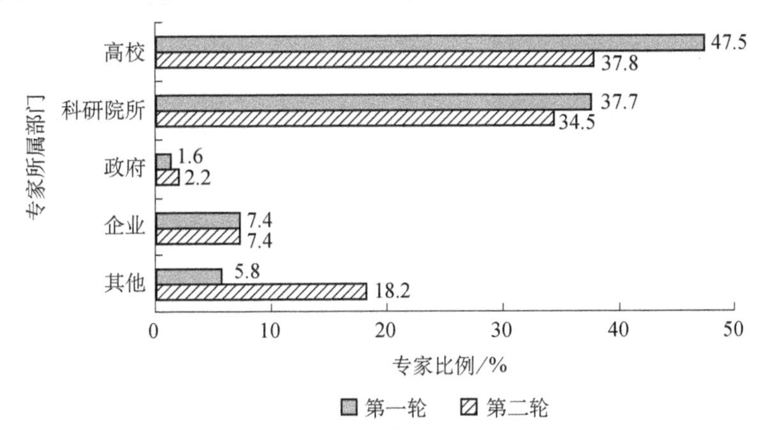

图2-1-1 生态环境领域德尔菲调查回函专家构成情况

德尔菲调查回函专家的专业背景对调查结果有重要影响，因此德尔菲调查表中特别区分了专家对技术课题的熟悉程度。从调查结果看，第一轮德尔菲调查中，对技术课题“很熟悉”和“熟悉”的专家分别占回函专家总数的 15.1%和 22.3%，“不熟悉”的专家占 41.7%。第二轮德尔菲调查中，对技术课题“很熟悉”、“熟悉”、“一般”和“不熟悉”的专家分别占 4.0%、9.8%、8.9%和 77.3%（图 2-1-2）。

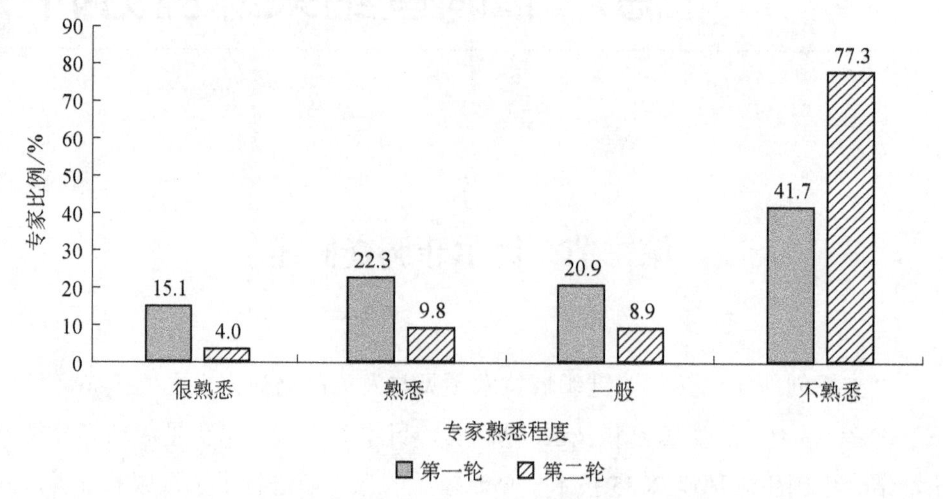

图 2-1-2　生态环境领域德尔菲调查回函专家熟悉情况

第二节　德尔菲调查统计方法

本书中德尔菲调查有两个基本假设。

基本假设 1：“很熟悉”技术课题的专家对技术课题重要程度的判断要比“熟悉”技术课题的专家的判断为优，“不熟悉”技术课题的专家的判断可以忽略不计。

基本假设 2：“促进经济增长”、“提高生活质量”和“保障国家安全”对于判定技术课题的重要程度具有同等的重要性。

基本假设 1 是由技术的专有属性决定的。技术的专有属性决定了对技术重要程度的判断在很大程度上依赖专家的专业知识水平。长期从事某项技术课题研究开发的高水平专家对于该技术课题的重要程度、目前领先国家和地区、国内研究开发水平、实现可能性、制约因素和预计实现时间等问题的判断显然比对该技术课题熟悉程度“一般”的专家更可靠。相应地，一个对技术课题根本不熟悉的专家对该技术未来的发展趋势的判断很难令人信服。因此，在处理德尔菲调查问卷中“很熟悉”、“熟悉”、“一般”和“不熟悉”四类专家的判断时，分别赋予其权重 4、2、1 和 0，用加权回函专家人数取代实际回函专家人数，统计对某个问题的认同度，使结果更趋向于熟悉技术课题的专家的判断。

从“促进经济增长”、“提高生活质量”和“保障国家安全”三者之间的关系来看，促进经济增长能够为提高生活质量和保障国家安全奠定重要的物质基础；提高生活质量能够凝聚人心，增强全社会的创造活力；“保障国家安全”能够为经济发展和人民生活创造和谐的社会氛围，从而促进经济增长和提高生活质量。因此，可以认为“促进经济增长”、“提高生活质量”和“保障国家安全”具有同等重要的地位，基本假设 2 成立；在德尔菲问卷统计时，明确上述三项指标权重相等。

一、单因素重要程度指数

单因素重要程度指数包括 3 项：技术课题对促进经济增长的重要程度指数、对提高生活质量的重要程度指数和对保障国家安全的重要程度指数。其计算公式如下：

$$I = \frac{I_1 \times T_1 \times 4 + I_2 \times T_2 \times 2 + I_3 \times T_3 \times 1}{T_1 \times 4 + T_2 \times 2 + T_3 \times 1}$$

其中，$I_i = \frac{N_{i1} \times 100 + N_{i2} \times 50 + N_{i3} \times 25 + N_{i4} \times 0}{N_{i1} + N_{i2} + N_{i3} + N_{i4}}$，$i = 1,2,3,4$。

I_1、I_2、I_3、I_4 分别代表根据“很熟悉”、“熟悉”、“一般”和“不熟悉”专家作答情况，计算得出的课题重要度指数。当所有专家都认为该课题的重要性为“很重要”时其指数为 100，当所有专家都认为“不重要”时其指数为 0，当所有专家都认为“重要”时其指数为 50，当所有专家都认为“一般”时其指数为 25。N_{i1}、N_{i2}、N_{i3}、N_{i4} 分别代表某种熟悉程度的专家中选择课题“很重要”、“重要”、“一般”和“不重要”的作答数。T_i 代表第 i 熟悉程度的作答人数（表 2-2-1）。

表 2-2-1　重要程度和熟悉程度交叉变量的定义

熟悉程度＼重要程度	很重要	重要	一般	不重要	总计
很熟悉	N_{11}	N_{12}	N_{13}	N_{14}	T_1
熟悉	N_{21}	N_{22}	N_{23}	N_{24}	T_2
一般	N_{31}	N_{32}	N_{33}	N_{34}	T_3
不熟悉	N_{41}	N_{42}	N_{43}	N_{44}	T_4

二、三因素综合重要程度指数

在德尔菲调查结果的统计分析过程中，除了分别计算技术课题对促进经济增长的重要程度、提高生活质量的重要程度和保障国家安全的重要程度指数外，还需要综合考虑促进经济增长、提高生活质量和保障国家安全 3 个指标，以确定技术课题的综合重要程度指数。为此，需要找出合理的三因素综合重要程度指数的计算方法，以确定优先发展技术课题。从遴选优先发展技术课题出发，项目组提出在计算三因素综合重要程度指数的时候需要“适度强调拔尖”，即充分考虑对某一因素（如促进经济增长、提高生活质量和保障国家安全）的重要程度指数的边际贡献率呈非线性递增趋势，以便选择单项指标突出而不是各项指标平均的技术课题。值得指出的是，三因素综合重要程度指数计算方法的选择必须充分考虑本研究的假设，即“很熟悉”、“熟悉”、“一般”和“不熟悉”4 类专家判断的权重为 4、2、1 和 0；“促进经济增长”、“提高生活质量”和“保障国家安全”3 个指标权重相等。

线性加权和法、逼近理想解排序法（简称 TOPSIS 法）和平方和加权法是解决类似多目标决策问题常用的计算方法。三因素综合重要程度指数计算属于典型的多目标决策问题，因此选择三因素综合重要程度指数的计算方法时，重点考察了上述 3 种方法。

线性加权和法比较直观，容易理解和接受，但必须满足 3 个基本假设条件：①指标之间必须具有完全可补偿性；②指标之间价值相互独立；③单项指标边际价值是线性的。因此，采用线性加权和法不能够满足“单因素重要程度指数的边际贡献率呈非线性递增”的要求，因而不适合本研究。

TOPSIS 法是根据技术课题到正负理想点的距离来判定技术课题的优劣，体现了存在最优方向的思想。最优方向为负理想点到正理想点的连线方向。具体计算时，首先，将单因素指数进行向量规范化处理；其次，在属性空间中确定正负“理想点”；最后，计算技术课题与正“理想点”之间的距离 D_n'，与负理想点之间的距离 D_n''，则技术课题综合评价指数（I_n）为

$$I_n = \frac{D_n''}{D_n' + D_n''}$$

由于 TOPSIS 法较多地强调样本不同维度指标之间的均衡，所以它不适用于解决本研究所面临的问题。

与线性加权和法相比，平方和加权法在一定程度上突出了单项指标作用显著的技术课题。具体计算时，需要在属性空间中确定由单因素指数最小值构成的负理想点，然后分别计算对每项技术课题由三项指标确定的空间点到负理想点之间的距离，并根据距离对技术课题进行排序，与负理想点之间的距离越大，其重要程度的排名越靠前。

基于对上述 3 种方法的分析，本研究决定采用平方和加权法计算技术课题的综合重要程度指数。它满足了本研究提出的“单因素重要程度指数的边际贡献率呈非线性递增”的要求，计算公式如下：

$$I_{综合}=\sqrt{I_{增}^2 + I_{质}^2 + I_{安}^2}$$

式中，$I_{增}$、$I_{质}$、$I_{安}$分别代表三项单因素重要程度指数，即对促进经济增长的重要程度指数、对提高生活质量的重要程度指数和对保障国家安全的重要程度指数。

三、技术课题预计实现时间

中位数法是国内外德尔菲调查计算预计实现时间的最常用方法。本研究也采用该方法计算某一技术课题预计实现时间。在德尔菲调查问卷中，“在中国预计实现时间”调查栏目设置了 6 个选项：①2020 年前；②2021～2025 年；③2026～2030 年；④2031～2035 年；⑤2035 年以后；⑥无法预见。

在采用中位数计算每个技术课题预计实现时间过程中，先将各位专家的预测结果在时间轴上按先后顺序排列，并按照专家熟悉程度将加权专家人数分为四等分。中分值点的预测结果称为中位数（M），表示专家中有一半人（加权专

家人数）预测实现的时间早于它，而另一半人预测实现的时间晚于它；先于中分点的四分点为下四分点（Q_1）；后于中分点的四分点为上四分点（Q_2）；技术课题预计实现时间 $T_i = M$（图 2-2-1）。

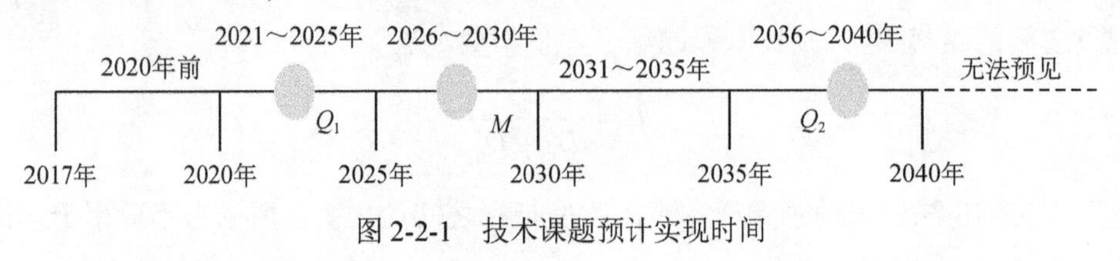

图 2-2-1　技术课题预计实现时间

四、技术课题实现可能性指数

技术课题的实现可能性主要取决于该技术课题自身的技术推动力（技术可能性）和市场拉动力（商业可行性）。为此，我们把“技术课题实现可能性”定义为技术可能性指数和商业可行性指数的乘积。如果我们用 T_i 和 B_i 分别表示技术课题编号为 i 的技术课题受技术可能性和商业可行性制约的专家认同度，那么技术课题 i 的实现可能性指数 R_i 就可以表示为 $R_i = (1-T_i)(1-B_i)$，其中 i =1，2，3，…，n 表示技术课题编号。

五、技术课题的我国目前研究开发水平指数

由于回函专家对技术课题我国“国际领先”的认同度普遍很低，因此可以将“国际领先”认同度和“接近国际水平”认同度简化处理为“技术课题的我国目前研究开发水平指数”，即用回函专家对技术课题“接近国际水平”和“国际领先”的认同度，来表征我国研究开发水平。“技术课题的我国目前研究开发水平指数”定义如下：

$$\mathrm{RI} = \frac{R_{LX} + 0.5R_{JJ}}{R_{LX} + R_{JJ} + R_{LH}}$$

式中，RI 为技术课题的我国目前研究开发水平指数；R_{LX} 为“国际领先”选项专家选择人数；R_{JJ} 为“接近国际水平”选项专家选择人数；R_{LH} 为“落后于国际水平”选项专家选择人数。

技术课题的我国目前研究开发水平指数越高，说明该技术课题我国目前研究开发水平越高；反之，我国目前研究开发水平指数越低，说明该技术课题我

国目前研究开发水平也就越低。

六、专家认同度

专家认同度是指回函专家选择某选项的人数（考虑专家熟悉程度影响的加权人数）占回函专家总数（考虑专家熟悉程度影响的加权人数）的比例。具体计算公式如下：

$$I = \frac{Q_{i1} \times 4 + Q_{i2} \times 2 + Q_{i3} \times 1 + Q_{i4} \times 0}{E_1 \times 4 + E_2 \times 2 + E_3 \times 1 + E_4 \times 0}$$

式中，I 表示专家认同度；Q_{i1}、Q_{i2}、Q_{i3} 和 Q_{i4} 分别表示选择 i 选项“很熟悉”、“熟悉”、“一般”和“不熟悉”的专家人数；E_1、E_2、E_3 和 E_4 分别表示回函专家中选择“很熟悉”、“熟悉”、“一般”和“不熟悉”的专家人数。

第三节　生态环境领域最重要技术课题

为了确定有关技术课题的重要程度，本研究在德尔菲调查问卷设计的过程中，提出了“促进经济增长”、“提高生活质量”和“保障国家安全”3 个判据；并且在分别判断技术课题的重要程度的基础上，用改进后的平方和加权法将技术课题“促进经济增长”、“提高生活质量”和“保障国家安全”的重要程度指数加以综合，得到技术课题的综合重要程度排序。利用单因素重要程度指数计算方法和三因素综合重要程度指数计算方法对第二轮德尔菲调查结果进行数据处理，我们分别确定对“促进经济增长”、对“提高生活质量”和对“保障国家安全”最重要的 10 项技术课题，以及综合考虑上述 3 项指标的最重要的 10 项技术课题（见本节第四小节）。

一、对“促进经济增长”最重要的 10 项技术课题

根据技术课题对“促进经济增长”的重要程度，遴选出未来对“促进经济增长”最重要的 10 项技术课题，其中以“大比例尺、高精度自然灾害风险区划技术得到实际应用”最为重要，其他依次是“大功率电池清洁生产与循环利用技术得到

实际应用”、“地震次生灾害链的风险判识、评价与控制技术得到实际应用”、“高精度城市洪涝短临预报与迁安避险决策技术得到广泛应用”、“开发出极端气候影响下综合风险防范技术平台”、“城市再开发场地污染风险管控与安全利用技术体系得到广泛应用”、“场地土壤与地下水污染风险管控与协同原位精准修复技术得到广泛应用”、“应对极端气候灾害的预警、控制和风险预估技术得到实际应用”、“重化工业污染基因图绘制完成并在重点行业污染全过程控制中得到应用”和“基于超低排污的煤化工清洁生产技术得到广泛应用”（表 2-3-1）。

表 2-3-1 生态环境领域对“促进经济增长”最重要的 10 项技术课题

排名	技术课题名称	子领域	预计实现年份	实现可能性指数	目前领先国家和地区		制约因素	
					第一	第二	第一	第二
1	大比例尺、高精度自然灾害风险区划技术得到实际应用	重大自然灾害预判与防控	2027	0.37	美国	日本	基础设施	研究开发投入
2	大功率电池清洁生产与循环利用技术得到实际应用	清洁生产	2027	0.15	日本	美国	研究开发投入	法规、政策和标准
3	地震次生灾害链的风险判识、评价与控制技术得到实际应用	重大自然灾害预判与防控	2029	0.29	美国	日本	研究开发投入/基础设施	法规、政策和标准/人力资源
4	高精度城市洪涝短临预报与迁安避险决策技术得到广泛应用	重大自然灾害预判与防控	2028	0.41	美国	欧盟	研究开发投入	基础设施
5	开发出极端气候影响下综合风险防范技术平台	重大自然灾害预判与防控	2029	0.31	日本	美国	研究开发投入	基础设施
6	城市再开发场地污染风险管控与安全利用技术体系得到广泛应用	土壤污染防治	2027	0.27	美国	欧盟	研究开发投入	法规、政策和标准
7	场地土壤与地下水污染风险管控与协同原位精准修复技术得到广泛应用	土壤污染防治	2028	0.21	美国	欧盟	研究开发投入	法规、政策和标准
8	应对极端气候灾害的预警、控制和风险预估技术得到实际应用	重大自然灾害预判与防控	2027	0.33	美国	日本	研究开发投入	基础设施
9	重化工业污染基因图绘制完成并在重点行业污染全过程控制中得到应用	清洁生产	2030	0.24	欧盟	美国	研究开发投入	法规、政策和标准
10	基于超低排污的煤化工清洁生产技术得到广泛应用	清洁生产	2026	0.19	欧盟	美国	法规、政策和标准	研究开发投入

从子领域分布看，上述 10 项技术课题有 5 项属于“重大自然灾害预判与防

控”子领域，3 项属于“清洁生产”子领域，2 项属于“土壤污染防治”子领域。结果表明，对于“促进经济增长”而言，重大自然灾害预判与防控技术最为重要，其次是清洁生产技术。从预计实现时间看，上述 10 项技术课题中，全部预计在中长期（2026～2030 年）实现。从实现可能性看，“高精度城市洪涝短临预报与迁安避险决策技术得到广泛应用”实现可能性最大，“大功率电池清洁生产与循环利用技术得到实际应用”实现可能性最小。从制约因素看，上述 10 项技术课题中，有 8 项技术课题面临的第一制约因素均是研究开发投入，“大比例尺、高精度自然灾害风险区划技术得到实际应用”的第一制约因素是基础设施，“基于超低排污的煤化工清洁生产技术得到广泛应用”的第一制约因素是法规、政策和标准，有 3 项技术课题的第二制约因素是基础设施。从目前领先国家和地区看，上述 10 项技术课题中美国有 6 项排名世界第一位，日本有 2 项排名世界第一位，欧盟有 2 项排名世界第一位。

二、对“提高生活质量”最重要的 10 项技术课题

根据技术课题对“提高生活质量”的重要程度，遴选出未来对“提高生活质量”最重要的 10 项技术课题，其中以“地震次生灾害链的风险判识、评价与控制技术得到实际应用”最为重要，其他依次是“智慧和韧性减灾社区得到实际应用”、“长期慢性低剂量重金属污染暴露健康风险评估关键技术得到实际应用”、“场地土壤与地下水污染风险管控与协同原位精准修复技术得到广泛应用”、“高精度城市洪涝短临预报与迁安避险决策技术得到广泛应用”、“大比例尺、高精度自然灾害风险区划技术得到实际应用”、“基于大数据和人工智能的地质灾害风险管理技术得到广泛应用”、“应对极端气候灾害的预警、控制和风险预估技术得到实际应用”、“富营养化湖泊生态修复的系统解决方案得到广泛应用”和“室内空气微量污染物监测与净化技术得到广泛应用”（表 2-3-2）。

表 2-3-2　生态环境领域对“提高生活质量”最重要的 10 项技术课题

排名	技术课题名称	子领域	预计实现年份	实现可能性指数	目前领先国家和地区		制约因素	
					第一	第二	第一	第二
1	地震次生灾害链的风险判识、评价与控制技术得到实际应用	重大自然灾害预判与防控	2029	0.29	美国	日本	研究开发投入/基础设施	法规、政策和标准/人力资源

续表

排名	技术课题名称	子领域	预计实现年份	实现可能性指数	目前领先国家和地区		制约因素	
					第一	第二	第一	第二
2	智慧和韧性减灾社区得到实际应用	重大自然灾害预判与防控	2028	0.28	日本	美国	法规、政策和标准	基础设施
3	长期慢性低剂量重金属污染暴露健康风险评估关键技术得到实际应用	化学品环境风险防控	2027	0.32	美国	欧盟	法规、政策和标准	研究开发投入
4	场地土壤与地下水污染风险管控与协同原位精准修复技术得到广泛应用	土壤污染防治	2028	0.21	美国	欧盟	研究开发投入	法规、政策和标准
5	高精度城市洪涝短临预报与迁安避险决策技术得到广泛应用	重大自然灾害预判与防控	2028	0.41	美国	欧盟	研究开发投入	基础设施
6	大比例尺、高精度自然灾害风险区划技术得到实际应用	重大自然灾害预判与防控	2027	0.37	美国	日本	基础设施	研究开发投入
7	基于大数据和人工智能的地质灾害风险管理技术得到广泛应用	重大自然灾害预判与防控	2027	0.31	日本	美国	研究开发投入	基础设施
8	应对极端气候灾害的预警、控制和风险预估技术得到实际应用	重大自然灾害预判与防控	2027	0.33	美国	日本	研究开发投入	基础设施
9	富营养化湖泊生态修复的系统解决方案得到广泛应用	生态保护与修复	2029	0.34	欧盟	美国	研究开发投入	基础设施
10	室内空气微量污染物监测与净化技术得到广泛应用	环保产业技术	2030	0.31	日本	欧盟	研究开发投入	法规、政策和标准

从子领域分布看，上述10项技术课题有6项属于“重大自然灾害预判与防控”子领域，1项属于“化学品环境风险防控”子领域，1项属于“土壤污染防治”子领域，1项属于“生态保护与修复”子领域，1项属于“环保产业技术”子领域。结果表明，对于“提高生活质量”而言，重大自然灾害预判与防控技术最重要，其次是化学品环境风险防控技术、土壤污染防治技术、生态保护与修复技术和环保产业技术。从预计实现时间看，上述10项技术课题中全部预计在中长期（2026～2030年）实现。从实现可能性看，“高精度城市洪涝短临预报与迁安避险决策技术得到广泛应用”实现可能性最大，“场地土壤与地下水污染风险管控与协同原位精准修复技术得到广泛应用”实现可能性最小。从制约因素看，上述10项技术课题中有7项技术课题面临的第一制约因素是研究开

发投入，2 项技术课题的第一制约因素是法规、政策和标准，1 项技术课题的第一制约因素是基础设施，有 5 项技术课题的第二制约因素是基础设施，3 项技术课题的第二制约因素是法规、政策和标准。另外，人力资源也是重要的制约因素。由此可见，研究开发投入因素对实现上述 10 项技术课题十分重要，值得关注。从目前领先国家和地区看，在上述 10 项技术课题中，美国有 6 项技术课题排名世界第一位，日本有 3 项技术课题排名世界第一位，欧盟有 1 项技术课题排名世界第一位，同时欧盟有 4 项技术课题排名世界第二位。

三、对“保障国家安全”最重要的 10 项技术课题

根据技术课题对“保障国家安全”的重要程度，遴选出未来对“保障国家安全”最重要的 10 项技术课题，即“核能放射性污染防控技术得到实际应用”、“地震次生灾害链的风险判识、评价与控制技术得到实际应用”、“化学品风险评估与事故应急预警及控制技术得到实际应用”、“青藏高原生态修复与保护技术体系得到实际应用”、“大比例尺、高精度自然灾害风险区划技术得到实际应用”、“海洋气象智能预警系统得到实际应用”、“场地土壤与地下水污染风险管控与协同原位精准修复技术得到广泛应用”、“防洪工程全面可视化、信息化监测预警技术得到广泛应用”、“应对极端气候灾害的预警、控制和风险预估技术得到实际应用”和“开发出极端气候影响下综合风险防范技术平台”（表 2-3-3）。

表 2-3-3　生态环境领域对“保障国家安全”最重要的 10 项技术课题

排名	技术课题名称	子领域	预计实现年份	实现可能性指数	目前领先国家和地区		制约因素	
					第一	第二	第一	第二
1	核能放射性污染防控技术得到实际应用	化学品环境风险防控	2028	0.33	美国	欧盟	研究开发投入	基础设施
2	地震次生灾害链的风险判识、评价与控制技术得到实际应用	重大自然灾害预判与防控	2029	0.29	美国	日本	研究开发投入/基础设施	法规、政策和标准/人力资源
3	化学品风险评估与事故应急预警及控制技术得到实际应用	化学品环境风险防控	2027	0.38	美国	欧盟	研究开发投入	法规、政策和标准
4	青藏高原生态修复与保护技术体系得到实际应用	生态保护与修复	2028	0.35	欧盟	美国	研究开发投入/基础设施	人力资源
5	大比例尺、高精度自然灾害风险区划技术得到实际应用	重大自然灾害预判与防控	2027	0.37	美国	日本	基础设施	研究开发投入

续表

排名	技术课题名称	子领域	预计实现年份	实现可能性指数	目前领先国家和地区		制约因素	
					第一	第二	第一	第二
6	海洋气象智能预警系统得到实际应用	重大自然灾害预判与防控	2027	0.23	美国	日本	研究开发投入	法规、政策和标准
7	场地土壤与地下水污染风险管控与协同原位精准修复技术得到广泛应用	土壤污染防治	2028	0.21	美国	欧盟	研究开发投入	法规、政策和标准
8	防洪工程全面可视化、信息化监测预警技术得到广泛应用	重大自然灾害预判与防控	2026	0.57	美国	日本	研究开发投入	基础设施
9	应对极端气候灾害的预警、控制和风险预估技术得到实际应用	重大自然灾害预判与防控	2027	0.33	美国	日本	研究开发投入	基础设施
10	开发出极端气候影响下综合风险防范技术平台	重大自然灾害预判与防控	2029	0.31	日本	美国	研究开发投入	基础设施

从子领域分布看，上述 10 项技术课题有 6 项属于“重大自然灾害预判与防控”子领域，有 2 项属于“化学品环境风险防控”子领域，有 1 项属于“生态保护与修复”子领域，有 1 项属于“土壤污染防治”子领域。结果表明，对于“保障国家安全”而言，重大自然灾害预判与防控技术至关重要，其次是化学品环境风险防控技术。从预计实现时间看，在上述 10 项技术课题中全部预计在中长期（2026～2030 年）实现。从实现可能性看，“防洪工程全面可视化、信息化监测预警技术得到广泛应用”实现可能性最大，“场地土壤与地下水污染风险管控与协同原位精准修复技术得到广泛应用”实现可能性最小。从制约因素看，上述 10 项技术课题中有 9 项技术课题面临的第一制约因素是研究开发投入，只有“大比例尺、高精度自然灾害风险区划技术得到实际应用”的第一制约因素是基础设施，有 4 项技术课题的第二制约因素是法规、政策和标准，4 项技术课题的第二制约因素为基础设施。由此可见，除研究开发投入外，基础设施与法规、政策和标准对实现上述 10 项技术课题也十分重要，不能忽视。从目前领先国家和地区看，在上述 10 项技术课题中，美国有 8 项技术课题排名世界第一位，2 项技术课题排名世界第二位；日本有 1 项技术课题排名世界第一位，5 项技术课题排名世界第二位；欧盟有 1 项技术课题排名世界第一位，3 项技术课题排名世界第二位。

四、对中国未来发展最重要的 10 项技术课题

根据技术课题在“促进经济增长”、“提高生活质量”和“保障国家安全”3个方面的重要程度，采用三因素综合重要程度指数计算方法，遴选出对中国未来发展最重要的 10 项技术课题，依次是“地震次生灾害链的风险判识、评价与控制技术得到实际应用”、“大比例尺、高精度自然灾害风险区划技术得到实际应用”、“场地土壤与地下水污染风险管控与协同原位精准修复技术得到广泛应用”、“应对极端气候灾害的预警、控制和风险预估技术得到实际应用”、“高精度城市洪涝短临预报与迁安避险决策技术得到广泛应用”、“基于大数据和人工智能的地质灾害风险管理技术得到广泛应用”、“化学品风险评估与事故应急预警及控制技术得到实际应用”、“开发出极端气候影响下综合风险防范技术平台”、“城市再开发场地污染风险管控与安全利用技术体系得到广泛应用”和“矿区和油田土壤污染源头控制和可持续修复技术得到实际应用”（表 2-3-4）。

表 2-3-4　生态环境领域对我国未来发展最重要的 10 项技术课题

排名	技术课题名称	子领域	预计实现年份	实现可能性指数	目前领先国家和地区		制约因素	
					第一	第二	第一	第二
1	地震次生灾害链的风险判识、评价与控制技术得到实际应用	重大自然灾害预判与防控	2029	0.29	美国	日本	研究开发投入/基础设施	法规、政策和标准/人力资源
2	大比例尺、高精度自然灾害风险区划技术得到实际应用	重大自然灾害预判与防控	2027	0.37	美国	日本	基础设施	研究开发投入
3	场地土壤与地下水污染风险管控与协同原位精准修复技术得到广泛应用	土壤污染防治	2028	0.21	美国	欧盟	研究开发投入	法规、政策和标准
4	应对极端气候灾害的预警、控制和风险预估技术得到实际应用	重大自然灾害预判与防控	2027	0.33	美国	日本	研究开发投入	基础设施
5	高精度城市洪涝短临预报与迁安避险决策技术得到广泛应用	重大自然灾害预判与防控	2028	0.41	美国	欧盟	研究开发投入	基础设施
6	基于大数据和人工智能的地质灾害风险管理技术得到广泛应用	重大自然灾害预判与防控	2027	0.31	日本	美国	研究开发投入	基础设施
7	化学品风险评估与事故应急预警及控制技术得到实际应用	化学品环境风险防控	2027	0.38	美国	欧盟	研究开发投入	法规、政策和标准
8	开发出极端气候影响下综合风险防范技术平台	重大自然灾害预判与防控	2029	0.31	日本	美国	研究开发投入	基础设施

续表

排名	技术课题名称	子领域	预计实现年份	实现可能性指数	目前领先国家和地区		制约因素	
					第一	第二	第一	第二
9	城市再开发场地污染风险管控与安全利用技术体系得到广泛应用	土壤污染防治	2027	0.27	美国	欧盟	研究开发投入	法规、政策和标准
10	矿区和油田土壤污染源头控制和可持续修复技术得到实际应用	土壤污染防治	2027	0.23	美国	欧盟	研究开发投入	法规、政策和标准

从子领域分布看，上述 10 项技术课题有 6 项技术课题属于“重大自然灾害预判与防控”子领域，3 项技术课题属于“土壤污染防治”子领域，1 项属于“化学品环境风险防控”子领域。结果表明，对于国家未来发展而言，重大自然灾害预判与防控至关重要，其次是土壤污染防治技术，化学品环境风险防控子领域也值得关注。从预计实现时间看，上述 10 项技术课题全部预计在中长期（2026～2030 年）实现。从实现可能性看，重大自然灾害预判与防控子领域的“高精度城市洪涝短临预报与迁安避险决策技术得到广泛应用”的实现可能性最大，土壤污染防治子领域的“场地土壤与地下水污染风险管控与协同原位精准修复技术得到广泛应用”的实现可能性最小。从制约因素看，上述 10 项技术课题中，9 项技术课题面临的第一制约因素是研究开发投入，仅有“大比例尺、高精度自然灾害风险区划技术得到实际应用”技术课题面临的第一制约因素为基础设施，有 5 项技术课题的第二制约因素是法规、政策和标准，4 项技术课题面临的第二制约因素是基础设施。由此可见，研究开发投入，基础设施，法规、政策和标准对实现上述 10 项技术课题均十分重要，不容忽视。从目前领先国家和地区来看，美国较为领先，日本和欧盟也各具特色。上述 10 项技术课题中，美国有 8 项技术课题排名世界第一位，日本有 2 项技术课题排名世界第一位，欧盟有 5 项技术课题排名世界第二位。

第四节　技术课题预计实现时间

一、预计实现时间概述

技术课题预计实现时间与技术课题实现可能性有一定的相关性，技术课题预计实现时间与技术课题所处的发展阶段也有一定的相关性。从预计实现时间来看，生态环境领域大多数技术课题预计实现时间集中在 2027 年前后，预计在 2026～2030 年实现的技术课题约占 85.6%，全部技术课题预计在 2035 年之前都能实现（图 2-4-1）。

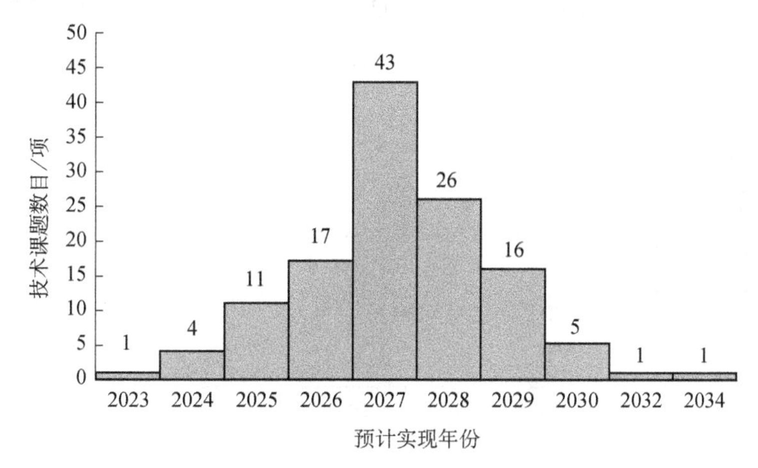

图 2-4-1　生态环境领域技术课题预计实现时间分布

二、技术课题预计实现时间与实现可能性

从技术课题预计实现时间与实现可能性之间的关系看，预计实现时间越晚的技术课题，一般其实现可能性也越小，只有个别技术课题例外（图 2-4-2）。

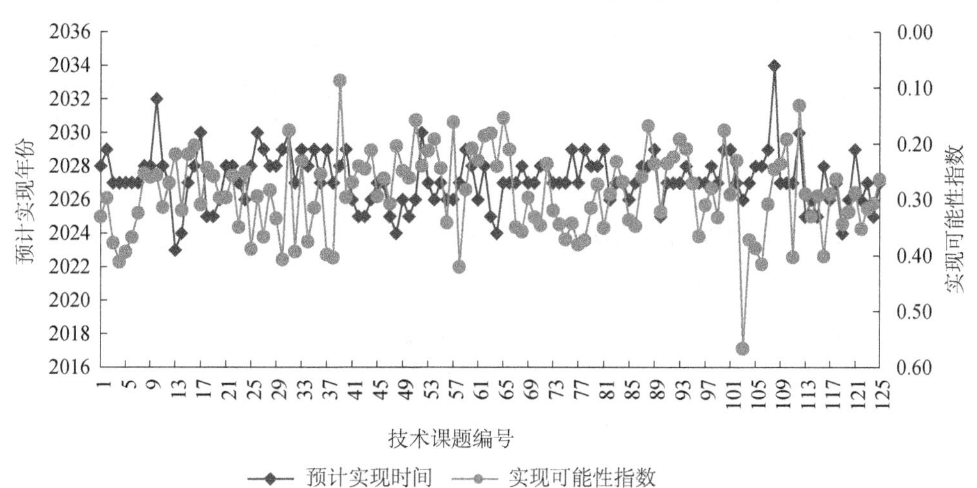

图 2-4-2　生态环境领域技术课题预计实现时间与实现可能性关系图

注：技术课题编号指德尔菲调查问卷中技术课题的顺序编号，详见附录 1，本书余同。

三、技术课题预计实现时间与发展阶段

从技术课题预计实现时间与发展阶段之间的关系看，处于原理阐明阶段的技术课题预计实现时间的平均值点是 2027 年，处于开发成功和实际应用阶段的技术课题预计实现时间的平均值点为 2028 年，处在广泛应用阶段的技术课题预计实现时间的平均值点是 2028 年（图 2-4-3）。

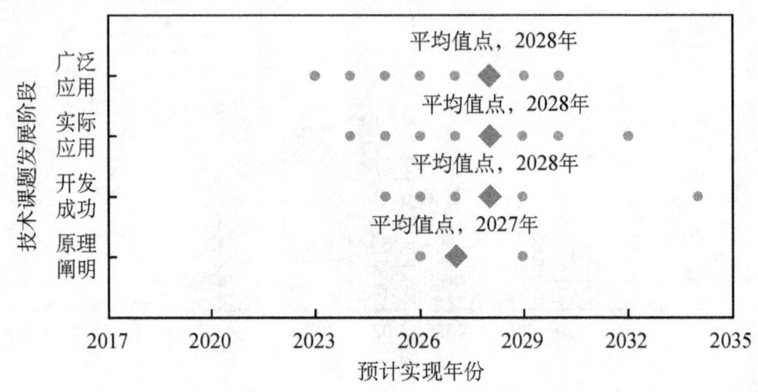

图 2-4-3 生态环境领域技术课题预计实现时间与发展阶段

总体上讲，处于原理阐明阶段的技术课题一般预计实现时间较早，处于开发成功、实际应用和广泛应用阶段的技术课题预计实现时间几乎差不多，但与原理阐明阶段的技术课题相比稍微晚一些。

四、技术课题预计实现时间与重要程度分布

技术课题预计实现时间与重要程度是选择重要技术课题的两个重要指标。本书将综合重要程度指数排在前 1/3 区域定义为“高重要程度区域”，后 1/3 区域定义为“低重要程度区域”；同时对技术课题预计实现时间进行分类，将 2017～2020 年定义为近期，2021～2025 年定义为近中期，2026～2030 年定义为中长期，2031～2035 年定义为远期。根据德尔菲调查结果，技术课题按照预计实现时间和重要程度两个指标进行分类，结果如图 2-4-4 所示。

从图 2-4-4 可以看出，处于高重要程度区域的技术课题中，预计近中期能够实现的有 1 项，预计中长期能够实现的有 41 项；处于中重要程度区域的技术课题中，预计近中期能够实现的有 6 项，预计中长期能够实现的有 35 项；处于低重要程度区域的技术课题中，预计近中期能够实现的有 9 项，预计中长期能够实现的有 31 项，预计远期能够实现的有 2 项。

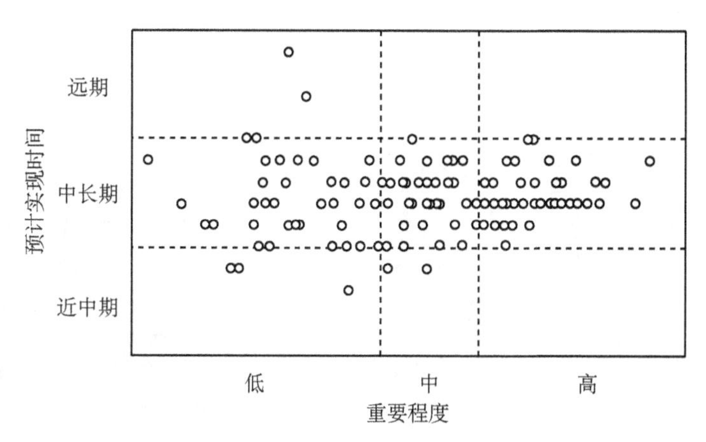

图 2-4-4　生态环境领域技术课题预计实现时间与重要程度分布

第五节　我国生态环境技术研究开发水平

一、研究开发水平概述

我国生态环境技术研究开发水平是确定优先发展技术课题的重要依据之一，也是决定我国生态环境领域国际科技合作模式的重要影响因素之一。根据德尔菲调查回函专家对“当前中国的研究开发水平”问题的认同度，即认定我国目前研究开发水平是处于“国际领先”，还是“接近国际水平”或者是“落后国际水平”，以确定被调查技术课题的我国目前研究开发水平。

德尔菲调查数据表明，我国生态环境领域技术课题的总体研究水平落后于或接近国际水平。对我国处于“国际领先”水平的专家认同度最大值为 29%，即“荒漠化地区植被修复成套技术的运用”。对处在“接近国际水平”的专家认同度大于 50%的技术课题有 99 项，对处在“落后国际水平”的专家认同度大于 50%的技术课题有 15 项（图 2-5-1）。

分析生态环境领域 125 项技术课题的目前研究开发水平指数后发现，技术课题“荒漠化地区植被修复成套技术的运用”的我国目前研究开发水平指数达 0.58，名列 125 项技术课题之首；“基于人体再生组织和微流控芯片技术的化学品健康效应评估技术得到实际应用”的我国目前研究开发水平指数最低，只有 0.17。我国目前研究开发水平指数大于等于 0.50 的技术课题有 7 项，介于 0.40～0.50（包括 0.40）

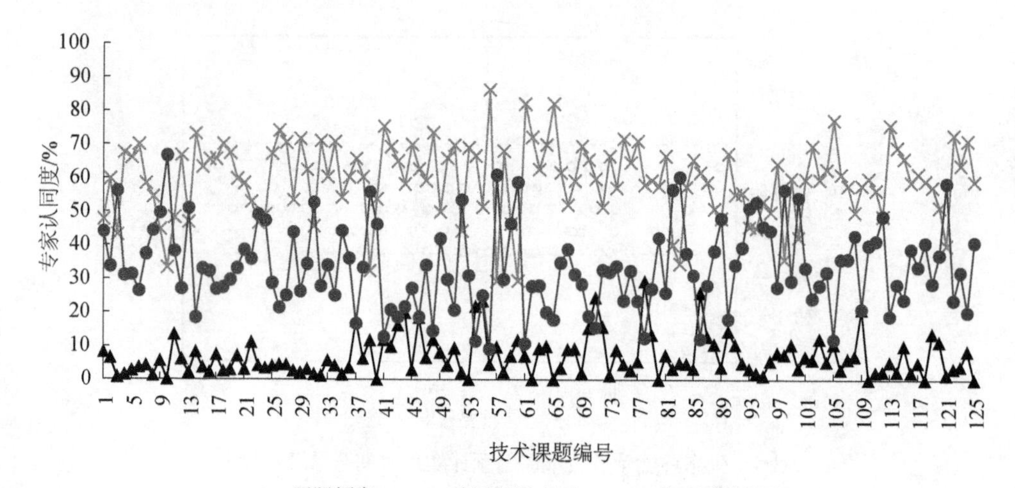

图 2-5-1　生态环境领域技术课题目前研究开发水平

的有 32 项，介于 0.30～0.40（包括 0.30）的有 58 项，介于 0.20～0.30（包括 0.20）的有 27 项，介于 0.10～0.20（包括 0.10）的有 1 项，没有出现小于 0.10 的技术课题（图 2-5-2）。

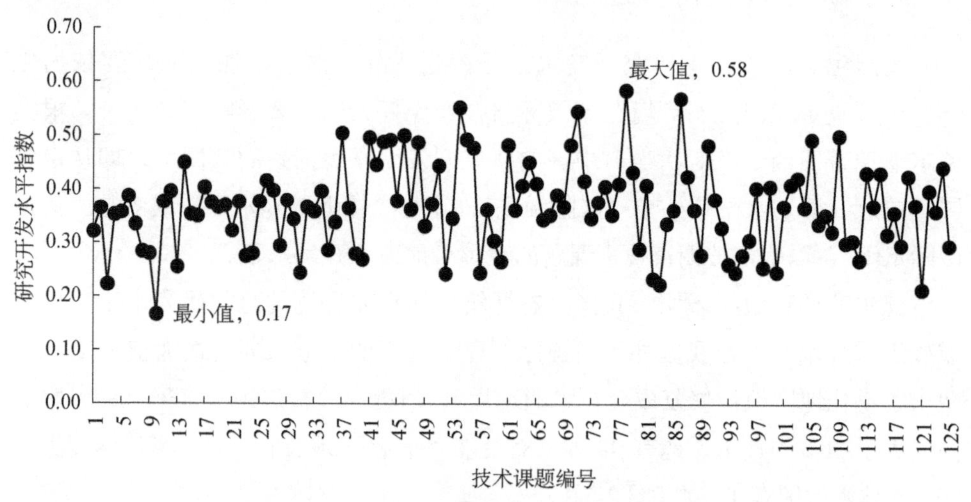

图 2-5-2　生态环境领域我国目前研究开发水平指数分布

二、我国目前研究开发水平最高的 10 项技术课题

根据“技术课题的我国目前研究开发水平指数”排序，列出我国目前研究开发水平最高的 10 项技术课题，依次为“荒漠化地区植被修复成套技术的运

用”、“以植物技术为主的组合式原位修复新模式得到广泛应用”、“基于超低排污的煤化工清洁生产技术得到广泛应用”、“青藏高原生态修复与保护技术体系得到实际应用”、“荒漠绿洲稳定性评估及城市发展调控技术得到实际应用”、“自适应网格大气环境建模预测污染和精准控制技术得到广泛应用”、“基于无线探测网络和无人驾驶飞行器的灾害管理技术得到广泛应用”、“雾霾和臭氧污染形成机理得到初步阐明”、“突发性山洪灾害预报与动态预警技术得到广泛应用”和“制革行业源头减排技术得到广泛应用”（表 2-5-1）。

表 2-5-1　生态环境领域我国目前研究开发水平最高的 10 项技术课题

排名	技术课题名称	子领域	我国目前研究开发水平指数	预计实现年份	实现可能性指数	目前领先国家和地区		制约因素	
						第一	第二	第一	第二
1	荒漠化地区植被修复成套技术的运用	生态保护与修复	0.58	2029	0.37	美国	欧盟	研究开发投入	基础设施
2	以植物技术为主的组合式原位修复新模式得到广泛应用	土壤污染防治	0.57	2027	0.35	美国	欧盟	研究开发投入	法规、政策和标准
3	基于超低排污的煤化工清洁生产技术得到广泛应用	清洁生产	0.55	2026	0.19	欧盟	美国	法规、政策和标准	研究开发投入
4	青藏高原生态修复与保护技术体系得到实际应用	生态保护与修复	0.54	2028	0.35	欧盟	美国	研究开发投入/基础设施	人力资源
5	荒漠绿洲稳定性评估及城市发展调控技术得到实际应用	全球环境变化与应对	0.50	2029	0.40	美国	欧盟	研究开发投入	基础设施
6	自适应网格大气环境建模预测污染和精准控制技术得到广泛应用	大气污染防治	0.50	2027	0.26	美国	欧盟	人力资源/基础设施	研究开发投入
7	基于无线探测网络和无人驾驶飞行器的灾害管理技术得到广泛应用	重大自然灾害预判与防控	0.50	2027	0.24	美国	欧盟	研究开发投入/基础设施	人力资源
8	雾霾和臭氧污染形成机理得到初步阐明	大气污染防治	0.50	2026	0.27	美国	欧盟	基础设施	研究开发投入
9	突发性山洪灾害预报与动态预警技术得到广泛应用	重大自然灾害预判与防控	0.49	2028	0.39	美国	日本	研究开发投入	基础设施
10	制革行业源头减排技术得到广泛应用	清洁生产	0.49	2027	0.24	欧盟	美国	研究开发投入	法规、政策和标准

从上述的我国目前研究开发水平最高的 10 项技术课题的子领域分布看，“生态保护与修复”、“清洁生产”、“大气污染防治”、“重大自然灾害预判与防控”子领域各有 2 项，“土壤污染防治”、“全球环境变化与应对”子领域各有 1 项技术课题；从发展阶段[①]看，处于原理阐明的有 1 项技术课题，处在实际

① 根据课题描述而来。

应用的有 3 项技术课题，处在广泛应用的有 6 项技术课题；从我国目前研究开发水平[①]看，10 项技术课题的研究开发水平普遍较高，高于本领域 125 项技术课题的平均水平（0.37）；从实现可能性看，有 5 项技术课题的实现可能性高于本领域 125 项技术课题的平均水平（0.29）；从预计实现时间看，全部预计在中长期实现。

第六节　技术课题目前领先国家和地区

一、目前领先国家和地区概述

德尔菲调查结果表明（图 2-6-1），美国生态环境领域技术课题的研究开发处于领先地位，75 项技术课题目前研究开发水平居世界第一位，38 项技术课题目前研究开发水平居世界第二位。欧盟生态环境领域技术课题的目前研究开发水平排名世界第二位，36 项技术课题目前研究开发水平居世界第一位，其中技术课题“雾霾和臭氧污染形成机理得到初步阐明”和“低温氧化脱硝技术得到实际应用”与美国并列世界第一位；69 项技术课题目前研究开发水平居世界第二位。日本生态环境领域技术课题的目前研究开发水平排名世界第三位，14 项技术课题目前研究开发水平居世界第一位，18 项技术课题目前研究开发水平居世界第二位。

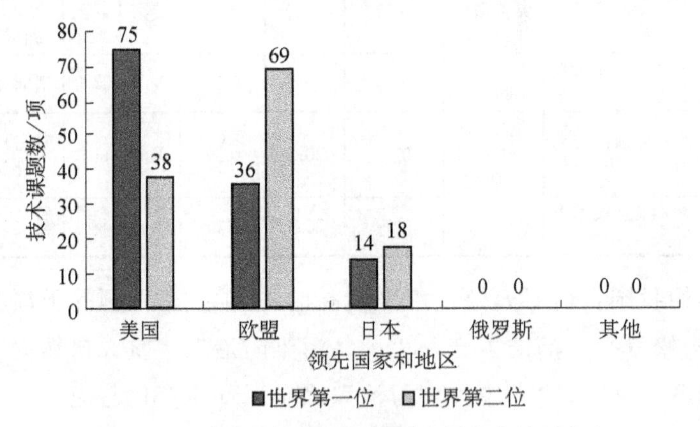

图 2-6-1　生态环境领域目前领先国家和地区分布

① 根据课题描述而来。

二、美国领先的 10 项技术课题

美国生态环境领域技术课题目前研究开发水平处于全面领先地位的数量最多，在 125 项技术课题中，美国领先的（按专家认同度排名前十）技术课题依次为“草原生态系统多功能恢复与提升技术得到实际应用”、“生态物联网技术体系得到实际应用”、“高放废物[①]处理处置纳米材料与技术得到实际应用”、“化学物质生态系统群落效应的微宇宙测试与风险评估技术得到实际应用”、“雾霾和臭氧污染形成机理得到初步阐明”、“高精度全球变化数据产品得到广泛应用”、“非水相液体（NAPLs）类高风险污染场地原位修复技术得到广泛应用”、“基于光学遥测的高分辨污染源清单快速核算技术得到实际应用”、“全球碳、氮、水和能量循环与气候变化相互作用机理得到基本阐明”和“气候变化年代际重大事件的早期信号检测技术得到实际应用”（表 2-6-1）。

表 2-6-1　生态环境领域美国领先的 10 项技术课题

排名	技术课题名称	子领域	“美国领先”的专家认同度	我国目前研究开发水平指数	预计实现年份	实现可能性指数	制约因素	
							第一	第二
1	草原生态系统多功能恢复与提升技术得到实际应用	生态保护与修复	0.45	0.43	2028	0.31	研究开发投入	基础设施
1	生态物联网技术体系得到实际应用	生态保护与修复	0.45	0.37	2027	0.30	研究开发投入	基础设施
1	高放废物处理处置纳米材料与技术得到实际应用	化学品环境风险防控	0.44	0.36	2029	0.30	研究开发投入	基础设施
1	化学物质生态系统群落效应的微宇宙测试与风险评估技术得到实际应用	化学品环境风险防控	0.44	0.38	2028	0.31	研究开发投入	法规、政策和标准
1	雾霾和臭氧污染形成机理得到初步阐明	大气污染防治	0.44	0.50	2026	0.27	基础设施	研究开发投入
1	高精度全球变化数据产品得到广泛应用	全球环境变化与应对	0.44	0.38	2028	0.39	研究开发投入	基础设施
1	非水相液体（NAPLs）类高风险污染场地原位修复技术得到广泛应用	土壤污染防治	0.44	0.26	2027	0.19	法规、政策和标准	研究开发投入
1	基于光学遥测的高分辨污染源清单快速核算技术得到实际应用	大气污染防治	0.44	0.49	2026	0.21	法规、政策和标准	人力资源
1	全球碳、氮、水和能量循环与气候变化相互作用机理得到基本阐明	全球环境变化与应对	0.43	0.40	2029	0.37	研究开发投入	基础设施

① 高放废物为高水平放射性废物的简称。

续表

排名	技术课题名称	子领域	“美国领先”的专家认同度	我国目前研究开发水平指数	预计实现年份	实现可能性指数	制约因素	
							第一	第二
1	气候变化年代际重大事件的早期信号检测技术得到实际应用	全球环境变化与应对	0.43	0.42	2030	0.29	研究开发投入	基础设施

从上述 10 项技术课题的子领域分布看，“全球环境变化与应对”子领域有 3 项技术课题，“生态保护与修复”、“化学品环境风险防控”、“大气污染防治”子领域各有 2 项技术课题，“土壤污染防治”子领域有 1 项技术课题；从发展阶段[①]看，有 2 项技术课题处于原理阐明阶段，有 6 项技术课题处于实际应用阶段，有 2 项技术课题处于广泛应用阶段；从预计实现时间看，全部技术课题预计在中长期实现。

三、欧盟相对领先的 10 项技术课题

欧盟生态环境领域技术课题目前研究开发水平处于全面领先的数量仅次于美国。在 125 项技术课题中，欧盟领先的（按专家认同度排名前十）技术课题中有 5 项排名世界第一，5 项排名世界第二，依次为“雾霾和臭氧污染形成机理得到初步阐明”、“基于超低排污的煤化工清洁生产技术得到广泛应用”、“化学物质生态系统群落效应的微宇宙测试与风险评估技术得到实际应用”、“生物多样性多尺度保护技术得到实际应用”、“碳排放和减碳的影响评价及成本核算技术得到实际应用”、“有机污染场地土壤原位修复技术与装备得到广泛应用”、“多尺度生态网络建设技术得到实际应用”、“开发出用于废水生物深度脱氮的厌氧氨氧化技术”、“非结构的人地系统模式得到实际应用”和“基于组学和生物学通路的化学品预测毒理学技术得到实际应用”（表 2-6-2）。

表 2-6-2　生态环境领域欧盟领先的 10 项技术课题

排名	技术课题名称	子领域	“欧盟领先”的专家认同度	我国目前研究开发水平指数	预计实现年份	实现可能性指数	制约因素	
							第一	第二
2	雾霾和臭氧污染形成机理得到初步阐明	大气污染防治	0.44	0.50	2026	0.27	基础设施	研究开发投入
1	基于超低排污的煤化工清洁生产技术得到广泛应用	清洁生产	0.43	0.55	2026	0.19	法规、政策和标准	研究开发投入

① 根据课题描述而来。

续表

排名	技术课题名称	子领域	“欧盟领先”的专家认同度	我国目前研究开发水平指数	预计实现年份	实现可能性指数	制约因素	
							第一	第二
2	化学物质生态系统群落效应的微宇宙测试与风险评估技术得到实际应用	化学品环境风险防控	0.43	0.38	2028	0.31	研究开发投入	法规、政策和标准
2	生物多样性多尺度保护技术得到实际应用	生态保护与修复	0.42	0.39	2028	0.36	研究开发投入	基础设施
1	碳排放和减碳的影响评价及成本核算技术得到实际应用	全球环境变化与应对	0.42	0.40	2028	0.37	研究开发投入	法规、政策和标准
2	有机污染场地土壤原位修复技术与装备得到广泛应用	土壤污染防治	0.42	0.33	2027	0.22	研究开发投入	基础设施
1	多尺度生态网络建设技术得到实际应用	生态保护与修复	0.42	0.35	2027	0.35	研究开发投入	基础设施
1	开发出用于废水生物深度脱氮的厌氧氨氧化技术	水环境保护	0.42	0.36	2027	0.31	研究开发投入	基础设施
1	非结构的人地系统模式得到实际应用	全球环境变化与应对	0.42	0.34	2029	0.41	研究开发投入	人力资源
2	基于组学和生物学通路的化学品预测毒理学技术得到实际应用	化学品环境风险防控	0.42	0.28	2028	0.26	研究开发投入	法规、政策和标准

从上述 10 项技术课题的子领域分布看，“化学品环境风险防控”、“生态保护与修复”、“全球环境变化与应对”子领域各有 2 项技术课题，“大气污染防治”、“清洁生产”、“土壤污染防治”和“水环境保护”子领域各有 1 项技术课题；从发展阶段[①]看，有 1 项技术课题处于原理阐明阶段，有 1 项技术课题处于开发成功阶段，有 6 项技术课题处于实际应用阶段，有 2 项技术课题处于广泛应用阶段；从预计实现时间看，全部技术课题预计在中长期实现。

四、日本相对领先的 10 项技术课题

日本生态环境领域技术课题的目前研究开发水平处于全面领先地位的数量仅次于美国和欧盟。在 125 项技术课题中，日本领先的（按专家认同度排名前十）技术课题中有 6 项技术课题排名世界第一，4 项技术课题排名世界第二，依次为“地震灾害风险源识别、监测预警和处置关键技术得到实际应用”、“大功率电池清洁生产与循环利用技术得到实际应用”、“智慧和韧性减灾社区得到实

---

① 根据课题描述而来。

际应用”、“基于大数据和人工智能的地质灾害风险管理技术得到广泛应用”、“地震次生灾害链的风险判识、评价与控制技术得到实际应用”、“工业炉窑烟气污染物减排与过程节能优化耦合技术成为行业主流”、“制革行业源头减排技术得到广泛应用”、“湿法电解过程反应器型电解槽得到实际应用”、“金属表面防腐蚀绿色经济的前处理技术得到实际应用”和“产业废物多途径、多层次、协同化处置技术得到广泛应用”（表 2-6-3）。

表 2-6-3　生态环境领域日本领先的 10 项技术课题

排名	技术课题名称	子领域	“日本领先”的专家认同度	我国目前研究开发水平指数	预计实现年份	实现可能性指数	制约因素	
							第一	第二
1	地震灾害风险源识别、监测预警和处置关键技术得到实际应用	重大自然灾害预判与防控	0.43	0.27	2030	0.13	基础设施	研究开发投入
1	大功率电池清洁生产与循环利用技术得到实际应用	清洁生产	0.43	0.41	2027	0.15	研究开发投入	法规、政策和标准
1	智慧和韧性减灾社区得到实际应用	重大自然灾害预判与防控	0.42	0.25	2028	0.28	法规、政策和标准	基础设施
1	基于大数据和人工智能的地质灾害风险管理技术得到广泛应用	重大自然灾害预判与防控	0.39	0.40	2027	0.31	研究开发投入	基础设施
2	地震次生灾害链的风险判识、评价与控制技术得到实际应用	重大自然灾害预判与防控	0.38	0.37	2029	0.29	研究开发投入/基础设施	法规、政策和标准/人力资源
1	工业炉窑烟气污染物减排与过程节能优化耦合技术成为行业主流	环保产业技术	0.37	0.45	2024	0.32	研究开发投入	法规、政策和标准
2	制革行业源头减排技术得到广泛应用	清洁生产	0.37	0.48	2026	0.34	研究开发投入	法规、政策和标准
1	湿法电解过程反应器型电解槽得到实际应用	清洁生产	0.37	0.30	2029	0.28	研究开发投入	人力资源
2	金属表面防腐蚀绿色经济的前处理技术得到实际应用	清洁生产	0.36	0.36	2028	0.19	研究开发投入	人力资源
2	产业废物多途径、多层次、协同化处置技术得到广泛应用	环保产业技术	0.36	0.28	2027	0.35	法规、政策和标准	研究开发投入

从上述 10 项技术课题的子领域分布看，“重大自然灾害预判与防控”和“清洁生产”子领域各有 4 项技术课题，“环保产业技术”子领域有 2 项技术课

题；从发展阶段[①]看，有 6 项技术课题处于实际应用阶段，有 4 项技术课题处于广泛应用阶段；从预计实现时间看，有 1 项技术课题预计在近中期实现，9 项技术课题预计在中长期实现。

第七节　技术课题的实现可能性

一、实现可能性描述

根据“技术课题实现可能性指数”的计算方法，得出生态环境领域 125 项技术课题的实现可能性指数的均值为 0.29。技术课题“防洪工程全面可视化、信息化监测预警技术得到广泛应用”实现可能性指数最大，为 0.57；技术课题“臭氧层保护监测与 ODS 替代技术得到实际应用”实现可能性指数最小，为 0.09；实现可能性指数介于 0.10～0.50 的技术课题占 98.4%（图 2-7-1）。

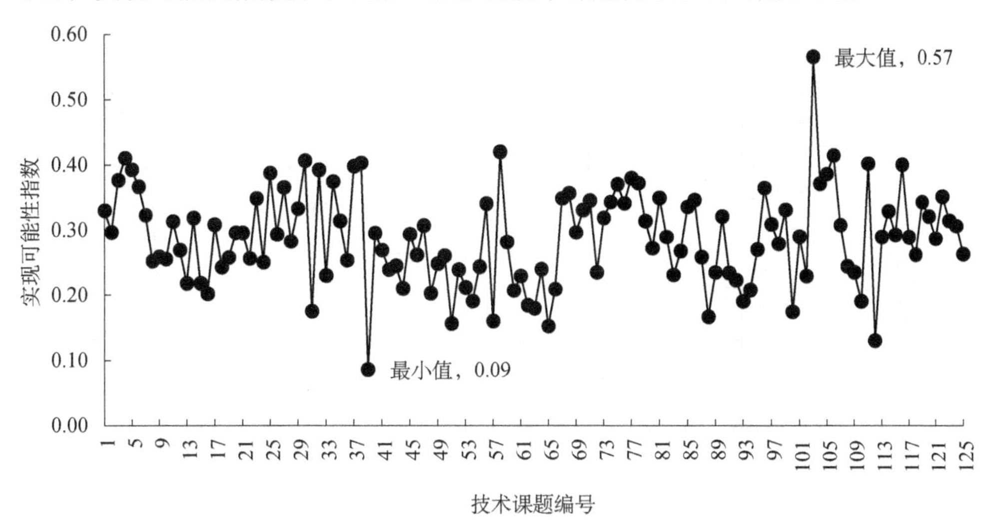

图 2-7-1　生态环境领域技术课题实现可能性指数

二、实现可能性最大的 10 项技术课题

生态环境领域实现可能性最大的 10 项技术课题包括“防洪工程全面可视

① 根据课题描述而来。

化、信息化监测预警技术得到广泛应用”、“高级氧化湿法冶金技术得到实际应用”、“高精度城市洪涝短临预报与迁安避险决策技术得到广泛应用”、“日遗化武危害暴露组学评估技术得到实际应用”、“非结构的人地系统模式得到实际应用”、“汇碳节水湿地恢复技术体系得到实际应用”、“灾害衍生环境下资源环境承载力的快速评估技术得到广泛应用”、“碳分离与能源化技术得到广泛应用”、“荒漠绿洲稳定性评估及城市发展调控技术得到实际应用”和“针对食品接触材料中纳米成分的暴露评估技术得到广泛应用”（表 2-7-1）。

表 2-7-1　生态环境领域实现可能性最大的 10 项技术课题

排名	技术课题名称	子领域	预计实现年份	实现可能性指数	影响技术课题实现的因素（专家认同度）		我国目前研究开发水平指数	制约因素（专家认同度）			
					技术	商业		法规、政策和标准	人力资源	研究开发投入	基础设施
1	防洪工程全面可视化、信息化监测预警技术得到广泛应用	重大自然灾害预判与防控	2026	0.57	0.30	0.19	0.42	0.32	0.28	0.61	0.53
2	高级氧化湿法冶金技术得到实际应用	清洁生产	2027	0.42	0.38	0.32	0.36	0.26	0.28	0.47	0.30
3	高精度城市洪涝短临预报与迁安避险决策技术得到广泛应用	重大自然灾害预判与防控	2028	0.41	0.43	0.27	0.34	0.30	0.34	0.46	0.45
3	日遗化武危害暴露组学评估技术得到实际应用	化学品环境风险防控	2027	0.41	0.37	0.35	0.35	0.54	0.37	0.56	0.37
3	非结构的人地系统模式得到实际应用	全球环境变化与应对	2029	0.41	0.47	0.23	0.34	0.23	0.48	0.56	0.31
6	汇碳节水湿地恢复技术体系得到实际应用	全球环境变化与应对	2027	0.40	0.38	0.35	0.36	0.32	0.41	0.57	0.49
6	灾害衍生环境下资源环境承载力的快速评估技术得到广泛应用	重大自然灾害预判与防控	2027	0.40	0.50	0.20	0.30	0.24	0.20	0.39	0.30
6	碳分离与能源化技术得到广泛应用	水环境保护	2028	0.40	0.34	0.39	0.32	0.28	0.34	0.52	0.29
6	荒漠绿洲稳定性评估及城市发展调控技术得到实际应用	全球环境变化与应对	2029	0.40	0.39	0.34	0.50	0.33	0.35	0.53	0.51
10	针对食品接触材料中纳米成分的暴露评估技术得到广泛应用	化学品环境风险防控	2027	0.39	0.43	0.31	0.36	0.33	0.27	0.38	0.22

从上述 10 项技术课题的子领域分布来看，“重大自然灾害预判与防控”、“全球环境变化与应对”子领域各有 3 项技术课题，“化学品环境风险防控”子领域有 2 项技术课题，“清洁生产”和“水环境保护”子领域各有 1 项技术课题。从预计实现时间来看，上述 10 项技术课题全部预计在中长期实现。从发展阶段[1]看，处在实际应用和广泛应用阶段的各有 5 项技术课题。

三、受“技术可能性”制约最大的 10 项技术课题

生态环境领域受技术可能性制约最大的 10 项技术课题包括“地震灾害风险源识别、监测预警和处置关键技术得到实际应用”、“臭氧层保护监测与 ODS 替代技术得到实际应用”、“海洋气象智能预警系统得到实际应用”、“开发出海岸带地质灾害监测预警和风险评价技术”、“基于精准控制的典型原料药高效转化与绿色分离技术开发成功”、“基于组学和生物学通路的化学品预测毒理学技术得到实际应用”、“基于大数据的自然灾害救助物资储备与应急联动技术得到实际应用”、“基于人体再生组织和微流控芯片技术的化学品健康效应评估技术得到实际应用”、“新型纳米技术在土壤-地下水污染诊断和修复中得到实际应用”和“基于光学遥测的高分辨污染源清单快速核算技术得到实际应用”（表 2-7-2）。

表 2-7-2　生态环境领域受“技术可能性”制约最大的 10 项技术课题

排名	技术课题名称	子领域	预计实现年份	实现可能性指数	影响技术课题实现的因素（专家认同度）		我国目前研究开发水平指数	制约因素（专家认同度）			
					技术	商业		法规、政策和标准	人力资源	研究开发投入	基础设施
1	地震灾害风险源识别、监测预警和处置关键技术得到实际应用	重大自然灾害预判与防控	2030	0.13	0.73	0.51	0.27	0.49	0.39	0.63	0.68
2	臭氧层保护监测与 ODS 替代技术得到实际应用	全球环境变化与应对	2028	0.09	0.71	0.71	0.28	0.65	0.44	0.65	0.32
3	海洋气象智能预警系统得到实际应用	重大自然灾害预判与防控	2027	0.23	0.70	0.24	0.41	0.61	0.52	0.73	0.58
4	开发出海岸带地质灾害监测预警和风险评价技术	重大自然灾害预判与防控	2029	0.17	0.64	0.51	0.25	0.44	0.37	0.61	0.64

① 根据课题描述而来。

续表

排名	技术课题名称	子领域	预计实现年份	实现可能性指数	影响技术课题实现的因素（专家认同度）		我国目前研究开发水平指数	制约因素（专家认同度）			
					技术	商业		法规、政策和标准	人力资源	研究开发投入	基础设施
5	基于精准控制的典型原料药高效转化与绿色分离技术开发成功	清洁生产	2026	0.16	0.63	0.56	0.24	0.59	0.32	0.59	0.44
5	基于组学和生物学通路的化学品预测毒理学技术得到实际应用	化学品环境风险防控	2028	0.26	0.63	0.30	0.28	0.59	0.42	0.62	0.44
5	基于大数据的自然灾害救助物资储备与应急联动技术得到实际应用	重大自然灾害预判与防控	2027	0.19	0.63	0.49	0.30	0.43	0.26	0.49	0.57
5	基于人体再生组织和微流控芯片技术的化学品健康效应评估技术得到实际应用	化学品环境风险防控	2032	0.26	0.63	0.31	0.17	0.61	0.33	0.63	0.51
9	新型纳米技术在土壤-地下水污染诊断和修复中得到实际应用	土壤污染防治	2028	0.17	0.62	0.56	0.36	0.43	0.38	0.66	0.47
9	基于光学遥测的高分辨污染源清单快速核算技术得到实际应用	大气污染防治	2026	0.21	0.62	0.45	0.49	0.67	0.58	0.40	0.47

从上述10项技术课题的子领域分布看，“重大自然灾害预判与防控”子领域有4项技术课题，“化学品环境风险防控”子领域有2项技术课题，“全球环境变化与应对”、“清洁生产”、“土壤污染防治”和“大气污染防治”子领域各有1项技术课题。从预计实现时间看，9项技术课题预计在中长期实现，仅有1项技术课题“基于人体再生组织和微流控芯片技术的化学品健康效应评估技术得到实际应用”预计在远期实现。从发展阶段[①]看，处于开发成功阶段的技术课题有2项，处于实际应用阶段的技术课题有8项。从实现可能性来看，上述10项技术课题的实现可能性普遍比较小，实现可能性指数均低于125项技术课题的平均值（0.29）。从目前研究开发水平看，我国在上述10项技术课题的目前研

① 根据课题描述而来。

究开发水平普遍较低，只有 2 项技术课题高于 125 项技术课题目前研究开发水平的平均值（0.37）。

四、受“技术可能性”制约最小的 10 项技术课题

生态环境领域受技术可能性制约最小的 10 项技术课题包括“无氰电镀技术得到广泛应用”、“防洪工程全面可视化、信息化监测预警技术得到广泛应用”、“制革行业源头减排技术得到广泛应用”、“碳分离与能源化技术得到广泛应用”、“草型湖泊生态修复成套技术得到实际应用”、“以植物技术为主的组合式原位修复新模式得到广泛应用”、“高放废物处理处置纳米材料与技术得到实际应用”、“日遗化武危害暴露组学评估技术得到实际应用”、“河网水系生境修复技术得到广泛应用”和“产业废物多途径、多层次、协同化处置技术得到广泛应用”（表 2-7-3）。

表 2-7-3　生态环境领域受“技术可能性”制约最小的 10 项技术课题

排名	技术课题名称	子领域	预计实现年份	实现可能性指数	影响技术课题实现的因素（专家认同度）		我国目前研究开发水平指数	制约因素（专家认同度）			
					技术	商业		法规、政策和标准	人力资源	研究开发投入	基础设施
1	无氰电镀技术得到广泛应用	清洁生产	2026	0.23	0.29	0.68	0.48	0.46	0.46	0.79	0.39
2	防洪工程全面可视化、信息化监测预警技术得到广泛应用	重大自然灾害预判与防控	2026	0.57	0.30	0.19	0.42	0.32	0.28	0.61	0.53
3	制革行业源头减排技术得到广泛应用	清洁生产	2027	0.24	0.31	0.65	0.49	0.49	0.35	0.68	0.43
4	碳分离与能源化技术得到广泛应用	水环境保护	2028	0.40	0.34	0.39	0.32	0.28	0.34	0.52	0.29
5	草型湖泊生态修复成套技术得到实际应用	生态保护与修复	2027	0.38	0.35	0.41	0.41	0.38	0.33	0.52	0.43
5	以植物技术为主的组合式原位修复新模式得到广泛应用	土壤污染防治	2027	0.35	0.35	0.46	0.57	0.45	0.31	0.57	0.40
7	高放废物处理处置纳米材料与技术得到实际应用	化学品环境风险防控	2029	0.30	0.36	0.53	0.36	0.33	0.29	0.49	0.38

续表

排名	技术课题名称	子领域	预计实现年份	实现可能性指数	影响技术课题实现的因素（专家认同度）		我国目前研究开发水平指数	制约因素（专家认同度）			
					技术	商业		法规、政策和标准	人力资源	研究开发投入	基础设施
8	日遗化武危害暴露组学评估技术得到实际应用	化学品环境风险防控	2027	0.41	0.37	0.35	0.35	0.54	0.37	0.56	0.37
8	河网水系生境修复技术得到广泛应用	生态保护与修复	2027	0.37	0.37	0.41	0.41	0.41	0.30	0.53	0.47
10	产业废物多途径、多层次、协同化处置技术得到广泛应用	环保产业技术	2027	0.35	0.38	0.44	0.28	0.53	0.28	0.46	0.36

从上述 10 项技术课题的子领域分布看，“清洁生产”、“生态保护与修复”、“化学品环境风险防控”子领域各有 2 项技术课题，“重大自然灾害预判与防控”、“水环境保护”、“土壤污染防治”和“环保产业技术”子领域各有 1 项技术课题。从预计实现时间看，上述 10 项技术课题全部预计在中长期实现。从发展阶段[①]看，处于实际应用阶段的技术课题有 3 项，处于广泛应用阶段的技术课题有 7 项。从实现可能性来看，大部分技术课题的实现可能性较高，只有 2 项技术课题的实现可能性低于 125 项技术课题的平均值（0.29）。从目前研究开发水平看，我国目前研究开发水平较高，其中 6 项技术课题的目前研究开发水平指数高于本领域 125 项技术课题的平均值（0.37）。

五、受“商业可行性”制约最大的 10 项技术课题

生态环境领域受商业可行性制约最大的 10 项技术课题包括“臭氧层保护监测与 ODS 替代技术得到实际应用”、“无氰电镀技术得到广泛应用”、“金属表面防腐蚀绿色经济的前处理技术得到实际应用”、“制革行业源头减排技术得到广泛应用”、“大功率电池清洁生产与循环利用技术得到实际应用”、“大宗工业固废高值利用与污染协同控制技术推广应用”、“二氧化碳捕集利用及封存（CCUS）技术得到实际应用”、“物联网、大数据及人工智能集成技术在工业园区绿色发展中得到广泛应用”、“工业过程中低能耗气体分离及资源化回收清洁技术

① 根据课题描述而来。

得到广泛应用”和“分散染料绿色制造集成技术得到实际应用”（表 2-7-4）。

表 2-7-4　生态环境领域受“商业可行性”制约最大的 10 项技术课题

排名	技术课题名称	子领域	预计实现年份	实现可能性指数	影响技术课题实现的因素（专家认同度）		我国目前研究开发水平指数	制约因素（专家认同度）			
					技术	商业		法规、政策和标准	人力资源	研究开发投入	基础设施
1	臭氧层保护监测与ODS替代技术得到实际应用	全球环境变化与应对	2028	0.09	0.71	0.71	0.28	0.65	0.44	0.65	0.32
2	无氰电镀技术得到广泛应用	清洁生产	2026	0.23	0.29	0.68	0.48	0.46	0.46	0.79	0.39
3	金属表面防腐蚀绿色经济的前处理技术得到实际应用	清洁生产	2028	0.19	0.44	0.67	0.36	0.44	0.56	0.78	0.44
4	制革行业源头减排技术得到广泛应用	清洁生产	2027	0.24	0.31	0.65	0.49	0.49	0.35	0.68	0.43
5	大功率电池清洁生产与循环利用技术得到实际应用	清洁生产	2027	0.15	0.57	0.64	0.41	0.66	0.25	0.75	0.48
6	大宗工业固废高值利用与污染协同控制技术推广应用	清洁生产	2027	0.21	0.43	0.63	0.36	0.64	0.47	0.63	0.59
7	二氧化碳捕集利用及封存（CCUS）技术得到实际应用	全球环境变化与应对	2030	0.18	0.54	0.62	0.24	0.56	0.28	0.49	0.49
8	物联网、大数据及人工智能集成技术在工业园区绿色发展中得到广泛应用	清洁生产	2035	0.18	0.53	0.61	0.41	0.64	0.47	0.63	0.59
9	工业过程中低能耗气体分离及资源化回收清洁技术得到广泛应用	大气污染防治	2026	0.16	0.60	0.60	0.44	0.51	0.26	0.45	0.36
9	分散染料绿色制造集成技术得到实际应用	清洁生产	2024	0.24	0.40	0.60	0.45	0.50	0.30	0.55	0.40

从上述 10 项技术课题的子领域分布看，“清洁生产”子领域有 7 项技术课题，“全球环境变化与应对”子领域有 2 项技术课题，“大气污染防治”子领域有 1 项技术课题。从预计实现时间看，有 1 项技术课题预计在近中期实现，有 8

项技术课题预计在中长期实现，有 1 项技术课题预计在远期实现。从发展阶段[①]看，处于实际应用和广泛应用阶段的技术课题各有 5 项。从实现可能性看，上述 10 项技术课题的实现可能性均偏低，实现可能性指数均低于 125 项技术课题实现可能性的平均值（0.29）。从目前研究开发水平看，我国的目前研究开发水平较高，有 6 项技术课题的目前研究开发水平高于 125 项技术课题的平均值（0.37）。

六、受“商业可行性”制约最小的 10 项技术课题

生态环境领域受商业可行性制约最小的 10 项技术课题包括“防洪工程全面可视化、信息化监测预警技术得到广泛应用”、“灾害衍生环境下资源环境承载力的快速评估技术得到广泛应用”、“非结构的人地系统模式得到实际应用”、“海洋气象智能预警系统得到实际应用”、“大比例尺、高精度自然灾害风险区划技术得到实际应用”、“高精度城市洪涝短临预报与迁安避险决策技术得到广泛应用”、“近期气候预测系统得到实际应用”、“青藏高原生态修复与保护技术体系得到实际应用”、“全球碳、氮、水和能量循环与气候变化相互作用机理得到基本阐明”和“突发性山洪灾害预报与动态预警技术得到广泛应用”（表 2-7-5）。

表 2-7-5 生态环境领域受“商业可行性”制约最小的 10 项技术课题

排名	技术课题名称	子领域	预计实现年份	实现可能性指数	影响技术课题实现的因素（专家认同度）		我国目前研究开发水平指数	制约因素（专家认同度）			
					技术	商业		法规、政策和标准	人力资源	研究开发投入	基础设施
1	防洪工程全面可视化、信息化监测预警技术得到广泛应用	重大自然灾害预判与防控	2026	0.57	0.30	0.19	0.42	0.32	0.28	0.61	0.53
2	灾害衍生环境下资源环境承载力的快速评估技术得到广泛应用	重大自然灾害预判与防控	2027	0.40	0.50	0.20	0.30	0.24	0.20	0.39	0.30
3	非结构的人地系统模式得到实际应用	全球环境变化与应对	2029	0.41	0.23	0.23	0.34	0.23	0.48	0.56	0.31
4	海洋气象智能预警系统得到实际应用	重大自然灾害预判与防控	2027	0.23	0.70	0.24	0.41	0.61	0.52	0.73	0.58

① 根据课题描述而来。

续表

排名	技术课题名称	子领域	预计实现年份	实现可能性指数	影响技术课题实现的因素（专家认同度）		我国目前研究开发水平指数	制约因素（专家认同度）			
					技术	商业		法规、政策和标准	人力资源	研究开发投入	基础设施
5	大比例尺、高精度自然灾害风险区划技术得到实际应用	重大自然灾害预判与防控	2027	0.37	0.49	0.27	0.37	0.36	0.29	0.49	0.56
5	高精度城市洪涝短临预报与迁安避险决策技术得到广泛应用	重大自然灾害预判与防控	2028	0.41	0.43	0.27	0.34	0.30	0.34	0.46	0.45
7	近期气候预测系统得到实际应用	全球环境变化与应对	2028	0.33	0.54	0.28	0.38	0.28	0.49	0.64	0.55
8	青藏高原生态修复与保护技术体系得到实际应用	生态保护与修复	2028	0.35	0.51	0.29	0.54	0.25	0.41	0.57	0.57
8	全球碳、氮、水和能量循环与气候变化相互作用机理得到基本阐明	全球环境变化与应对	2029	0.37	0.49	0.29	0.40	0.29	0.37	0.58	0.51
8	突发性山洪灾害预报与动态预警技术得到广泛应用	重大自然灾害预判与防控	2028	0.39	0.45	0.29	0.49	0.43	0.45	0.55	0.49

从上述 10 项技术课题的子领域分布看，“重大自然灾害预判与防控”子领域有 6 项技术课题，“全球环境变化与应对”子领域有 3 项技术课题，“生态保护与修复”子领域有 1 项技术课题。从预计实现时间看，全部技术课题预计在中长期实现。从发展阶段①看，有 1 项技术课题处于原理阐明阶段，有 5 项技术课题处于实际应用阶段，有 4 项技术课题处于广泛应用阶段。从实现可能性看，技术课题实现可能性较高，其中 9 项技术课题实现可能性指数高于本领域 125 项技术课题的平均值（0.29）。从目前研究开发水平看，有 7 项技术课题的目前研究开发水平等于或高于本领域 125 项技术课题的平均值（0.37），仅有 3 项技术课题低于平均值。

① 根据课题描述而来。

第八节　技术发展的制约因素

一、制约因素概述

研究开发投入，法规、政策和标准，基础设施是生态环境领域技术课题发展的最主要制约因素。其中“研究开发投入”因素影响较大，其次是“法规、政策和标准”，再次是“基础设施”，最后是“人力资源”（图 2-8-1）。

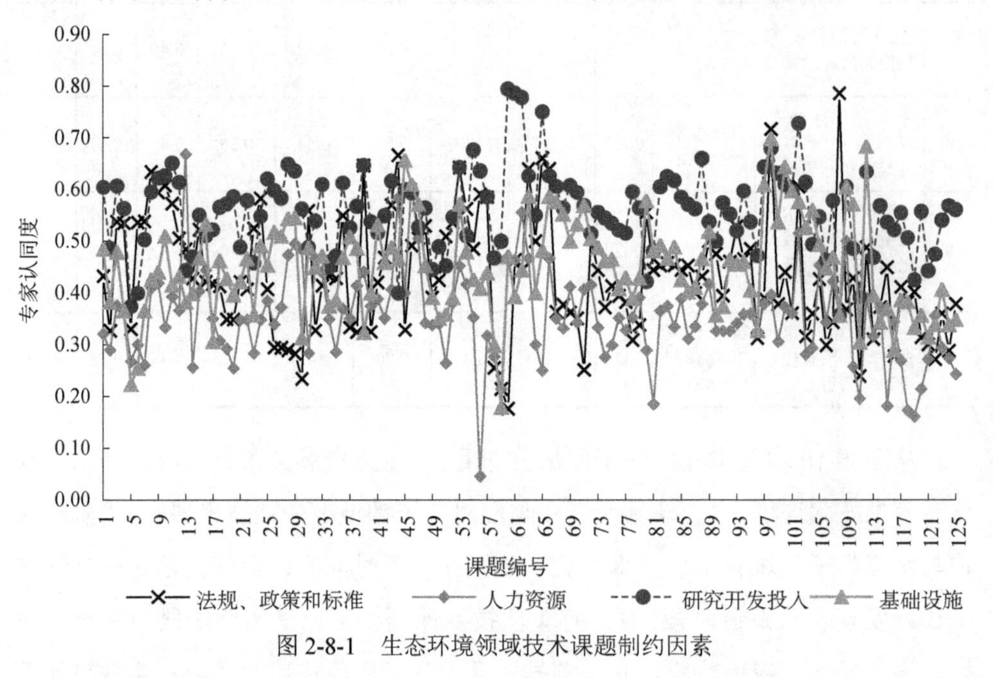

图 2-8-1　生态环境领域技术课题制约因素

从制约因素看，在 125 项技术课题中，有 97 项技术课题的第一制约因素是研究开发投入，17 项技术课题的第一制约因素是法规、政策和标准，9 项技术课题的第一制约因素是基础设施，2 项技术课题的第一制约因素是人力资源；48 项技术课题的第二制约因素是基础设施，45 项技术课题的第二制约因素是法规、政策和标准，20 项技术课题的第二制约因素是研究开发投入，12 项技术课题的第二制约因素是人力资源（图 2-8-2）。

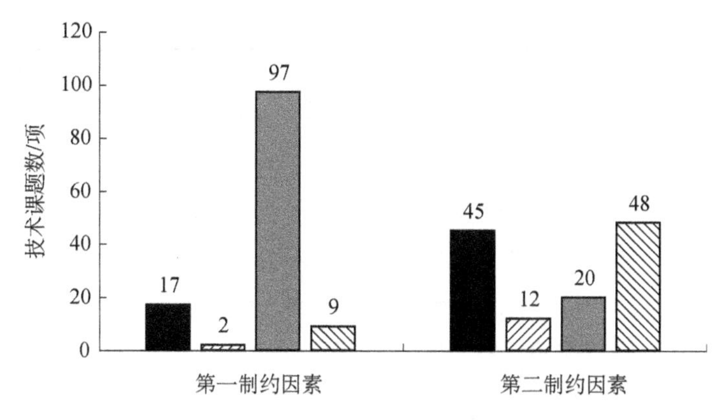

图 2-8-2　生态环境领域技术课题前两位制约因素分布

二、受“研究开发投入”因素制约最大的 10 项技术课题

研究开发投入是制约生态环境领域发展的瓶颈，有 97 项技术课题的第一制约因素是研究开发投入。受“研究开发投入”因素制约最大的 10 项技术课题依次是“机械化学反应技术得到实际应用”、“无氰电镀技术得到广泛应用”、“金属表面防腐蚀绿色经济的前处理技术得到实际应用”、“大功率电池清洁生产与循环利用技术得到实际应用”、“海洋气象智能预警系统得到实际应用”、“智慧和韧性减灾社区得到实际应用”、“制革行业源头减排技术得到广泛应用”、“新型纳米技术在土壤-地下水污染诊断和修复中得到实际应用”、“化学物质生态系统群落效应的微宇宙测试与风险评估技术得到实际应用”和“多尺度天气气候模式得到实际应用”（表 2-8-1）。

表 2-8-1　生态环境领域受“研究开发投入”因素制约最大的 10 项技术课题

排名	技术课题名称	子领域	预计实现年份	实现可能性指数	我国目前研究开发水平指数	制约因素（专家认同度）			
						法规、政策和标准	人力资源	研究开发投入	基础设施
1	机械化学反应技术得到实际应用	清洁生产	2028	0.21	0.26	0.18	0.47	0.79	0.47
1	无氰电镀技术得到广泛应用	清洁生产	2026	0.23	0.48	0.46	0.46	0.79	0.39
1	金属表面防腐蚀绿色经济的前处理技术得到实际应用	清洁生产	2028	0.19	0.36	0.44	0.56	0.78	0.44

续表

排名	技术课题名称	子领域	预计实现年份	实现可能性指数	我国目前研究开发水平指数	制约因素（专家认同度）			
						法规、政策和标准	人力资源	研究开发投入	基础设施
1	大功率电池清洁生产与循环利用技术得到实际应用	清洁生产	2027	0.15	0.41	0.66	0.25	0.75	0.48
1	海洋气象智能预警系统得到实际应用	重大自然灾害预判与防控	2027	0.23	0.41	0.61	0.52	0.73	0.58
3	智慧和韧性减灾社区得到实际应用	重大自然灾害预判与防控	2028	0.28	0.25	0.72	0.40	0.68	0.70
1	制革行业源头减排技术得到广泛应用	清洁生产	2027	0.24	0.49	0.49	0.35	0.68	0.43
1	新型纳米技术在土壤-地下水污染诊断和修复中得到实际应用	土壤污染防治	2028	0.17	0.36	0.43	0.38	0.66	0.47
1	化学物质生态系统群落效应的微宇宙测试与风险评估技术得到实际应用	化学品环境风险防控	2028	0.31	0.38	0.57	0.39	0.65	0.42
1	多尺度天气气候模式得到实际应用	全球环境变化与应对	2028	0.28	0.29	0.29	0.47	0.65	0.54

从上述 10 项技术课题的子领域分布看，“清洁生产”子领域有 5 项技术课题，“重大自然灾害预判与防控”子领域有 2 项技术课题，“土壤污染防治”、“化学品环境风险防控”、“全球环境变化与应对”子领域有 1 项技术课题。从预计实现时间看，在上述 10 项技术课题中，全部技术课题预计在中长期实现。从实现可能性看，有 9 项技术课题的实现可能性指数低于本领域 125 项技术课题的平均值（0.29），仅有“化学物质生态系统群落效应的微宇宙测试与风险评估技术得到实际应用”高于本领域 125 项技术课题的平均值。从目前研究开发水平来看，有 5 项技术课题高于本领域 125 项技术课题的平均值（0.37），另外 5 项低于平均值。从发展阶段[①]看，处于实际应用阶段的技术课题有 8 项，处于广泛应用阶段的技术课题有 2 项。

① 根据课题描述而来。

三、受“法规、政策和标准”因素制约最大的 10 项技术课题

法规、政策和标准是制约生态环境领域发展的重要因素之一，列为第一制约因素的有 17 项，列为第二制约因素的有 45 项。受法规、政策和标准因素制约最大的 10 项技术课题依次是“开发出海底异重流风险判识与调控技术”、“智慧和韧性减灾社区得到实际应用”、“基于光学遥测的高分辨污染源清单快速核算技术得到实际应用”、“大功率电池清洁生产与循环利用技术得到实际应用”、“臭氧层保护监测与ODS替代技术得到实际应用”、“少水绿色低碳造纸技术得到实际应用”、“物联网、大数据及人工智能集成技术在工业园区绿色发展中得到广泛应用”、“大宗工业固废高值利用与污染协同控制技术推广应用”、“高风险化学品的全生命周期环境风险分析及环境友好替代品的筛查技术得到广泛应用”和“基于人体再生组织和微流控芯片技术的化学品健康效应评估技术得到实际应用”（表 2-8-2）。

表 2-8-2　生态环境领域受“法规、政策和标准”因素制约最大的 10 项技术课题

排名	技术课题名称	子领域	预计实现年份	实现可能性指数	我国目前研究开发水平指数	制约因素（专家认同度）			
						法规、政策和标准	人力资源	研究开发投入	基础设施
1	开发出海底异重流风险判识与调控技术	重大自然灾害预判与防控	2034	0.24	0.32	0.79	0.36	0.36	0.36
1	智慧和韧性减灾社区得到实际应用	重大自然灾害预判与防控	2028	0.28	0.25	0.72	0.40	0.68	0.70
1	基于光学遥测的高分辨污染源清单快速核算技术得到实际应用	大气污染防治	2026	0.21	0.49	0.67	0.58	0.40	0.47
2	大功率电池清洁生产与循环利用技术得到实际应用	清洁生产	2027	0.15	0.41	0.66	0.25	0.75	0.48
1	臭氧层保护监测与ODS替代技术得到实际应用	全球环境变化与应对	2028	0.09	0.28	0.65	0.44	0.65	0.32
1	少水绿色低碳造纸技术得到实际应用	清洁生产	2027	0.21	0.35	0.64	0.45	0.64	0.57
1	物联网、大数据及人工智能集成技术在工业园区绿色发展中得到广泛应用	清洁生产	2025	0.18	0.41	0.64	0.47	0.63	0.59

续表

排名	技术课题名称	子领域	预计实现年份	实现可能性指数	我国目前研究开发水平指数	制约因素（专家认同度）			
						法规、政策和标准	人力资源	研究开发投入	基础设施
1	大宗工业固废高值利用与污染协同控制技术推广应用	清洁生产	2027	0.21	0.34	0.64	0.47	0.63	0.59
1	高风险化学品的全生命周期环境风险分析及环境友好替代品的筛查技术得到广泛应用	化学品环境风险防控	2028	0.25	0.28	0.63	0.41	0.60	0.43
2	基于人体再生组织和微流控芯片技术的化学品健康效应评估技术得到实际应用	化学品环境风险防控	2032	0.26	0.17	0.61	0.33	0.63	0.51

从上述 10 项技术课题的子领域分布看，“清洁生产”子领域有 4 项技术课题，“重大自然灾害预判与防控”、“化学品环境风险防控”子领域各有 2 项技术课题，“大气污染防治”、“全球环境变化与应对”子领域各有 1 项技术课题。从预计实现时间看，在上述 10 项技术课题中，预计在中长期实现的有 8 项技术课题，预计在远期实现的有 2 项技术课题。从实现可能性看，实现可能性指数总体偏低，全部技术课题实现可能性指数低于本领域 125 项技术课题的平均值（0.29）。从目前研究开发水平看，有 7 项技术课题低于本领域 125 项技术课题的平均值（0.37），仅有 3 项高于平均值。从发展阶段①看，处于开发成功阶段的技术课题有 1 项，处在实际应用阶段的技术课题有 6 项，处在广泛应用阶段的技术课题有 3 项。

四、受“基础设施”因素制约最大的 10 项技术课题

“基础设施”是制约生态环境领域发展的重要因素之一，有 9 项技术课题将其列为第一制约因素，48 项技术课题将其列为第二制约因素。受基础设施因素制约最大的 10 项技术课题依次是“智慧和韧性减灾社区得到实际应用”、“地震灾害风险源识别、监测预警和处置关键技术得到实际应用”、“大气多参数高轨

① 根据课题描述而来。

卫星监测得到广泛应用”、“开发出海岸带地质灾害监测预警和风险评价技术”、“自适应网格大气环境建模预测污染和精准控制技术得到广泛应用”、“基于大数据和人工智能的地质灾害风险管理技术得到广泛应用”、“基于无线探测网络和无人驾驶飞行器的灾害管理技术得到广泛应用”、“地震次生灾害链的风险判识、评价与控制技术得到实际应用”、“物联网、大数据及人工智能集成技术在工业园区绿色发展中得到广泛应用”和“大宗工业固废高值利用与污染协同控制技术推广应用”（表 2-8-3）。

表 2-8-3　生态环境领域受“基础设施”因素制约最大的 10 项技术课题

排名	技术课题名称	子领域	预计实现年份	实现可能性指数	我国目前研究开发水平指数	制约因素（专家认同度）			
						法规、政策和标准	人力资源	研究开发投入	基础设施
2	智慧和韧性减灾社区得到实际应用	重大自然灾害预判与防控	2028	0.28	0.25	0.72	0.40	0.68	0.70
1	地震灾害风险源识别、监测预警和处置关键技术得到实际应用	重大自然灾害预判与防控	2030	0.13	0.27	0.49	0.39	0.63	0.68
1	大气多参数高轨卫星监测得到广泛应用	大气污染防治	2027	0.29	0.38	0.33	0.40	0.60	0.66
1	开发出海岸带地质灾害监测预警和风险评价技术	重大自然灾害预判与防控	2029	0.17	0.25	0.44	0.37	0.61	0.64
1	自适应网格大气环境建模预测污染和精准控制技术得到广泛应用	大气污染防治	2027	0.26	0.50	0.49	0.61	0.59	0.61
2	基于大数据和人工智能的地质灾害风险管理技术得到广泛应用	重大自然灾害预判与防控	2027	0.31	0.40	0.39	0.38	0.64	0.61
1	基于无线探测网络和无人驾驶飞行器的灾害管理技术得到广泛应用	重大自然灾害预判与防控	2027	0.24	0.50	0.37	0.50	0.61	0.61
1	地震次生灾害链的风险判识、评价与控制技术得到实际应用	重大自然灾害预判与防控	2029	0.29	0.37	0.36	0.36	0.60	0.60

续表

排名	技术课题名称	子领域	预计实现年份	实现可能性指数	我国目前研究开发水平指数	制约因素（专家认同度）			
						法规、政策和标准	人力资源	研究开发投入	基础设施
3	物联网、大数据及人工智能集成技术在工业园区绿色发展中得到广泛应用	清洁生产	2025	0.18	0.41	0.64	0.47	0.63	0.59
3	大宗工业固废高值利用与污染协同控制技术推广应用	清洁生产	2027	0.21	0.34	0.64	0.47	0.63	0.59

从上述10项技术课题的子领域分布来看，“重大自然灾害预判与防控”子领域有6项技术课题，“大气污染防治”、“清洁生产”子领域各有2项技术课题。从预计实现时间看，在上述10项技术课题中，处于近中期的有1项技术课题，处于中长期的有9项技术课题。从实现可能性看，实现可能性指数较低，有7项技术课题的实现可能性指数低于本领域125项技术课题的平均值（0.29）。从目前研究开发水平看，目前研究开发水平指数总体较高，6项技术课题高于本领域125项技术课题的平均值（0.37）。从发展阶段[①]看，处于开发成功阶段的技术课题有1项，处于实际应用阶段的技术课题有3项，处于广泛应用阶段的技术课题有6项。

五、受“人力资源”因素制约最大的10项技术课题

人力资源是制约生态环境领域发展的重要因素之一。有2项技术课题将其列为第一制约因素，12项技术课题将其列为第二制约因素。受人力资源因素制约最大的10项技术课题依次是“基于光谱质谱技术的高端环境监测仪器得到普遍应用”、“自适应网格大气环境建模预测污染和精准控制技术得到广泛应用”、“基于光学遥测的高分辨污染源清单快速核算技术得到实际应用”、“金属表面防腐蚀绿色经济的前处理技术得到实际应用”、“海洋气象智能预警系统得到实际应用”、“基于大数据融合的大气污染监测与应急联动技术得到广泛应用”、“基于无线探测网络和无人驾驶飞行器的灾害管理技术得到广泛应用”、“近期气候

① 根据课题描述而来。

预测系统得到实际应用”、“非结构的人地系统模式得到实际应用”和“多尺度天气气候模式得到实际应用”（表 2-8-4）。

表 2-8-4　生态环境领域受“人力资源”因素制约最大的 10 项技术课题

排名	技术课题名称	子领域	预计实现年份	实现可能性指数	我国目前研究开发水平指数	制约因素（专家认同度）			
						法规、政策和标准	人力资源	研究开发投入	基础设施
1	基于光谱质谱技术的高端环境监测仪器得到普遍应用	环保产业技术	2023	0.22	0.26	0.48	0.67	0.44	0.38
1	自适应网格大气环境建模预测污染和精准控制技术得到广泛应用	大气污染防治	2027	0.26	0.50	0.49	0.61	0.59	0.61
2	基于光学遥测的高分辨污染源清单快速核算技术得到实际应用	大气污染防治	2026	0.21	0.49	0.67	0.58	0.40	0.47
2	金属表面防腐蚀绿色经济的前处理技术得到实际应用	清洁生产	2028	0.19	0.36	0.44	0.56	0.78	0.44
4	海洋气象智能预警系统得到实际应用	重大自然灾害预判与防控	2027	0.23	0.41	0.61	0.52	0.73	0.58
3	基于大数据融合的大气污染监测与应急联动技术得到广泛应用	大气污染防治	2025	0.31	0.36	0.51	0.51	0.53	0.57
2	基于无线探测网络和无人驾驶飞行器的灾害管理技术得到广泛应用	重大自然灾害预判与防控	2027	0.24	0.50	0.37	0.50	0.61	0.61
3	近期气候预测系统得到实际应用	全球环境变化与应对	2028	0.33	0.38	0.28	0.49	0.64	0.55
2	非结构的人地系统模式得到实际应用	全球环境变化与应对	2029	0.41	0.34	0.23	0.48	0.56	0.31
3	多尺度天气气候模式得到实际应用	全球环境变化与应对	2028	0.28	0.29	0.29	0.47	0.65	0.54

从上述 10 项技术课题的子领域分布来看，“大气污染防治”、“全球环境变化与应对”子领域各有 3 项技术课题，“重大自然灾害预判与防控”子领域有 2

项技术课题，“环保产业技术”和“清洁生产”子领域各有 1 项技术课题。从预计实现时间看，在上述 10 项技术课题中，预计在近中期实现的有 2 项技术课题，在中长期实现的有 8 项技术课题。从实现可能性看，实现可能性指数总体较低，有 7 项技术课题的实现可能性指数低于本领域 125 项技术课题的平均值（0.29）。从目前研究开发水平看，有 5 项技术课题的目前研究开发水平指数低于本领域 125 项技术课题的平均值（0.37），另外 5 项技术课题高于平均值。从发展阶段[①]看，处于实际应用阶段的技术课题有 6 项，处于广泛应用阶段的技术课题有 4 项。

① 根据课题描述而来。

第三章 生态环境子领域技术发展趋势

第一节　大气污染防治子领域发展趋势

刘文清
（中国科学院安徽光学精密机械研究所）

一、大气污染防治概况与国家需求

随着经济社会的快速发展，我国空气污染特征发生了明显的变化，灰霾、光化学烟雾等复合型大气污染问题突出，影响了人体健康和生态安全。特别是2013年以来频发的雾霾天气，引发了社会各界的广泛关注。针对严峻的大气环境形势，中国政府先后制定实施《大气污染防治行动计划》（简称“大气十条”）和《打赢蓝天保卫战三年行动计划》，以推动空气质量快速改善。近年来，大气重污染天数明显减少，《大气污染防治行动计划》预定目标全面实现，取得了显著成效。2018年，京津冀、长三角和珠三角3个重点区域的细颗粒物（$PM_{2.5}$）平均浓度分别比2013年下降了48%、39%和32%。珠三角9个城市的$PM_{2.5}$平均浓度从2015年起，连续4年达到环境空气质量二级标准。特别是北京市，2013年以来 $PM_{2.5}$浓度大幅下降，从89.5微克/米^{3}降到2018年的51微克/米^3，重度及以上污染天数从58天减少到15天。

但是随着大气污染防控的不断深入，污染源结构发生显著改变，污染成因发生动态变化。重点区域的空气质量改善较为显著，非重点区域改善不明显，有发展成为“重点区域”的趋势，尤其是$PM_{2.5}$和臭氧（O_3）污染协同控制成为迫切需要解决的问题。我国大气污染防治仍然任重道远，离全面打赢蓝天保卫战的目标相差甚远。未来必须坚持科学技术创新引领，通过推动能源、产业和交通结构调整，促进大气污染削减，着力构建精细化现代大气环境监测、管控和治理体系，实现空气质量持续稳定改善。

二、国内外大气污染防治技术发展现状与趋势

（一）国外大气污染防治技术发展现状与趋势

欧美发达国家经历了漫长的治污历程，先后经历了煤烟型污染、光化学污染、酸雨等一系列大气污染问题，从中积累了大量防治对策及防控技术的经验。通过实施各类计划，推进不同层次的清洁空气行动计划，在防治策略、防治途径、防治手段等方面都发生了明显变化。执行日趋严格完善的环境标准、监测体系以及排污许可证制度，使能源结构和工业结构趋于清洁化，环境空气质量逐年改善。

在防治途径方面，末端治理向全过程治理转变，通过建立严格的监测—减排—核查—评估等管理机制和支撑技术体系，不断升级空气质量标准和污染排放标准，实施全过程的污染监测和综合治理，实现了空气质量的持续改善。经历了从工业点源治理向移动源治理转变，从点源排放二氧化硫、氮氧化物等污染向机动车排放引起的臭氧、细颗粒等光化学污染转变，从单一污染物向多污染物协同监测控制转变，从单一污染物控制向多污染物多目标协同控制转变。

在防治手段方面，开始综合运用多种空气质量改善手段进行大气污染防治，实现从污染源到环境空气全方位监控，实现从工程治理提升到开发清洁能源、提高能源效率、调整产业结构等。同时，也开始运用包括市场手段在内的一整套手段控制大气污染，不断加强对清洁空气领域重大科学问题（如臭氧形成及控制）、关键技术研究投入，全面推动空气质量改善与清洁空气产业发展。

在防治策略方面，开始实施气候友好型的大气污染控制战略，在区域污染控制的过程中同步关注气候变化问题，实现区域污染控制和气候变化领域联合控制的“双赢”。

（二）我国大气污染防治技术发展现状与趋势

2013 年以来，我国加大大气污染防治的工作，在大气复合污染的研究、区

域污染监测预警以及污染治理技术方面取得了积极进展。首先，提出了区域大气复合污染的形成机制框架，在大气污染若干核心科学问题上取得了理论创新。其次，环境空气质量监测网络发展壮大。截至2019年底，国家级环境空气质量监测网中的监测点位达到1436个，并建立有覆盖多种监测指标的超级站。最后，制定并逐步完善空气质量和污染源排放标准，初步建立了重点污染源在线监测、遥感遥测等监管技术体系。具体而言，在污染治理技术方面，我国自主研发的燃煤烟气除尘、脱硫、脱硝等技术已在国内推广应用，电力钢铁等行业超低排放技术进入国际先进行列。在环境质量预警方面，建成了空气质量多模式集合预报业务系统，实现了区域和城市空气质量3～5天精细预报和7～10天趋势预报。在行业排放标准方面，大力推进工业企业污染物排放控制，2013年以来共修订水泥、石化等重点行业排放标准15项。在设备升级改造方面，截至2018年底，燃煤电厂完成超低排放改造8.1亿千瓦，占煤电装机总容量的80%。在加快能源结构和产业结构调整方面，首次提出“煤炭消费总量控制”，对重点区域设置了煤炭消费总量控制目标，2013～2018年，煤炭消费占一次能源的比重由67%下降至59%。此外，统筹“油路车”污染治理，目前机动车已全面实施国Ⅴ排放标准，油品标准实现“两级跳”并与排放标准接轨等。在管理创新方面，实施了深化管理体制机制改革，包括创新执法手段、强化责任落实、推行环境信息公开、建设重污染天气应对体系等。

我国大气污染防治进入深水区，空气质量改善仍然任重道远。一是$PM_{2.5}$污染防治刚刚迈出第一步，生成机制仍未完全摸清。二是臭氧问题近年来日益突出，如何进行$PM_{2.5}$和臭氧的协同控制将成为下一步工作重点。三是臭氧、挥发性有机化合物（VOCs）等一些新型污染物的研究和治理问题逐步显现。四是污染物跨界输送、监测监管、精细化源清单的建立和校验等亟待完善。五是随着减排的持续深入，污染源结构和污染成因正在发生深刻变化，传统非重点排放源如非电工业、交通、农业等行业的研究基础、治理技术和监管能力尚显不足。

三、我国未来大气污染防治技术的发展展望

虽然我国$PM_{2.5}$污染防治取得初步成效，但是全国范围内$PM_{2.5}$进一步下降的难度较大，特别是重点城市群空气质量进入$PM_{2.5}$和臭氧协同防控的深水区，

亟须逐步细化落实各地区大气污染防治的精细化大气环境治理体系，实现精准防控。

在理论研究方面，需要特别关注臭氧、VOCs 等一些新型污染物的研究和治理的问题，如何进行 $PM_{2.5}$ 和臭氧的协同控制将成为下一步的工作重点。西方发达国家经历了不同阶段的大气污染防治，已从一次污染转向二次污染防控，建立了光化学烟雾形成机制、二次细颗粒物形成机制和多相反应机制理论依据。我国大气复合污染成因复杂，雾霾和臭氧污染形成机理尚未厘清。大气复合污染协同优化调控技术有利于 $PM_{2.5}$ 与臭氧污染的协同减排，协同优化减排的关键是厘清前体物减排与 $PM_{2.5}$ 和臭氧的非线性响应机制，有效控制大气复合污染。

在监测技术方面，尽管我国大气环境监测技术、仪器与设备近年来实现了快速发展，依靠自主研发的技术，已初步形成了以国控网络监测站为骨干的环境地面监测网络体系，但仍存在一些问题和不足。一是针对环境污染机理研究的监测技术和手段（如低干扰的多平台自由基探测、高灵敏的大气超细颗粒物传感器等）不足；二是还不能满足国家对臭氧等二次污染业务化监测的需求（如有针对性的重点 VOCs 监测技术，光化学前体物的立体监测、低成本高性能的大气自由基与环境污染物探测等）；三是当前我国所采用的标准和技术大多为美国环境保护署和欧盟标准，尚未建立先进环境监测技术和验证评价体系。此外，一些高端专业仪器以及核心零部件、核心数据库仍未摆脱依赖进口的局面。

在空气质量预报和重污染预警技术方面，自适应网格大气环境建模能够有效实现大气环境预警及精准控制，对我国大气污染治理的科学决策、精准施策具有重要意义。目前国内外已开展相关探索性研究，基于国内外现有技术和模型成果，可望实现技术突破。这些技术需重点研发自适应网格大气环境空气质量预报预测建模新技术。我国精细化预报预警技术进步显著，重污染过程预测准确率接近 100%，预报时长由 3～5 天增加到 7～10 天。

在重点行业和关键污染物的控制技术方面，要加强非电行业超低排放技术及应用、非电行业大气污染控制技术升级。针对水泥、玻璃、陶瓷等建材行业，发展多污染物协同控制新技术，重点开展柴油车、非道路机动车、船舶的大气污染控制，推广应用非道路柴油机内与机外净化技术。持续提升大气精准防控的科技支撑能力，加强区域一体化的大气污染监测网络建设，制定动态污染源清单，发展空气质量预测预报技术。

加强能源清洁化，科学解决秸秆焚烧问题，开发生物质高效利用技术。总体看来，能源、产业和交通结构调整的大气污染削减潜力还有待释放，亟须加快推动空气质量改善的途径逐步从污染控制向绿色发展模式探索转变。

与上述相关关键问题的技术发展情况如下。

（1）雾霾和臭氧污染形成机理。大气复合污染成因复杂，雾霾和臭氧污染形成机理尚未厘清。预期在未来 10～20 年中，我国雾霾和臭氧形成机理研究将从目前近地面观测为主过渡到三维立体观测，从长寿命痕量气体浓度测量过渡到自由基、反应中间体、反应参数和污染生成潜势的直接测量，将逐步打破现有各种研究手段的界限，通过外场观测、烟雾箱模拟实验以及数值模拟，形成基于量化计算和数值模拟引导的外场反应动力学闭合研究。

（2）大气复合污染协同优化调控技术。针对我国特有 $PM_{2.5}$ 和臭氧同时存在的复合污染，预计未来 10～15 年，我国将建立完善的本地化污染源 $PM_{2.5}$/VOCs 化学成分谱库；结合数值模式、外场观测、室内模拟等手段，研究不同排放源、不同化学物种减排对大气 $PM_{2.5}$ 与臭氧的复合敏感性，揭示其非线性影响机制，构建大气 $PM_{2.5}$ 与臭氧协同优化控制新技术，提出我国防控 $PM_{2.5}$ 与臭氧污染协同优化调控策略。

（3）大气环境和气象要素立体监测网络技术。预计未来 15～20 年，涵盖主要环境要素（$PM_{2.5}$/PM_{10}、臭氧、氮氧化物、二氧化硫等）和气象要素（风、气温、湿度等）的激光雷达、地基多轴差分吸收光谱仪（MAX-DOAS）的光学立体监测网络将逐步成熟，突破机载（航空平台、无人机）高光谱分辨率大气遥感关键技术，结合具有高时空分辨率（千米级污染气体分布、污染过程日变化）监测卫星探测技术，发展基于物联网应用的大气环境监测传感器，实现污染源监测网络化。大气监测网的探测能力由目前的二维平面推向大气环境多参数的三维立体监测，并形成基于立体监测大数据融合分析平台，实现污染源清单动态核算（以小时为单位，百米空间分辨）、区域污染排放和传输的定量分析等，实现大气环境的立体化、智能化综合关联监测分析。

（4）自适应网格大气环境建模预测污染和精准控制技术。重点研发自适应网格大气环境空气质量预报预测建模新技术。预计在未来 15～20 年，我国通过研发环境空气质量预报预测建模新技术，建立自适应网格的主要污染物和其他污染物的扩散、传输和沉降累积对水体、植物、土壤的环境风险系统评估模型，建立自适应网格立体监测资料同化和急性风险评估模型，完善污染精准控制方法和技术，建立环境承载力和排污许可评估模型，实现自适应网格大气环境建模预测污染和精准控制，并在2030年左右得到广泛应用，实现模拟预测和评估我国污染控制效果。

将全面提高大气污染防治技术，通过建立以政府、企业、社会公众等多元主体参与的大气污染防治体系，融合信息技术与环境管理业务，进一步加强环境信息的采集能力，全面实施数据开放和信息共享，显著提高环境管理部门的科学决策能力，为美丽中国的实现、国民经济可持续发展做出重要贡献。

第二节　土壤污染防治子领域发展趋势

骆永明　滕　应　刘五星　赵　玲
（中国科学院南京土壤研究所）

一、土壤污染防治概况与国家需求

土壤环境安全是支撑健康美丽中国、生态文明建设的重要基础。近30多年来，我国城镇化、工业化和农业现代化快速发展，由于粗放扩张型发展方式仍然存在，资源环境超载问题突出，土壤污染防治形势严峻。《全国土壤污染状况调查公报》结果显示，全国土壤总的污染点位超标率达16.1%，耕地土壤点位超标率高达19.4%。我国污染场地数量达数十万个，场地土壤-地下水复合污染严重以及二次开发风险高等问题突出。近年来，诸如“镉大米”、“毒地”等环境污染事件频发，土壤环境安全问题已经严重影响到我国粮食安全、生态安全和人群健康安全，制约着我国经济高质量绿色发展。

党中央、国务院高度重视土壤污染防治工作。党的十九大报告明确指出坚决打好污染防治的攻坚战，着力解决突出环境问题，强化土壤污染管控和修复。2016年5月，国务院印发《土壤污染防治行动计划》，明确指出加强土壤污染防治研究，加大适用技术推广力度，推动治理与修复产业发展。开展污染治理与修复，改善区域土壤环境质量等工作。2018年8月31日，十三届全国人大常委会第五次会议全票通过了《中华人民共和国土壤污染防治法》，2019年1月

1日起实施生效。2018年生态环境部颁布了《土壤环境质量　建设用地土壤污染风险管控标准（试行）》（GB36600—2018），规定了保护人体健康的土壤污染风险筛选值和管制值。近年来，生态环境部联合多个部委陆续颁布了一系列有关土壤与地下水污染调查、风险评估、风险管控、治理修复等方面的技术规范、导则、指南，进一步推动了我国污染土壤与地下水污染风险管控与修复工作，使我国土壤污染防治工作再上一个新台阶。

因此，针对我国重点区域污染土壤和重点行业污染场地土壤-地下水的重点污染物，前瞻性地开展国家土壤污染防治科学与技术预见性研究，厘清我国土壤污染防治科技发展思路和目标，是新时期我国生态文明建设的重要内容，是落实《土壤污染防治行动计划》和《中华人民共和国土壤污染防治法》的重要举措，可为我国全面提升土壤环境保护科技创新能力、促进经济社会绿色可持续发展提供依据和借鉴。

二、国内外土壤污染防治技术发展现状与趋势

（一）国外土壤污染防治技术发展现状与趋势

近10年来，欧美等发达国家围绕土壤污染成因、污染过程、治理修复等基础理论方面开展了系统研究，在多介质多界面传输过程、迁移转化分子机制、多尺度模型预测等方面取得了突破性进展；构建了土壤及地下水污染风险识别与评估技术体系，形成了完整的土壤环境监测方法、技术与成套设备；发展了污染土壤和地下水的物化、生物以及组合修复技术与装备体系，并实现了规模化工程应用；建立了较为全面的土壤及地下水污染防治管理法律法规体系。

在土壤污染过程与生态效应研究方面，20世纪70年代，欧美发达国家解析了土壤与地下水中污染物来源，定量分析了不同尺度污染输送的源-受体之间的关系，建立了基于污染物界面行为的土壤和地下水污染过程调控技术；建立了土壤与地下水中污染物毒性数据库和环境基准，构建了污染物生态风险评估方法，形成了土壤污染防治的基础理论、方法及技术体系，为土壤污染风险管控与治理修复奠定了理论与方法基础。

在土壤污染调查与监测技术方面，欧美及日本等发达国家相继研发了土壤和地下水污染调查与监测布点及采样方法、专用采样设备及高精度在线监测分

析仪器，形成了较完备的监测方法、技术体系与成套设备；建立了基于信息技术的土壤污染监测网，并正朝着实时和智能化方向发展。近年来，国际上广泛采用生物技术、传感器、遥感技术等微观和宏观观测技术，建立了土壤和地下水污染监测与预警方法。同时，场地探测、检测设备和模式正在向便携化、现场化方向发展，大数据分析与高通量基因检测技术已在场地调查与评估中应用。

在土壤污染风险评估技术方面，欧美发达国家研发了土壤和地下水污染风险评估方法与污染风险评估模型，包括美国的 RBCA Toolkit、SCI-GROW 与 PRZM-GW，英国的 CLEA，意大利的 ROME 及荷兰的 RISC-Human 等；开发了基于信息技术的 Monte Carlo 模拟的风险评估方法，而且基于特定场地概念模型的风险评估技术得到进一步应用。

在土壤污染修复技术与装备方面，欧美等发达国家在土壤污染修复技术与装备、工程应用及产业化方面发展日趋成熟；建立了污染土壤生物修复、物理修复、化学修复以及联合修复技术体系，并成功应用于治理工程。发达国家已形成针对石油化工、矿山开采、金属冶炼、固废处置等行业重污染场地土壤和地下水治理技术与装备体系，并得到市场化应用，促进了产业化发展。

总体而言，发达国家土壤污染防治基础理论研究正从单一介质、单一界面、单一污染物向多介质、多界面、复合污染体系发展。土壤污染调查与监测从传统的离位调查监测向原位、实时、精细刻画方向发展。土壤污染风险评估正从单一的生态/环境/健康风险评估，向多维度的综合精准风险评估发展。在修复材料上，从常规的物理、化学材料向生物功能性、高效绿色复合材料发展；在设备研发上，从离场的固定式修复设备向现场的移动式、智能化装备发展；在修复技术上，从单一的修复技术发展到多技术源头控制-过程阻隔-修复监管的集成融合；在工程应用上，从单一地块向大型场地土壤和地下水的规模化工程应用发展。随着物联网、人工智能、大数据等新技术的发展，创新开发基于物联网、大数据的土壤污染管控与治理修复技术，使得土壤污染防治方向迈向绿色可持续的智慧时代。

（二）我国土壤污染防治技术发展现状与趋势

近 10 多年来，我国相继启动了一批国家重点基础研究发展计划（简称 973 计划）、国家高技术研究发展计划（简称 863 计划）、国家科技支撑计划、公益性行业科技专项等重大和重点科研项目，在农田和场地土壤污染成因、风险管控、修复技术、修复材料、修复装备和工程示范等方面取得了明显进展。初步揭示了区域土壤污染特征、污染物迁移转化机制和环境风险，建立了土壤复合污染的环境行为和生态毒性预测方法；初步形成了我国土壤污染风险管控、修复与监管等综合防治模式。特别是土壤重金属污染治理的固化/稳定化、淋洗、氧化/还原技术，以及有机污染治理的原位氧化、生物通风、气体抽提、焚烧和热脱附已相对成熟，初步实现产业化；重金属污染治理植物吸取，以及有机污染物的生物降解正逐渐成熟，进入产业化阶段；有机污染的电动（氧化）修复和化学淋洗技术，以及重金属治理的植物阻隔/稳定化和电动（分离）修复技术目前已有研究基础。我国土壤修复产业发展迅速，从业单位达1000余家，初步积累了土壤污染调查与修复工程的案例经验，为我国土壤污染防治奠定了产业基础。

但是，与国际技术水平和发展态势相比，尽管技术布局和热点与国际基本保持一致，但是总体上我国土壤污染防治技术研发工作起步较晚，研究基础还较薄弱，技术转化率较低，尚未形成土壤污染防治理论和技术创新、工程应用和管理支撑以及产业化发展的链条式创新体系。基于此，针对我国土壤污染防治的重大科技需求与战略任务，围绕土壤污染防治、风险管控与安全利用，亟待突破土壤污染高精度监测与分析技术短板，创制多功能土壤样品原位采集与分析技术，开发污染监测预警系列技术、方法和成套装备，完善土壤环境监测、基准与污染预警关键技术，形成模块化、标准化全过程监管大数据信息传输、处理与动态管理平台；研发基于生物和纳米技术原理的绿色创新土壤污染修复功能材料，突破高效与长效性材料制备的关键技术瓶颈，推动系列功能材料的国产化与市场化发展；开发智能化高效分离与污染净化等重大关键核心技术、产品与高端装备；强化融合物联网、大数据的场地土壤污染防治与管理，创新人工智能技术的开发利用，建立多源数据融合的国家土壤环境综合信息系统与管理平台，为保障土壤环境风险管控与修复提供强有力的科技支撑。

三、我国未来土壤污染防治技术的发展展望

（一）土壤污染源解析、风险识别与预警技术得到广泛应用

土壤污染源解析、风险识别与预警是土壤污染风险管控的重要标志性成

果，其相关技术的掌握将极大提升土壤污染的风险管控能力。预计未来 5～10 年，我国将在农田及重点行业场地土壤污染物的排放清单，基于化学、生物学和数值模拟的源解析方法，源-汇耦合关系及时空格局，土壤固相-液相-气相等多相-多层次-多证据风险评估方法，预警体系建立等方面取得重要进展。预计未来 10～20 年，我国将掌握先进的土壤污染源解析、风险识别与预警技术体系，有力支撑土壤污染预防与源头控制，为我国土壤污染风险管控提升打下坚实的基础。

在污染土壤风险评估方面，预计未来 5～10 年，我国将加强本土化的生物有效态原位表征技术、体外胃肠液模拟法、人体生物有效性、污染风险暴露和毒性效应评估模型构建的研究，建立我国土壤基础毒性参数库，为生物有效性在我国土壤污染防治与重金属高背景地区土壤环境管理中的实际应用提供坚实的关键参数和技术基础。预计未来 10～20 年，我国将掌握基于生物有效性的土壤污染及高背景土壤环境风险评估方法、土壤环境基准和修复目标值体系，形成相关导则、规范、标准以及安全利用技术体系，并在全国范围内广泛应用。

（二）土壤污染原位监测、精准扫描诊断与智慧调查技术和设备得到实际应用

土壤污染原位监测是土壤环境监测领域的重要标志性成果。原位监测技术与设备的研发将提升我国土壤环境监管能力与水平。预计未来 5～10 年，我国将在高精度、多功能、无扰动土壤、土壤气体及地下水样品原位采集技术与装备，原位污染探测及信息采集技术和设备，以及基于“互联网+”的远程数据传输技术体系等方面取得突破性进展，为我国土壤污染原位监测技术提升打下坚实的基础。预计未来 10～20 年，我国将建设成自主研发的便携、实时和智能化的土壤污染原位监测技术与设备体系，大幅度提升我国土壤污染调查监测技术与装备的产业化水平。

场地污染快速精准扫描诊断与智慧调查技术是环境调查领域的一项创新性成果，可以快速甄别复杂场地污染状况，精准识别污染因子，显著提升调查效率。预计未来 5～10 年，我国将在高分辨率土壤和地下水探测器、环境化学快速检测、计算机技术等方面取得重要进展，为我国在土壤和地下水污染修复领域开展智慧调查提供坚实的技术基础。预计未来 10～20 年，我国将掌握高分辨

率实时调查技术、新型的污染场地抽象模型、跨学科融合创新的场地污染扫描诊断技术，并将广泛应用于复杂场地污染的快速精准调查，进一步推动我国在场地污染调查领域的跨越式发展。

（三）重金属污染土壤固化稳定化新技术与新产品得到广泛应用

针对土壤中易迁移重金属和有机污染物的生物有效性高、易污染地下水等问题，固化稳定化新技术的掌握将进一步提升土壤污染的修复能力与水平。目前，固化稳定化新技术需要解决和突破有机污染物及重金属固化稳定化产品的高效性、无害性和长期稳定性，以及固化稳定化技术在高黏质污染土壤上的适用性等关键技术难点。预计未来 5～10 年，我国将在生物源和矿源性等绿色、高效重金属及有机污染物固化剂/稳定剂研制及其生产线的建立、修复药剂长期稳定性的评价标准和方法、针对高黏质土壤中固化稳定化药剂应用的高效射流均混技术与装备研发等方面取得突破性进展，可为我国土壤污染修复技术应用提供坚实基础。预计未来 10～20 年，我国将构建更强市场竞争力的固化稳定化修复技术体系，实现固化稳定化修复技术在重金属与有机物复合污染农田和场地土壤治理上的广泛应用。

（四）有机污染场地土壤原位修复技术与装备得到广泛应用

石化、农药类有机污染场地土壤中挥发性与半挥发性污染物通过扩散、迁移污染地下水和上层空气，危及人居环境安全。原位修复技术具备无须开挖和运输、对场地面积要求低等优点，该技术的广泛应用将大大提升我国有机污染场地修复能力。未来 5～15 年，欧美发达国家对污染场地修复技术与装备的研究将在传统技术装备的基础上，针对技术间的耦合、优化与协同效应开展研发，技术研究趋势向着绿色及可持续修复的方向发展，生物修复技术将得到更广泛的应用。在新型技术的研究上，将重点对电动修复技术与装备在低渗透地层的应用、纳米修复材料以及转基因技术/生物酶在生物修复中的应用等方面开展。原位修复技术的应用需要重点解决低渗透性、非均质性的地层条件下的传质技术、药剂精准投加、多污染物协同处置、缓释修复材料制备等关键技术难题。预计未来 5～10 年，我国将重点研制高传质性缓释氧化/还原材料、土壤有机污染物绿色增溶材料，研制模块化、智能化的注射、搅拌、压裂装备，突破低渗透性介质中的传质瓶颈；研究污染物在电场迁移-电加热解吸-电极反应协同作用下的迁移转化规律，初步构建电化学与氧化、微生物协调修复体系；研发针对典型有机污染物的高效微生物基因识别技术，培养分离技术和菌群构建技术。预计未来 10～20 年，我国将在缓释氧化/还原材料、微生物工程菌群、新型电极材料等方面取得重要进展，并实现规模化生产，形成适用于不同场地条件和复合污染类型的多技术耦合原位修复体系，实现原位修复技术的大规模场地应用。

（五）非水相液体（NAPLs）类高风险污染场地原位修复技术得到广泛应用

化工企业和机加工企业生产过程中因大量使用氯代烃有机溶剂，常会形成非水相液体（DNAPLs）重污染。NAPLs 的污染浓度高、迁移性强、污染分布不易精准确定、黏滞度大，导致其环境风险及治理难度大，甚至出现修复后的污染物浓度反弹情况。NAPLs 类高风险污染场地原位修复技术对实现氯代烃类 DNAPLs 污染场地的调查与修复具有重要价值。目前，国际上关于 NAPLs 类高风险污染场地的调查技术正朝着多截面-多含水层-高分辨率-多参数的高精度调查方向发展，以更为精准掌握 NAPLs 污染物的分布和迁移途径，并在此基础上开发更有针对性的高效修复技术。NAPLs 类高风险污染场地原位修复技术需要解决 NAPLs 污染分布范围精准确定问题，提升 NAPLs 去除效率的物化技术，以及增强非均质低渗透地层修复药剂传质效果等关键技术。预计未来 5～10 年，我国将专门针对 NAPLs 类高风险污染场地，建立适合我国实际的高精度污染场地调查评估体系；结合多相抽提（MPE）、化学氧化、还原脱氯等技术，研制表面活性剂强化修复技术、材料与设备；研制适合 NAPLs 修复的原位定向加热技术及装备；针对受污染非均质、低渗透性地层中 NAPLs 原位修复实施难度大、修复效率低的共性问题，研制通过水力压裂对传统原位修复技术进行强化治理的修复技术与设备；为 NAPLs 类高风险污染场地实现有效的原位修复提供坚实的技术基础，并在实际污染场地示范和应用。预计未来 10～20 年，我国将针对不同污染场地的 NAPLs 类型、水文地质条件、修复目标和修复模式，成功建立基于多种原位修复技术、材料和装备联用的 NAPLs 类污染场地的高效经济修复体系，并通过形成导则、规范和标准，在全国范围内广泛使用，达到国际领先水平。

（六）现代生物技术在农田土壤污染防治与绿色修复中得到广泛应用

中轻度污染农田土壤的主要风险是农产品重金属含量超标。采用基因编辑技术定向编辑作物吸收重金属的基因，或采用转基因技术阻隔重金属向作物可食部位转移，可以大幅度降低农产品重金属含量，促进中轻度污染农田土壤的安全利用。预计未来 5～10 年，按照国家要求对基因编辑或转基因作物进行风险评估，并在更多土壤类型与条件下进行大田试验确保无产量、品质负效应后，基因编辑或转基因培育的重金属低积累水稻种植技术可以得到实际应用。预计未来 10～20 年，更多的靶向基因将被挖掘，并在多种作物上定向编辑，创制多种重金属同步低积累的作物新品种；同时，这些生物技术还将广泛用于改良重金属超积累植物，以提高其修复多重金属复合污染土壤的效率。

（七）新型纳米技术在土壤-地下水污染诊断和修复中得到实际应用

纳米材料具有尺寸小、比表面积大、反应活性高等特性，其广泛运用是有效解决土壤污染诊断过程繁杂、修复周期冗长，有效避免二次污染和实现土壤原位修复的关键，也是土壤污染诊断、控制和修复技术实现跨越式发展的重要突破口。目前，纳米材料在土壤污染控制中的应用局限于纳米零价铁（nZVI）技术。纳米材料在土壤污染控制中的广泛应用仍需要重点解决纳米功能材料和器件的规模化生产、复杂土壤-地下水环境下精准注入及输送、污染快速诊断和原位高效修复，以及纳米材料安全规范使用等关键技术方法。预计未来 5～10 年，我国纳米修复材料将在功能化和器件化、稳定化技术和传输模型、环境风险评估和阻控技术等方面取得重要进展，可为纳米材料在土壤污染控制领域中的应用提供坚实基础。预计未来 10～20 年，通过研发系列土壤修复纳米功能材料及器件，形成新型土壤污染纳米诊断和纳米修复关键新技术，实现纳米修复材料在土壤-地下水污染中的工程化应用，推动我国土壤环境纳米修复技术和产业化的跨越式发展。

（八）人工智能技术在土壤污染防治与修复中得到实际应用

人工智能技术应用于土壤污染防治是环境领域的突破性成果，将极大地提升污染风险精准管控能力和科学决策水平。国际上，“大数据+互联网+人工智能”理论和技术日趋成熟，应用领域不断扩大；美国、欧洲和日本等发达国家和地区均将人工智能技术研发应用作为未来 5～10 年的国家战略，形成全球新的技术革命时代。目前，我国在该技术领域的研发基本上与国际保持同步。人工智能技术的应用需要建立土壤环境信息的大数据平台、构建污染风险管控的知识图谱、开发智能评估与预警预控系统、研制适用于土壤污染调查评估与治理修复的作业机器人等关键技术与装备。预计未来 5～10 年，我国将在人工智能、量子通信等方面取得重要进步，可为土壤环境污染风险预警监控与治理修复提供坚实的技术基础。预计未来 10～20 年，我国人工智能技术将全面进入土壤环境保护领域，实现土壤修复行业变革和跨越式发展。

（九）矿区和油田土壤污染源头控制和可持续修复技术得到实际应用

源头控制和可持续修复是土壤污染修复领域的重要标志性成果，该技术的掌握将增强矿区和油田土壤污染的修复能力。矿区和油田土壤污染源头控制和可持续修复技术需要重点解决矿区废石场、尾矿库，以及油气开采的外排废液、泥浆和油泥等造成的土壤污染的成套控制与治理等关键技术难题。预计未来 5～10 年，我国将集成矿区污染土壤及尾矿库的生物/物化覆盖材料与稳定层构建、酸性高浓度重金属矿坑水处理等技术与装备，建立金属矿区场地土壤污染全过程控制和分级治理体系，并在应用清洗、脱附技术、高浓度石油污染土壤连续处理工艺系统等方面取得突破，为我国矿区和油田污染土壤可持续修复奠定坚实基础。预计未来 10～20 年，我国将形成集污染治理、安全利用和生态功能保护于一体的源头控制与治理系统解决方案，并实现实际应用。

（十）城市场地污染风险管控、协同精准修复与安全利用技术得到广泛应用

场地土壤与地下水污染风险管控与协同原位精准修复技术能大幅度提升我国污染场地风险管控和原位修复水平，节约大量场地修复资金和时间，对实现污染场地的可持续性修复具有重要价值。该技术需要解决精细场地污染和水文地质调查、精确测算与风险评估；需要阐明污染物在土壤-地下水中的污染过程与传输机制，研制绿色-高效-低耗环境友好型复合功能材料，研发复杂环境地质及复合污染条件下物理-化学-生物协同修复关键技术与装备；需要多种原位

修复技术的有效组合、修复试剂的定向精准注射等关键技术。预计未来 5～10 年，我国将建立可复制、可推广的土壤-地下水污染监测、风险管控与协同修复一体化技术体系，并对多相抽提、原位热脱附、表面活性剂处理、纳米修复等关键技术进行工程示范。预计未来 10～20 年，我国将全面实行土壤-地下水环境的绿色、可持续管理，系统建立土壤-地下水环境监测、修复材料及技术装备体系，掌握精准组合修复技术，广泛应用绿色可持续修复技术。

建立城市再开发场地污染风险管控与安全利用技术体系是在城市大型工业区整体转型发展过程中，统筹场地污染风险与用地功能布局，弥合场地修复与再开发过程断裂，缓解城市污染场地再开发过程中次生社会矛盾的重要需求。预计未来 5～10 年，我国将创建不同用途的场地土壤安全等级划分标准；编制污染场地再开发的修复工程技术规范、工程实施检测及监管标准规范，以及修复后长期监测和监管标准规范；建立适合我国国情的可持续场地再开发利用风险监管与全过程安全保障体系和污染场地再开发规划决策支持体系；构建污染场地再开发基础数据库，形成污染场地再开发环境安全动态管理平台，融入城市或区域景观设计和空间规划发展之中。预计未来 10～20 年，我国将掌握城市再开发场地污染风险管控、治理修复与安全利用技术体系，并得到广泛应用，为我国城市转型发展提供全过程的技术服务与保障。

参 考 文 献

[1] EPA. Superfund Remedy Report（SRR）Fifteenth Edition（EPA-542-R-17-001）[DB/OL]. https://www.epa.gov/remedytech/superfund-remedy-report [2017-07-30].

[2] Deeb R，Hawley E，Kell L，et al. Assessing Alternative Endpoints for Groundwater Remediation at Contaminated Sites [DB/OL]. http：//serdp-estcp.org/content/download/10619/130969/file/ER-200832- FR.pdf [2017-05-30].

[3] 杨勇，何艳明，栾景丽，等. 国际污染场地土壤修复技术综合分析 [J]. 环境科学与技术，2012，35（10）：92-98.

[4] Luo Y M，Tu C. Twenty Years of Research and Development on Soil Pollution and Remediation in China [M]. Beijing：Science Press，Singapore：Springer Nature，2018.

[5] Koźmińska A，Wiszniewska A，Hanus-Fajerska E，et al. Recent strategies of increasing metal tolerance and phytoremediation potential using genetic transformation of plants [J]. Plant Biotechnol. Rep.，2018，12（1）：1-14.

[6] 黄新元，赵方杰. 植物分子遗传学在挖掘作物重金属积累相关基因中的作用 [J]. 农业环境科学学报，2018，37（7）：1396-1401.

第三节　水环境保护子领域发展趋势

杨　敏
（中国科学院生态环境研究中心）

一、水环境保护概况与国家需求

水环境保护事关人民群众切身利益，事关全面建成小康社会，事关实现中华民族伟大复兴的中国梦。当前至今后 20 年，我国仍将面临复杂并不断变化的水环境和水生态问题的严峻挑战：经济总量、城市规模和人口数量的增长，将进一步加剧水资源的供需矛盾，也将改变水的循环、利用和控污过程。要确保我国未来 30 年经济社会可持续稳定发展，必须解决水资源短缺、水环境污染、水域萎缩、水生态破坏等问题。在美丽中国建设中，打造安全健康的水生态环境以满足人们对美好生活的愿望和追求，是生态文明建设、保障国家生态安全和人民健康的重大需求。

我国尚处于水生态环境治理的攻坚期，水环境恶化趋势仍未得到根本转变，水多（洪涝）、水少（缺水）、水脏（污染）是我国长期面临的三大水问题，而污染又大幅减少了可有效利用的水资源量，有水不能用和无水可用相生相克、互联互合。据统计[1]，2017 年我国主要流域水质为Ⅴ类及以上，不能满足生活、生态和工业等正常用水功能的水体达到 8.3%，局部流域污染情况非常严重，海河流域的劣Ⅴ类比例高达 32.9%；在水资源丰富的长江流域，13%的河流（河长比）、73%的湖库（面积比）的水质达不到水功能区目标要求；黑臭水体问题依然突出，饮水安全突发事件数量依然较多。我国水污染具有污染类型复杂、风险因子多样、突发与长期积累影响共存的特点，对水生态系统带来巨大风险，也通过多类型的暴露路径和食物链影响人体健康[2]。

党中央、国务院高度重视水污染防治工作。2015 年 4 月 2 日，国务院印发《水污染防治行动计划》。《水污染防治行动计划》提出，到 2020 年，长江、黄河、珠江、松花江、淮河、海河、辽河等七大重点流域水质优良（达到或优于

Ⅲ类）比例总体达到70%以上，地级及以上城市建成区黑臭水体均控制在10%以内；到2030年，全国七大重点流域水质优良比例总体达到75%以上，城市建成区黑臭水体总体得到消除，城市集中式饮用水水源水质达到或优于Ⅲ类比例总体为95%左右。

因此，面对我国水环境质量改善、水生态系统功能恢复的重大需求，前瞻性地开展国家水污染防治科学与技术预见性研究，是应对未来中国水环境挑战的必要措施，也为培育我国可持续的水环境科技创新能力、形成全链条的水科技创新体系与机制提供参考和借鉴。

二、国内外水环境保护技术发展现状与趋势

（一）国外水环境保护技术发展现状与趋势

欧美的水体污染治理与水生态修复行动经历了从点源控制系统的完善阶段、面源控制系统的应用阶段和流域综合管理与保护的发展与成熟阶段。以2000年《欧盟水框架指令》（WFD）颁布为标志，国际在流域保护方面开始进入一体化管理水资源、水环境、水生态、水安全的阶段，河流修复从最初改变河道形态进而改善鱼类栖息地或河流外观为重点，发展到目前以改善河流的流动过程和形态、恢复河流自然的物理化学和生物过程为目标。《欧盟水框架指令》以水生态系统保护为目标，通过流域污染治理、水生态功能保护修复或恢复，达到生态良好目的。

发达国家已经经过了单纯末端治理的阶段，清洁生产和循环经济成为工业环保的主要方向。欧盟在2013年之前投资1050亿欧元支持欧盟地区的“绿色经济”，以促进就业和经济增长，保持欧盟在“绿色技术”领域的世界领先地位。日本提出了“全部清洁化”战略，大力发展环境导向的清洁生产技术，建立替代性新工艺、新过程、新材料以及污染防治和资源循环体系，到2025年使单位产值能耗下降一半，化学物质排放风险趋于零。

在逐渐淡化工业废水治理以及技术研发的同时，欧美发达国家从理念到应用引领着城市污水研究与应用的发展方向，节能降耗、污水再生利用、污染物资源化能源化和微量污染物生态风险控制等，成为关注重点。主流高效厌氧生物处理、侧流厌氧氨氧化、好氧污泥颗粒化、侧流生物法强化脱氮除磷等[3, 4]—

系列新技术取得突破，相继出现了美国 21 世纪水厂、新加坡 New Water、水银行等污水绿色再生的标志性样板。从灰色处理到绿色再生成为本领域全球追逐的学术、技术与应用目标，如奥地利 Strass 城市污水处理厂，通过剩余污泥厌氧产甲烷等手段实现了百分之百的能源自给率，达到完全碳中和；欧洲普遍进行污水中的磷回收，如荷兰每年通过污水处理厂可回收 1.2 万吨磷，远超出其全国农业每年用磷 0.7 万吨的需求。

（二）我国水环境保护技术发展现状与趋势

改革开放 40 多年来，我国利用有限的水资源支撑了全球最大规模的工业化与城镇化进程，在水污染控制方面也积累了独特的经验，水环境科技创新及应用取得长足进步[5]。特别是近 10 年，我国水环境科技创新步伐明显提速，仅国家水体污染控制与治理科技重大专项投入就达 100 亿元以上，水科技创新投入力度全球最高，并形成了一支全球最大规模的水领域科技人员队伍。针对我国重大水环境水生态问题，部署和实施了国家科技重大专项（水体污染控制与治理科技重大专项）、973 计划、863 计划、国家重点研发计划、国家自然科学基金、产业化研发等不同类型的国家级研发计划，涵盖了基础研究、技术创新、材料研制、装备开发、管理策略、监管平台、标准规范、应用示范等全系列内容，涉及了流域水环境治理和生态修复、城市水环境质量改善、污水处理与再生利用、饮用水全过程安全保障、水质监测预警等方方面面，取得了大量理论、技术和应用成果。目前，我国在本领域的论文发表量和专利申请量居全球第一位；科技成果获得广泛应用，解决了我国诸多水污染治理难题；形成了从基础研究到工程应用的全链条创新体系，为未来水科技发展和重大科技计划实施奠定了坚实基础。

但是，与国际技术水平和发展态势相比，我国从控源减排到流域治污和水环境管理，仍面临着理论与技术挑战：传统的以污染物矿化为主要的减排思路能耗高、资源浪费大，亟待建立以资源化、能源化为核心的新型绿色污染控制技术路线；重污染行业绿色升级全过程控污、毒性污染物控制与管理、“水-气-固”跨介质协同治理等缺乏针对性和系统性方案；城镇污水超高标准处理缺乏科学合理的指标与标准支持，主要是相关效应及生态响应的机制不清，清洁、简约、高效的关键技术缺乏；流域面源污染治理和水体生态修复缺乏综合性、系统性技术模式和长效保障机制；流域水质目标管理及监控预警系统难以满足实际业务化需求。

此外，关键技术的发展仍缺乏稳定性，部分核心技术和产品发展仍存在依赖性。前期，我国通过一系列专项投入，针对典型区域污染、重点行业污染、主要污染物去除等已经发展并储备了系列关键技术，展现了不同发展阶段的技术创新和进步。但是，成熟技术仍难以在市场上稳定地占有一席之地，部分核心技术和装备依赖于国外。《中国绿色贸易发展报告（2017）》中显示中国是全球第二大环境产品进口国，尤其是环境监测仪器和设备，国产化虽然逐步提高，仍存在着技术创新能力较弱、自动化程度较低、复杂的核心技术严重依赖进口等问题。我国未来水环境领域需要围绕“质量改善、风险控制和生态安全”的战略目标，在“基础研究—前沿技术—应用技术—集成示范—成果推广—环境管理”整个链条上开展创新，形成“预防—治理—保护—可持续发展”的全过程技术体系。

三、我国未来水环境保护技术的发展展望

（一）流域水生态重建与功能恢复技术原理和方法

在流域水生态系统重建方面，预计未来5～10年，摸清京津冀和长江经济带等重点流域的生态完整性本底，构建流域生态完整性评价的指标体系，提出流域水生态完整性理论的初步框架。预计未来10～20年，完善流域水生态完整性理论；构建完备的流域水生态环境标准体系，提出国家重点战略区域的水生态修复目标与技术路线图。

在流域水生态功能恢复技术方面，预计未来5～10年，集成创新构建出农业面源污染技术体系；解决京津冀和长江经济带重点地区地下水污染诊断与预防的关键技术瓶颈；构建大尺度区域地下水污染防控技术体系框架，提出京津冀和长江经济带重点区域地表水及地下水污染联合防控与水生态协同修复的重大技术解决方案，并在其他国家重点战略区域开展推广应用。预计未来10～20年，构建健全的流域水陆一体的水污染控制和河湖一体的水生态修复技术体系，并纳入国家战略予以实施。

（二）智慧水系统构建

在水信息智能感知技术方面，预计未来5～10年，我国将开发出特征污染

物与水质综合毒性现场检测的高密度感知技术，检出限满足生活饮用水卫生标准要求，基础遥测参数时空分辨提高到米级和小时尺度，形成成套星空地一体化感知技术和标准体系。预计未来 10～20 年，开发出新兴微量污染物现场快速高灵敏检测的生物传感技术，实现重金属类特征污染物指标的高精度遥感观测。

在水信息综合模拟与智能响应方面，预计未来 5～10 年，我国将建成具有自主知识产权的多尺度水系统全过程动态模拟器，达到国际先进水平，并针对京津冀、长江经济带等国家重点发展区域，构建以流域为单元的精细化、多尺度水系统全过程动态模拟分布参数集。预计未来 10～20 年，形成智慧水系统构建技术体系与标准体系，全面开展综合性应用示范，针对不同类型区域，提出水系统综合调控策略集和智慧水系统建设途径。

在智慧水系统的流域和区域应用示范方面，预计未来 5～10 年，我国将建立水生态健康安全导向的第二代智慧水系统，覆盖全国五大流域河流的 100%国控断面和 70%省控断面。到 2035 年，形成我国流域智慧管理平台建设技术标准体系，并在全国五大流域所有水系控制断面进行推广应用。

（三）全过程绿色减排与水污染控制技术

在工业水污染绿色治理方面，突破清洁生产源头防污、废物短程循环回用、跨介质协同治污、废水深度解毒等四大技术瓶颈，创新集成绿色、低耗、智能一体化的工业水污染全过程综合控制技术体系。预计未来 5～10 年，建成典型支柱行业绿色生产技术标准体系，针对重化工和新型产业园等建成清洁生产-废物循环利用-跨介质协同治污-低能耗废水资源化与解毒的集成技术体系，与现有技术相比，废水特征风险物质削减 80%，吨水处理能耗降低 30%。预计未来 10～20 年，形成我国全行业绿色生产技术标准体系，支撑我国行业绿色生产水平实现国际“领跑”。

在城市污水再生与资源循环方面，预计未来 5～10 年，突破能源自给与高值化资源回收协同的污水处理关键技术，创建新一代污水处理厂的建设、运行、维护与能源供给模式，形成与水生态相适应的污水排放标准，打造厂-网-河一体化、安全可靠的城市水环境智慧化建管平台，在不同区域开展技术示范应用。预计未来 10～20 年，形成针对不同类型城市的水环境治理综合目标、技术方案、智慧化管理系统与标准体系，全面开展综合性技术应用示范，技术整体上达到国际领先水平。

在村镇水环境治理方面，预计未来 5～10 年，集成村镇污水与废弃物协同处理的水环境治理关键技术，形成适合我国美丽乡村建设的水环境治理技术体系与标准体系，在不同县域开展技术示范。预计未来 10～20 年，形成针对不同类型农村的污染治理综合目标、技术方案和智慧化管理系统，全面开展综合性技术应用示范。

（四）饮用水安全保障原理和关键技术

突破以风险控制为核心的饮用水安全保障科学原理和关键技术，创新集成建立从源头到龙头全过程的低耗、智能的饮用水安全保障技术体系与标准体系，为保障人民群众喝上优质放心的饮用水提供科技支撑。

预计未来 5 年，建成 3～5 个饮用水安全保障领域研发基地，突破水源水质监测预警技术瓶颈，建立原水水质改善与保护的技术系统；突破以物理分离为特征的低能耗、少药剂、短流程处理工艺，发展标准与效应协同控制的饮用水水质净化技术；突破维持管网清洁和水质稳定的物理化学和生物学关键技术，形成保障末端水质的清洁管网技术系统；构建饮用水水质风险评价与管控指标体系，支撑我国饮用水水质标准的动态修订；选择典型区域和城市进行工程示范，示范前后对比平均药耗降低 25%以上，氯耗降低 30%以上。

预计未来 10 年，突破低氯水厂构建的关键技术，形成低能耗、少药耗、短流程处理标准化技术体系；形成源-厂-网一体化智能管理技术体系，与 2020 年相比，单位供水能耗降低 15%以上；突破供水系统韧性保障与提升技术体系，显著增强在自然灾害等情况下的供水保障能力；形成指标与效应协同控制的风险管控技术体系，保障源头到龙头全流程的供水安全，并进行推广应用。

预计未来 10～20 年，我国将建成一批面向未来的智慧水厂，建立从源头到龙头全过程的低耗、智能的饮用水安全保障标准体系，为全面保障饮用水安全提供科技支撑。

（五）核心关键材料与重大装备

自主研发适于我国国情的水处理工业支撑装备系统以及城市水系统韧性管网支撑装备系统，研发空地一体化智慧流域水环境监控预警和智慧城市水务管理支撑装备系统，逐步构建我国水污染治理核心关键材料与重大装备的科技支撑体系和标准体系。

预计未来 5 年，我国将突破智能膜材料、靶向吸附材料、仿生水处理药剂产品化关键技术，自主研发系列化、标准化的高速分离、高速厌氧等支撑性水处理装备，并在典型工业行业完成技术示范；突破高精高稳水质在线传感关键技术，研发广谱高端水质分析装备系统；创新集成高覆盖度供排水管网监控预警关键技术，研发管网智能检测装备和新型修复机器人，并在典型流域 10 座以上城市进行示范应用，达到国际同期同类装备水平。

预计未来 10 年，突破厌氧过程主导的生物处理装备化和仿生处理装备化关键技术，通过若干工业行业水处理技术示范，为支撑工业全过程绿色化提供核心技术系统；研发高动态适应性的流域水环境智能化监控预警装备系统和城市供排水管网监控预警运维修复装备系统，在我国 50%以上的城市及重点流域进行示范应用，大幅度提高城市水系统管网安全运行保障率。

预计未来 10～20 年，形成水处理工业 3.0 支撑装备体系、从智能材料到多元仿生装备自主研发水处理工业化支撑装备系统、城市水系统韧性管网支撑装备系统；形成较完备的空地一体化智慧流域水环境监控预警和智慧城市水务管理支撑装备系统，形成城市水系统韧性管网支撑装备系统，服务于我国 90%以上的重点流域及城市，实现城市水系统管网安全运行保障率达到 95%，全面支撑我国城市水系统和流域水环境智慧管理服务能力的提升。

（六）前瞻性和颠覆性技术

以环境科技与新兴会聚技术（NBIC）交叉融合为驱动，突破以合成生物技术、纳米技术和信息技术为核心特征的前瞻性、颠覆性水环境治理与生态修复技术，支撑水污染控制与治理科技的进步与跨越式发展，推动我国水环境科技水平由“跟跑”、“并跑”到国际“领跑”的转变。

预计未来 5 年，建立 3～5 个面向未来的新技术研发基地，在新一代智能监测与传感预警技术、仿生酶可控催化污染物定向转化技术、合成微生物组主导的水污染治理与资源化技术、基于新一代功能复合材料的简约化水污染治理与修复技术等方面取得突破，在能量自给型、资源循环型的水净化智慧工厂核心技术方面取得重大突破，建成能量自维持、资源循环利用的水净化智慧工厂范例，构建新一代水环境技术的研发体系。

预计未来 10 年，在新一代智能监测与传感技术、仿生酶可控催化污染物定向转化技术、合成微生物组主导水污染治理与资源化技术、基于新一代功能复合材料的简约化水污染治理与修复技术等方面取得重大技术突破，部分前瞻性与颠覆性水环境技术得到应用，建成若干能量自给型、资源循环型的水净化智慧工厂。

预计未来 10～20 年，部分前瞻性与颠覆性水环境技术得到规模化推广应用，形成面向未来的水污染控制与治理技术研发体系，成为国际上引领水污染控制与治理科技研发方向的重要领跑者。

参考文献

[1] 王家廉，许丹宇，李屹，等. 水污染治理行业 2017 年发展综述［J］. 中国环保产业，2018，(12)：5-18.

[2] 徐宗学，顾晓昀，左德鹏. 从水生态系统健康到河湖健康评价研究［J］. 中国防汛抗旱，2018，28 (8)：17-24，29.

[3] Völker J，Castronovo S，Wick A，et al. Advancing biological wastewater treatment：extended anaerobic conditions enhance the removal of endocrine and Dioxin-like activities [J]. Environmental Science & Technology，2016，50 (19)：10606-10615.

[4] Pfluger A R，Callahan J L，Stokes-Draut J，et al. Lifecycle comparison of mainstream anaerobic baffled reactor and conventional activated sludge systems for domestic wastewater treatment [J]. Environmental Science & Technology，2018，52 (18)：10500-10510.

[5] 徐敏，张涛，王东，等. 中国水污染防治 40 年回顾与展望［J］. 中国环境管理，2019，11 (3)：65-71.

第四节　清洁生产子领域发展趋势

曹宏斌
（中国科学院过程工程研究所）

一、清洁生产概况与国家需求

现代工业结构由轻工业、重工业和化学工业三大部分组成。传统粗放的工业发展模式，既过度消耗资源，又污染环境和破坏生态。其中，以钢铁、焦化、有色冶金等重工业和以炼油、化工、石化、造纸、制药等化学工业污染最为严重，仅仅依靠末端治理难以从根本上消除工业污染的问题。因此，清洁生产思想应运而生，致力于寻找工业与环境和谐发展的方法和途径。

20 世纪 60 年代，美国开始对化工行业施行污染防治审计，被看作清洁生产的起源。1989 年，联合国环境规划署首次定义清洁生产，即清洁生产是一种整体预防污染的创造性思想，并作为生产、产品和服务全过程的一种综合性预防环境战略，以增加生态效益和减少人类及环境的风险。其中，生产过程要求节约原材料和能源，淘汰有毒原材料，消减所有废物的数量和毒性；产品要求减少从原材料提炼到产品最终处置的全生命周期的不利影响；并要求将环境因素纳入设计和所提供的服务中。这是目前国际公认的清洁生产定义。不同于“先污染后治理”和“末端治理”，清洁生产的核心是从源头整治污染，预防为主，全程控制。

在我国整体市场经济中，工业经济占据重要的地位。2018 年，我国工业生产总值达 30 万亿元，占国民生产总值的 34%。因此，现代工业的清洁生产水平直接影响我国经济增长。积极发展清洁生产技术，不仅可以节能、降耗、减污及增效，而且可以实现我国工业生产的可持续发展，具有非常重要的战略地位。

二、国内外清洁生产技术发展现状与趋势

1989 年，联合国环境规划署正式提出“清洁生产”概念，并给予清晰定义。1992 年，联合国环境规划署在“清洁生产部长级及高级研讨会议”中决定在全球范围内推行清洁生产，高度关注发达国家实施工业污染防治措施。2005 年，联合国历史上第一个具有法律约束力的温室气体减排协议《京都议定书》生效，这是治理全球环境问题的一个里程碑。2010 年，联合国环境规划署和联合国工业发展组织推出第二个“全球资源高效利用和清洁生产项目”，支持并资助“全球资源高效利用与清洁生产网络”。目前，全球超过 70 个国家已在化工、造纸、制药、皮革、冶金、电子（如电镀、电池等）行业部分或完全实施清洁能源、固废资源化利用等清洁生产技术。

(一) 国外清洁生产技术发展现状与趋势

清洁生产思想起源于美国针对化工行业进行尝试和实践。随后，美国、法国、荷兰、丹麦、日本等发达国家相继开展清洁生产工作，对清洁生产积累了较多的研究和实践。

1. 美国清洁生产概况

1975 年，美国 3M 公司制定的“3P”（Pollution Prevention Pays）计划，使其成为最早实施清洁生产的国家。1984 年，美国提出《危险和固体废物修正法案》。1988 年，美国颁布的《废物减少评价手册》明确要求工业企业从源头消减污染物的排放，并在技术、政策和资金等方面做了具体安排。1996 年美国制定的《国际清洁生产宣言》，促进了美国清洁生产的进一步发展。造纸、制药、化工等化学工业将节能、降耗、减污排在首位，并支持清洁能源的发展。整体而言，美国清洁生产技术一直走在世界前列。

2. 欧洲国家清洁生产概况

1976 年，欧盟首次在“无废工艺和无废生产国际研讨会”上提出了“消除造成污染的根源”的观点。1977 年，制定了清洁生产相关政策。1979 年，宣布了清洁生产的推行政策。1984～1987 年，制定了两项清洁生产法规。随后，在瑞典、丹麦、荷兰等国家推广清洁生产理念和实践，覆盖了 7 个特定工业部门的各个领域的应用，即表面处理、皮革、纺织、纤维素和造纸、采矿和采石、化学工业、农业食品业。例如，1991 年丹麦执行新的环境保护法——《污染预防法》。为了促进废物回收再利用，法国制定了一系列生态环保产品回收利用和综合利用废物“清洗工艺”的政策，防止或减少废物产生，同时设立专门机构奖励已采用无废物工艺并做出成效的企业。

3. 日本、韩国清洁生产概况

1998 年，第五届国际清洁生产高级研讨会在韩国举行，并议定《国际清洁生产宣言》，提出如污染预防、绿色生产力及生态效率等清洁生产的战略。20 世纪 90 年代，日本形成的“环境会计制度”，既提高企业效益，又在极大程度上推动日本循环型社会的发展。此外，日本的循环经济法律体系走在世界前列，已拓展多行业进行废物回收资源化利用，比如造纸、化工、冶炼等行业。

（二）我国清洁生产技术发展现状与趋势

我国清洁生产技术领域亦已基本覆盖世界清洁生产发展的主要领域，其历程可初步归纳为四个阶段。

（1）准备阶段（1984～1992年）。国务院颁布的《环境与发展十大对策》中提出“预防为主，防治结合”的环境保护原则，尽量采用能耗物耗少、污染物排放少的清洁工艺，并明确环境保护和资源综合利用的基本国策。

（2）试点阶段（1993～1998年）。1992年，在第一次国际清洁生产高级研讨会上，我国初次提出清洁生产草案；1993年，确定具体实施战略方案；1994年，我国作为“发展中国家清洁生产中心项目计划”首批实施的八个国家之一，在《中国21世纪议程》中首次正式定义“清洁生产”的概念：其目标是节能、能耗、减排、效率，利用生产技术控制污染发展的全过程，来达到消除或减少工业生产排污对人体健康及生态环境带来的影响，从而完成工业污染的预防以及提高经济效益的双重目的的综合性方法。1997年，国家经济贸易委员会将淮河流域的造纸、化工行业清洁生产审核列为典型示范，并加强信息系统建设。

（3）推行阶段（1999～2002年）。制定了《关于实施清洁生产示范试点计划的通知》《淘汰落后生产能力、工艺和产品的目录》《国家重点行业清洁生产技术导向目录》等，提出10个城市（北京、天津、重庆等）、5个行业（冶金、船舶等）为清洁生产示范试点，发布淘汰目录，推荐技术目录。

（4）全面实施阶段（2003年至今）。2003年《中华人民共和国清洁生产促进法》的实施标志着我国第一部以污染防治为主的专门法律成立，是我国推行清洁生产的一个里程碑。2012年，《全国人民代表大会常务委员会关于修改〈中华人民共和国清洁生产促进法〉的决定》明确保障清洁生产的实施，进一步加大清洁生产推行力度。《工业绿色发展规划（2016—2020年）》和《绿色制造工程实施指南（2016—2020年）》再次强化企业源头预防，促进节能减污，确保实现企业的绿色发展。

三、我国未来清洁生产技术的发展展望

根据当前国内外清洁生产发展现状，我国清洁生产技术计划需要适当考虑

未来 10～20 年的发展趋势。按照我国既定的相关方针和路线，清洁生产技术的发展战略规划重点集中于以下几方面。

（1）重化工业污染基因图绘制完成并应用于重点行业污染全过程控制。当前以及未来 20 年内，煤化工、钢铁、石化、造纸、制药、皮革、冶金等重化工行业仍将是我国的基础产业，支撑我国工业生产的整体发展，并可能引领该领域的国际发展。特别是我国煤化工行业，因“富煤贫油少气”的特殊能源结构，其主体工艺处于国际先进水平，但过程污染防控机制尚未完善。未来 10～20 年，我国煤化工、冶金、石化等重点行业污染控制迫切需要实现从常规污染物的末端治理向有毒污染物全过程控制的策略转变，全面深入剖析有毒污染物在不同工艺的全生命周期轨迹，通过有毒污染基因图以及全过程控制工程技术的实证，支撑重点行业全过程有毒污染控制技术创新与跨越式发展。

（2）大功率电池清洁生产与循环利用的发展。目前各个国家都积极推进清洁能源技术，以锂离子电池为基础的电化学储能支撑了电子、汽车等行业的快速进步，未来 8～15 年主要工业化国家对大功率用电池材料需求将大幅增长。根据《“十三五”国家战略性新兴产业发展规划》，2020 年我国新能源汽车累计产销将超过 500 万辆，实现当年产销 200 万辆以上，产值规模达到 10 万亿元以上。动力电池是新能源汽车的核心部件，其清洁生产，特别是关键原料的高效界内循环与生命周期全过程污染控制将大大促进相关行业的可持续发展。

（3）其他亟须发展的清洁生产相关技术。现代化学工业的能源主要来源于煤炭和石油，在节能减污的重压之下，发展清洁能源技术、实现关键原料的高效界内循环和生命周期全过程污染控制是必然趋势。目前，世界各国积极推进生物质等清洁能源发展技术。随着信息技术迅猛发展，工业园区“信息高速公路”建设也已成必然趋势。我国拥有 2000 余家各具特色的工业园区，是实现工业绿色发展战略的重要载体和支撑。基于物联网、大数据和人工智能技术集成的工业园区云服务平台技术将对园区及周边区域的安全、环保、资源、能源等信息进行智慧化整合和优化，为园区提供云端定制服务，实现园区管理精细化、决策科学化和服务高效化，引领工业园区绿色发展。

第五节　生态保护与修复子领域发展趋势

崔保山　于淑玲　孙　涛
（北京师范大学环境学院）

一、生态保护与修复概况及发展意义

自 1970 年以来，生态环境退化问题日益突出，全球野生动物种群数量已下降了 60%[1]，对退化生态系统进行保护或修复，已成为亟待解决的关键问题，也是现代生态学研究的重要内容。世界范围内，共有 34 个国家实施了减少森林退化工程，其中 80%左右集中在工业化国家[2]；205 个水流域生态保护活动项目中，世界投资总额为 81.7 亿美元，全球在生态保护与修复方面的投资额度远远不够。全球遥感调查结果表明，全球保护区中 32.8%为高度人类活动区域，42%为基本未受干扰区域，10%为完全没有受到干扰区域[3]，全球生态退化正在加速，生态保护工程建设受到威胁，全球生态保护与修复状况不容乐观。

近 20 年来，我国在生态保护与修复领域投入了大量人力、物力和财力，并取得了较为明显的成效。其中，重新造林和总生态修复的投入从 1994 年的几乎没有，分别增加到 4000 亿元和 1000 亿元[4]；对生态保护的投入从 1999 年到 2010 年一直保持在 5000 亿元；2017 年用于林业生态保护与修复的资金为 142.4 亿元，退化林修复面积 128.10 万公顷，比 2016 年增长 29.25%；中央投入用于湿地保护与修复的资金为 16 亿元[5]，新增国际重要湿地保护与修复工程 9 个。但我国的生态环境状况仍较差，水污染、大气污染、水土流失和荒漠化等生态环境问题严重，因此，对我国退化的生态环境进行生态保护与修复极具必要性和紧迫性。

生态保护与修复是一个复杂和长期的过程，随着社会经济的不断发展，人们也对生态保护与修复行业提出了更高的要求。我国已将生态保护与修复列为必须着重研究和解决的重大战略性问题之一，明确提出要加大生态环境保护和修复力度，遏制生态恶化。生态保护与修复技术是解决当前生态问题的最重要手段，对生物多样性的保护与维持、落实国家“扩大森林、湖泊、湿地面积，保护和修复自然生态系统”战略、促进经济的可持续发展具有重要意义。

二、国内外生态保护与修复技术发展现状与趋势

（一）国外生态保护与修复技术发展现状与趋势

在过去的20年中，生态保护与修复的发展主要体现在两个方面，即保护和增加生物多样性的不同尺度生态保护与修复技术，以及调节经济发展对生态系统服务造成影响的生态保护与修复技术。相关研究表明，生态保护与修复可使生物多样性和生态系统服务功能分别提高44%和25%[6]。

生态保护与修复技术较多地关注对生物多样性的保护。20世纪40年代，发达国家和地区主要关注保护优于修复的调整技术，如苏格兰在40年代修建河谷水电站时，即修建了鱼道以保护鲑鱼繁殖。70年代后半期开始，美国等发达国家组织了一系列生态修复实验，并于1990年开展了大规模的生态修复工程，进而发展单一物种数量变化的调整技术。例如，1994年D. R. Towns在对蜥蜴种群数量减少原因的研究中指出，主捕食与栖息地缺乏是该种群数量减少的重要原因，并提出相应的减少捕食和保护区面积调整策略[7]。随着研究的深入，该领域逐步扩展到群落和生态系统的研究，生态保护和修复技术主要包括对保护和修复优先性区域选择方法、群落修复技术方法等方面，并逐渐扩展到不同的生态系统领域，如滨海湿地[8]、森林生态系统[9, 10]等。此外，随着美国、欧盟等发达国家和地区陆续实施不同尺度生物多样性保护，包括遗传多样性、物种多样性和生态系统多样性保护的技术体系应用计划，遗传多样性研究的不断增多，例如生命条形码等生物多样性信息化技术逐渐被应用[11]。美国、欧盟等发达国家和地区陆续实施不同尺度生物多样性保护，包括遗传多样性、物种多样性和生态系统多样性保护的技术体系应用计划。

21世纪开始，逐渐涌现不同的生态保护与修复技术以调节经济发展对生态系统服务造成的影响，主要包括保护性补偿技术以及修复性补偿技术，并将其纳入缓解层级。针对退化的生态系统，管理者首先对重要的生态区和具有一定的脆弱性及不可替代性的生态区域给予避免开发的保护措施。其次，尽量减小开发对生态系统的影响，例如减少工程持续的时间、强度和范围等。再次，对

受损区或影响区采取必要的生态修复。最后，对以上不可避免的损失或影响给予生态补偿，主要包括对额外区域的保护、受损区域的修复或重建补偿区域，从而替代原有受损区域[12]。根据退化的生态系统类型及研究尺度，分化出不同的生态保护与修复技术研究领域，主要包括湿地、森林、海洋、流域、草原以及荒漠化等生态保护与修复技术。

（二）我国生态保护与修复技术发展现状及趋势

近年来，我国生态保护与修复技术研究取得了较大进展，并发挥出越来越重要的作用。目前，我国生态保护与修复技术研究及发展领域已得到不断完善和扩展，正逐步赶超世界生态保护与修复技术发展的主要领域，主要包括生态监测与预警技术、典型生态脆弱区治理技术、栖息地退化治理技术以及开发适宜的生态产业技术等，具体情况如下。

（1）生态监测与预警技术。我国生态环境退化问题严重，生态保护与修复需求迫切，对大气、水体、土壤质量等监测与预警技术提出要求。我国于 2004 年开始对生态监测与预警技术的有关研究，监测对象由大气、水体向土壤、固废拓展，且生态监测与预警技术不断得到提升与突破。2018 年，我国已研发出传感器和大数据技术实现水生态远程监测预警，并搭建水生态感知模拟与可视化推演平台，为水生态保护与修复提供重大技术支撑。同时，生态物联网体系技术将在多尺度、多平台及多学科融合和生态监测与保护体系方面，发挥出重要作用。预计 2030～2040 年，我国将在重要区域/流域形成生态物联网技术体系的实际应用，为我国生态文明建设和可持续发展提供关键科技支撑。

（2）典型生态脆弱区治理技术。我国广大区域处于恶劣的气候条件及强烈的地质构造活动下，加之人类过度开采和利用等行为，导致生态脆弱区生态环境问题加剧并不断扩大，全球或全国性的重大生态环境问题在生态脆弱区表现得尤为明显。我国典型的生态脆弱区主要有岩溶地区、青藏高原、长江黄河中上游、黄土高原、重要湿地、荒漠及荒漠化地区、三角洲与海岸带区、南方红壤丘陵区、塔里木河流域盐碱地、农牧交错带和矿产开采区等。自 2004 年至今提出的关于生态脆弱区生态环境治理技术主要有土壤改良和水土保持技术、植被修复成套技术等。典型生态脆弱区的普遍问题是水土流失严重和/或荒漠化发展。因此，预计 2030～2040 年，我国将进一步发展植被修复成套技术，建立起荒漠生态系统的整体、全要素修复理念，以及水土保持集成技术，恢复生物多样性，改善退化的生态系统。

（3）栖息地退化治理技术。由于人类长期对生态系统的干扰破坏，生物栖息地受到不同程度的破坏，表现为栖息地质量下降、数量和面积减少，这导致生物种群下降。栖息地退化治理技术开始于20世纪50年代，主要包括珍稀物种栖息地的恢复与重建指标体系及方法对策、滨海湿地鸟类生境修复技术等方面，包括基底修复、土壤修复与水文状况修复等。2000年以后，生态网络建设技术的发展在生物栖息地保护方面发挥出重要作用，而多尺度生态网络建设技术对保护生物多样性、提升生态系统服务具有重要意义。多尺度生态网络建设技术重点需要解决关键生态要素的识别、生态节点的布设、生态廊道的建设与生态网络的布局等关键技术。预计2030～2040年，我国将逐步耦合生态修复技术体系，并在国家、区域/流域、城市等多尺度上实施生态网络建设，大力提升我国栖息地退化治理水平。

（4）开发适宜的生态产业技术。20世纪80年代，我国即开始了对生态产业技术开发的研究，开发生态产业成为我国社会主义现代化建设的重要课题之一。生态产业是基于生态系统承载能力，将生态学原理与经济学原理相结合，通过生产体系及环节间的系统耦合，实现资源的系统开发和持续利用。目前，我国已在水土保持、天然林资源保护工程、用材林基地建设，以及防沙治沙等领域发展了生态产业技术。例如，将多年生植物作为商品生产开发，通过集约化栽培和加工，打开流通和商品市场，并对维护生态系统稳定性具有重要作用，可归结为一种生态产业技术。另外，在区域海洋方面的生态产业技术也逐渐深入，预计在2030～2040年，我国将通过多目标海洋空间规划等手段协调海洋生态保护与油气开采、“海洋牧场”等开发活动，在强化海洋保护区网络构建和管理的基础上，实现区域海洋管理模式的实际应用。

三、我国未来生态保护与修复技术的发展展望

根据我国生态保护与修复技术发展现状及国际生态保护与修复技术发展动向，我国未来生态保护与修复技术考虑到中长期，并适当考虑到远期的发展。本领域的关键技术课题主要包括水土保持的生态修复与功能提升技术、河网水系生境修复技术以及湖沼湿地生态修复的系统解决方案等三个方面。具体展望

如下。

（1）水土保持的生态修复与功能提升技术。水土保持的生态修复与功能提升技术对植被恢复与生态系统修复，特别是丘陵山地等脆弱地区生态系统建设具有重要影响。目前，美国、欧洲、澳大利亚等国家和地区已经陆续开展土壤侵蚀高精度监控、退化坡面土壤修复、土壤生物修复的物种筛选、土壤原位异位生态功能提升等技术开发。我国水土保持的生态修复与功能提升技术重点需要解决黄土区、喀斯特地区等关键区域的土壤侵蚀监控与风险预警、土壤侵蚀多要素生态恢复、生态工程技术多尺度集成等技术。预计 2025～2030 年，我国将主要在黄土高原和喀斯特等地区的土壤侵蚀生态调控、生态脆弱区植被-土壤-水文恢复、退化农田土壤肥力提升与综合整治、退化矿区土体与地貌重塑等方面开展系列工作。预计 2030～2040 年，我国将开发出不同区域水土保持的生态修复的集成技术，并广泛应用到生态修复的工作实践中。

（2）河网水系生境修复技术。河网地区往往位于河流的中下游或河口，接纳了上游整个流域的排污，水质较差，因此河网水系生境修复是实现流域综合管理的重要内容，河网水系生境修复技术的广泛应用是流域生态保护的最后屏障。另外，河口的末端分布有滨海湿地，滨海湿地生态网络技术也是维持区域生态安全格局的关键内容。河网水系整体的生境修复技术需要系统解决水系连通、河道内生境多样性构造技术，河流自净能力提升技术，以及河流生态廊道构建等关键技术。预计 2025～2030 年，我国将在河流微生境塑造、水文过程调控、生源要素调节、河流生态系统食物网健康维持、关键生物连通等技术方面取得重要进步。在滨海湿地水文连通和生物连通修复、生态重建、生物多样性保育、生态补偿等方面取得重要进步，并在黄河、长江、珠江三角洲等河口滨海湿地实施。预计 2030～2040 年，实现基于生源物质—初级生产力—次级生产力全过程的生态系统保护、生态廊道结构优化等成套技术的广泛应用。

（3）湖沼湿地生态修复的系统解决方案。湖沼湿地生态修复是生态保护与修复领域的重要内容，形成湖沼湿地生态修复的系统解决方案将显著改善我国湖泊水域生态健康状况。预计 2025～2035 年，美国、英国、法国等国将继续开展湖沼湿地富营养化过程预警和控制对策、沼泽化综合防治、生态格局优化调控、系统稳定性维持等技术研究，并重点解决湖沼湿地生态过程模拟与预测、水量水质联合调控、生物操纵等关键技术。我国将在湖沼湿地水量水质预警预报、水生植被修复、水生食物网修复、湖泊富营养化控制、水华蓝藻资源化、湖泊生态健康长效保障技术等方面取得重要进步，并在白洋淀、乌梁素海、太湖、滇池等典型湖沼湿地实施，为我国未来开展湖沼湿地系统修复提供坚实的技术基础。预计 2030～2040 年，我国将形成综合提升生态服务、维持生态系统稳定的湖沼湿地生态修复成套技术以及富营养化湖泊生态修复的系统解决方案，并得到广泛应用。

总之，生态保护与修复是解决现有生态环境问题的重要措施，在生态学原理的指导下，积极发展生态保护与修复技术，以生物技术为基础，结合各种物理技术、化学技术措施综合保护与修复污染或退化生态环境，有利于支撑生态退化区域的可持续发展，提升生态系统服务能力。

参考文献

[1] Grooten M，Almond R E A. WWF. 2018. Living Planet Report—2018：Aiming Higher [M]. WWF，Gland，Switzerland，2018.

[2] Panfil S N，Harvey C A. REDD+and biodiversity conservation：a review of the biodiversity goals，monitoring methods，and impacts of 80 REDD+projects [J]. Conservation Letters，2016，9 (2)：143-150.

[3] Venter O，Sanderson E W，Magrach A，et al. Sixteen years of change in the global terrestrial human footprint and implications for biodiversity conservation [J]. Nature Communications，2016，7：12558.

[4] Zhou Y Q，Ma J R，Zhang Y L，et al. Improving water quality in China：environmental investment pays dividends [J]. Water Research，2017，118：152-159.

[5] 毛晓雅. 中央财政安排 16 亿元支持湿地保护与恢复 [J]. 农业工程，2015，5：30.

[6] Benayas J M R，Newton A C，Diaz A，et al. Enhancement of biodiversity and ecosystem services by ecological restoration：a meta-analysis [J]. Science，2009，325 (5944)：1121-1124.

[7] Towns D R. The role of ecological restoration in the conservation of Whitaker's skink (*Cyclodina whitakeri*)，a rare New Zealand lizard (Lacertilia：Scincidae) [J]. New Zealand Journal of Zoology，1994，21 (4)：457-471.

[8] Yu S，Cui B，Gibbons，P. A method for identifying suitable biodiversity offset sites and its application to reclamation of coastal wetlands in China [J]. Biological Conservation，2018，227：284-291.

[9] Kirca S，Altınçekiç H T. Use of ecological value analysis for prioritizing areas for nature conservation and restoration [J]. Forestist，2018，68 (1)：22-35.

[10] Xie T，Cui B S，Li S Z，et al. Management of soil thresholds for seedling emergence to re-establish plant species on bare flats in coastal salt marshes [J]. Hydrobiologia，2019，827 (1)：51-63.
[11] Nevill P G，Wallace M J，Miller J T. et al. DNA barcoding for conservation，seed banking and ecological restoration of Acacia in the midwest of Western Australia [J]. Molecular Ecology Resources，2013，13 (6)：1033-1042.
[12] Yu S，Cui B，Gibbons P，et al. Towards a biodiversity offsetting approach for coastal land reclamation：coastal management implications [J]. Biological Conservation，2017，214：35-45.

第六节　化学品环境风险防控子领域发展趋势

何　滨[1,2]
（1 中国科学院生态环境研究中心；
2 环境化学与生态毒理学国家重点实验室）

一、化学品环境风险防控概况与国家需求

化学品与人们的生产和生活息息相关，在我国已经生产和使用的 45 000 多种现有化学物质中至少有 2500 种是有毒化学品。这些有毒化学品在生产、使用和废弃等全生命周期过程中不可避免地进入环境，会对环境、生物造成危害。针对化学品的环境污染，需要加强化学品的暴露和风险评估研究，从源头上加强化学品的环境管理，在末端开展化学品污染控制，降低和消除化学品对环境产生的危害，从而防止有毒有害物质对环境和人类的侵害，降低化学品带来的环境健康风险。

“十一五”期间，我国初步建立了新化学物质和有毒化学品环境管理登记制度，开展了重点行业和重点地区的化学品环境风险检查，实施了多部门联合淘汰有毒有害化学品等工作。为了加强化学品环境风险防控，环境保护部①在“十二五”期间编制了《化学品环境风险防控“十二五”规划》，阐明了化学品环境风险防控的原则、重点和主要目标，通过实施优化布局、健全管理、控制

① 2018 年 3 月，国家进行机构改革，将环境保护部的职责整合，组建生态环境部，不再保留环境保护部。

排放、提升能力等主要任务，着力推进化学品全过程环境风险防控体系建设，遏制突发环境事件高发态势，控制并逐步减少危险化学品向环境的排放，探索符合科学规律、适应我国国情的化学品环境管理和环境风险防控长远战略与管理机制，逐步实现化学品环境风险管理的主动防控、系统管理和综合防治，不断提高化学品环境风险管理能力和水平，保障人体健康和环境安全。环境保护部在《国家环境保护标准“十三五”发展规划》中提出“加强化学品环境与健康风险评估能力建设，明确化学品测试规范化程序，制定化学品测试，危害预测，环境与健康风险评估方法、程序等技术规范，逐步建立化学品环境与健康风险评估标准体系”。综上，发展急需的化学品环境防控技术已引起我国政府的高度关注。

二、国内外化学品环境风险防控技术发展现状与趋势

（一）国外化学品环境风险防控技术发展现状与趋势

从 20 世纪中叶开始，以日本、美国、欧盟等为代表的发达国家和地区，已经意识到化学品管理的重要性，摸索建立了一套基于风险防控为核心的化学品管理体系。

日本于 1973 年颁布了《化学物质控制法》，根据化学品的危害性制定了相应的管理措施。根据化学品的持久性、生物蓄积性和对人体的长期毒性，决定其在日本的生产、进口及使用。2003 年日本对该法案进行了修订，增加了对新化学物质实施危害性事前审查的制度。2011 年基于该法的修订法《日本现有和新化学物质名录》正式生效，修订法案涵盖了所有危害评估的物质，包括新化学物质和现有化学物质。修订法案要求新化学物质在生产或进口前需通报相关信息用于评估其危害，新化学物质通报 5 年后将被列入通报类清单中。同时，该法案要求按量实施新化学物质申报。

美国自 20 世纪 80 年代起，已经形成了以《有毒物质控制法》（Toxic Substance Control Act，TSCA）为主，以《清洁空气法》《清洁水法》《资源回收利用法》《应急计划与社区知情权法案》等为辅的化学品环境风险防控的法律保障体系，涉及化学品生产、加工、使用、储存、运输直至废弃后处理处置各阶段。2015 年，美国环境保护署向国会两院提交了《面向 21 世纪化学品安全法

案》，即 TSCA 修正案，要求赋予环境保护署更大的权力，以保证获取更多的化学品健康和安全测试信息；赋予环境保护署更多的行政手段，以便其公开新发现的化学品环境风险，并采取进一步风险管控措施。

2007 年，欧盟《化学品注册、评估、授权和限制》（*Regulation concerning the Registration，Evaluation，Authorization and Restriction of Chemicals*，REACH）出台，此后成立了近 500 人的化学品管理局来推动化学品环境管理工作。按照 REACH 规定，将所有的化学物质纳入管理范围之内（除去其规定的“豁免物质”），通过单一的法规和统一的方法来控制现有化学品和新化学物质的生产、上市销售和使用，对欧盟境内生产和进口的化学品建立了一套完整的关于化学品登记、评估、许可和限制制度的规定。

（二）我国化学品环境风险防控技术发展现状与趋势

我国政府历来重视化学品风险管控。《国家环境保护“十二五”规划》将化学品环境风险防控作为一项重要任务全面推进，《中华人民共和国环境保护法》也提出建立环境污染与健康风险评估制度。“十二五”期间，按照《化学品环境风险防控“十二五”规划》，根据环境风险来源和风险类型的不同，我国确定了三种类型 58 种（类）化学品作为“十二五”期间环境风险重点防控对象，对重点防控行业、重点防控区域和重点防控企业实施环境管理登记、加强环境风险基础设施建设、提高化学品测试和风险评估能力与安全处置能力、提升化学品环境风险防控水平。为了全面实施《化学品环境风险防控“十二五”规划》，2016 年 12 月 8 日，“中国环境科学学会化学品环境风险防控专业委员会”在南京成立。2017 年 10 月 11～12 日，“第一届化学品环境风险防控专业委员会学术年会”在南京召开，年会设立了 6 个专题，分别从国外的化学品管理经验对我国的启示到我国的化学品环境管理形势，从风险评估技术到具体物质对生态环境的作用机理，从化学品测试方法到化学品的计算毒理学等方面，对化学品的环境管理、评估技术和防控措施等逐一进行了介绍，为提升我国化学品环境风险防控能力、普及化学品环境与健康风险评估知识提供了重要支撑，对我国的化学品环境风险防控工作具有重要而深远的意义。2018 年 10 月 11 日，“第二届化学品环境风险防控专业委员会学术年会”在成都召开，年会围绕我国生态环境保护和化学品环境管理的主要方向和重点任务，为化学品的环境管理、危害测试、环境风险评估、风险防控、绿色化工等搭建一个“智库平台”，为确保化学品在创造物质财富的同时，如何趋利避害，保障生态环境安全和人类健康积极建言献策。

我国历来十分重视有毒化学物质的污染及其对生态环境和人体健康的危害等问题，建立了有毒化学物质的监测和监管体系。在环境中有毒化学污染物的监测方面，已构建了较完善的有毒化学污染物环境监测体系，能够对我国的大气、水和土壤等环境中有毒化学物质的污染状况进行有效的监测管理。建成并不断完善了覆盖全国的国家环境监测网，制定了一系列与水、土、气相关的环境质量标准。发展了一系列环境应急监测技术，已具备对 20 多种无机有毒气体、挥发性或半挥发性有机污染物、重金属等多种常规项目进行现场监测的能力。对于被国际组织、机构和协议所禁用的高风险化学品，提出了优先化学品清单，实行优先监测和优先控制，重点解决优控化学品环境友好替代品的快速筛查，高风险化学品生产、堆存、运输、使用、排放和处理处置等全生命周期风险的分析、预警与削减，适合不同科学确信度需求的全生命周期风险源识别和分类排序方法等关键技术并建立新的管理规范及框架、推动相关立法。在人体健康危害方面，长期慢性低剂量污染暴露后重金属在人体内的吸收、传输、转化研究已开展多年并取得了大量基础数据。通过人体生物样本中新型持久性有机污染物（persistent organic pollutants，POPs）原形或分解/代谢产物的水平的研究，建立了新型 POPs 暴露水平与人体健康危害的剂量-效应模型。

在高放废物处置方面，核能放射性污染防控技术的重点是解决乏燃料后处理等关键技术，经过 30 多年的持续攻关，我国自主设计、建造和调试的动力堆乏燃料后处理中间试验厂取得了令人瞩目的科技成果。在基础理论、关键技术、产品工艺和工程应用等方面，突破了一系列关键技术瓶颈，表明我国已经掌握了核电站乏燃料后处理的核心技术，该科技成果于 2015 年先后获得中国核工业集团有限公司科技特等奖、国家国防科技工业局国防科学技术进步奖一等奖，2016 年获得国家科学技术进步奖二等奖。在高放废物处理处置技术方面，我国的高放废物地质处置研究始于 1985 年，主要完成了选址、核素迁移及缓冲/回填材料研究，放射性碘、锝、镎、钚、镅等锕系核素在膨润土和矿物上的吸附与扩散研究，预计高放废液玻璃固化乏燃料在 2020 年达到 1000 吨/年。根据国防科学技术工业委员会、科技部和国家环保总局发布的《高放废物地质处置研究开发规划指南》，预计在2020年前后建成地下试验室，21世纪中叶建成高放废物地质处置库。在原有黏土矿物、石墨烯材料及零价铁材料等高放废物处置吸附材料基础上，开发了高放废物处置纳米技术。

为了应对突发事件，我国在化学品风险评估与事故应急预警及控制技术开发方面也进行了大量的工作，设计了针对危险化学品中毒事故、突发化学品排放事故、危险化学品运输车辆涉水桥梁交通事故、大型油气（危化品）储罐区安全监控预警等多场景的预警和应急决策系统。其中，中国兵器工业集团第二一一研究所参与研究的“危险化学品事故遥测预警与群体疏散应急技术”于2018年获得了国家科学技术进步奖二等奖。该技术立足遗弃化学武器处置，面向化学毒剂恐怖袭击事件和重大高危化学品事故等的应急处置需求，开发了高危化学品大气红外探测、危害态势评估和群体疏散应急等关键技术，具备国际整体技术优势，在国际化武履约核查、日遗化武清理和重点区域安防工程等国家重点任务中发挥了不可替代的作用。所开发的化学气体红外遥测报警系统填补了国内化学遥测技术的空白，使我国成为国际上少数掌握化武遥测技术的国家。

随着系统生物学和组学技术及生物信息学技术的发展，我国在化学品健康效应评估技术方面取得了长足发展，建立了多靶点、多通道的芯片和生物传感技术。目前欧美以及我国科研团队已陆续成功开发基于再生组织和微流控芯片技术的芯片组织（器官），且正逐步应用于化学品健康风险评估。化学物质生态系统群落效应的微宇宙测试与风险评估技术将为观测生态群落中物种种群和食物网结构的变化、分析生态系统功能提供稳定、可靠的能力基础。目前，荷兰、瑞典、澳大利亚等国已开发基于宏条形码技术的化学品群落效应和生态风险评估的理论和技术。该技术需要重点解决微宇宙设计、宏条形码生物多样性观测技术的标准化、宏转录组分析生态功能的技术等关键技术。我国已开始相关技术领域的研究，预计未来5～10年将在宏条形码生物物种组成测定、宏转录组生态系统功能评估、新型生态基因组学技术开发等方面取得重要进步。

三、我国未来化学品环境风险防控技术的发展展望

目前，我国化学品环境与健康风险评估、防控的基础研究工作薄弱，我国把环境风险有效管控列为“十三五”时期环保总体目标之一，强调构建全过程、多层级的环境风险防范体系。但是，当前急需进一步加强化学品环境管理与风险防控。《“十三五”国家科技创新规划》中关于化学品环境风险防控，强调结合我国化学品产业结构特点及化学品安全需要，加强化学品危害识别、风险评估与管理、化学品火灾爆炸及污染事故预警与应急控制等技术研究，研发高风险化学品的环境友好替代、高放废物深地质处置、典型化学品生产过程安全保障等关键技术，构建符合我国国情的化学品整合测试策略技术框架，全面提升我国化学品环境和健康风险评估及防控技术水平。

预计未来 10～20 年，高风险化学品的全生命周期环境风险分析及环境友好替代品的筛查技术将在我国得到广泛应用，环境友好替代品设计方法学也将取得跨越式发展，重金属污染长期慢性低剂量暴露剂量评估、健康影响终点评估、健康风险剂量效应评估、干预技术有效性评估等关键技术将在实际健康风险评估中得到实际应用，从而大大减少慢性疾病的社会负担。同时，将开发出新型 POPs 人体暴露对健康危害的风险评估模型，推动我国 POPs 国际公约的超前研究。

在核能放射性污染防控技术方面，我国预计将在 2025～2040 年建设热堆乏燃料第二座商用后处理厂及高放废液固化工厂，从根本上保障核电的大力发展。而在高放废物处置方面，我国将掌握高放废物处置过程中的纳米材料和纳米技术，实现高放废物的高效处理和处置，进一步推动我国核能事业的安全健康发展。

预计未来 10～20 年，我国将能够实现化学品污染事故的风险实时评估与全过程防控，风险预警与事故应急的快速响应，全面提升我国化学品环境管理与风险防控技术水平，替代毒理学测试新技术、效应终点与标志物筛选技术、组学新方法、数据挖掘分析技术也将应用于高危化学品的环境暴露危害评估。发展基于有害结局通路、生物学通路和新型组学技术的预测毒理学技术，实现大

规模化学品的毒性测试和优先化筛选，进一步推动化学品环境管理和风险防控能力。

第七节　环保产业技术子领域发展趋势

陈运法
（中国科学院过程工程研究所）

一、环保产业技术概况与国家需求

20 世纪 60 年代，随着大规模工业引发的环境污染和生态破坏问题日益严峻，工业发达国家开始广泛关注环境保护，通过立法来加强对环境污染行为的管制。为了应对和满足新的管制措施，相对应的技术研发、设备制造和管理咨询等产业开始聚集兴起。环保产业是一个跨行业、跨领域、跨地域，与其他产业相互交叉、相互渗透的综合性产业，不同国家对其界定仍然存在差异。经济合作与发展组织将环保产业定义为“控制和消除污染、提高资源利用率以及降低环境风险提供产品、服务与洁净技术”。在《环境保护部关于环保系统进一步推动环保产业发展的指导意见》（环发〔2011〕36 号）文件中，环境保护部将环保产业定义为“社会生产和生活提供环境产品和服务活动，为防治污染、改善生态环境、保护资源提供物质基础和技术保障的产业”，环保产业是具有高增长性、吸纳就业能力强、综合效益好的战略性新兴产业。

“十二五”时期以来，在政策与市场的双重推动下，我国环保产业进入高速成长期，各领域取得长足进步和跨越式发展，环保产业的创新能力和科技含量显著提升。中国作为世界最大的环保市场，其 90%的技术装备和工程技术服务供给均实现本地化[①]。中国环境保护产业协会对外发布的《中国环保产业发展状况报告（2018）》显示：2017 年全国环保产业营业收入约 13 500 亿元，较 2016 年增长约 17.4%，其中环境服务营业收入约 7550 亿元，同比增长约 23.8%，环境保护产品销售收入约 6000 亿元，同比增长约 10.0%，我国环保产

① 参见：国家发展和改革委员会创新和高技术发展司，“十二五”期间环保产业发展回顾. http://www.sohu.com/a/159508542_470091［2019-09-30］.

业已经在国民经济结构中占据重要位置，成为发展绿色经济的主要增长点。

当前我国正处于社会转型的攻坚阶段，经济发展与环境保护的矛盾日益突出，环境污染的复合型特征逐步显现，环境建设面临的局面将更加复杂，环保产业对国民经济的贡献率亟待提高，对环保事业的支撑能力尚需大幅度加强。一方面，随着生态文明建设的逐步深入和“绿水青山就是金山银山”理念的牢固树立，我国环保产业迎来新的发展机遇，同时也面临转型升级、满足“五位一体”中国特色社会主义事业总体布局发展要求的重大挑战。另一方面，随着环保产业的发展，其内涵和外延在不断变化。随着气候变化问题的提出，环保产业的领域已经扩大到可能具有防止和减少污染、节约能源和减少资源投入等效应的新领域，由此衍生出多种产业部门和服务，如涉及低碳与可再生能源发电、碳捕获与封存、能源存储、绿色建筑、碳市场等咨询与研究的庞大气候变化产业。由此可以确信，环保产业将成为推动我国经济发展新旧动能转换、产业结构加速升级、提升经济整体绿色竞争力、引领经济社会发展绿色转型的重要支撑。

二、国内外环保产业技术发展现状与趋势

（一）国外环保产业技术发展现状与趋势

20 世纪 60～70 年代，发达国家开始关注环境污染治理。1969 年，美国国会通过了《国家环境政策法》，并于 1970 年 1 月 1 日正式实施。随后，陆续通过 30 余部环境法律，涉及大气污染、水污染和固废管理等各个方面，引领和推动了环保产业的发展。数据显示，1970 年美国环保产业总产值为 390 亿美元，仅占 GDP 的 0.9%，而 2008 年其产值已经增加至 3157 亿美元，38 年间产业产值平均增长率为 5.7%，而同期美国 GDP 的年增长率仅为 2%～3%。由于起步早，美国环保技术水平长期处于世界领先地位，是美国对外出口的传统优势产业之一，产值一度占全球环保产业总产值的三成左右。美国在环保设备领域领先地位稳固，尤其在水和空气污染控制设备领域。2007 年开始，末端治理逐渐保持稳定并开始下滑，环保服务、再生资源、新能源领域发展较快，2015 年环保服务市场占环保市场的 56.4%，环保设备占 22.3%，环境资源占 21.3%。

在欧洲，德国最早以循环经济立法，凭借循环经济成为全球城市保护的典

范，借助垃圾分类回收、废料处理及运用垃圾发电等，垃圾回收利用率达到最大值。在亚洲，日本是环保产业发展较早、技术和市场应用比较成熟的代表。1997～2006 年，日本环保产业产值由 1529 亿日元增长到 70 万亿日元。在经历了稳定的成熟期后，资源再生利用、绿色产品、气候变化对策领域占有环保产业的比例开始增加。20 世纪 90 年代以来，日本和德国的环保产业发展迅速，美国在环保产业的领军地位开始受到挑战，尤其在气候变化领域，美国政府似是而非的态度，影响了美国在新兴环保领域的投入和发展。数据显示，在 2009 年全球环保产品贸易中，美国出口额为 215 亿美元，仅占全球贸易额的 14.1%，不仅远低于出口份额第一的德国，甚至被中国超过。

环保产业技术含量较高，其中生物技术和新能源的开发、新材料的应用不断加强。例如，发达国家将电子技术应用于除尘器设计，除尘效率大大地提高；美国运用生化法处理城市废水，有效地将污水中的磷元素充分去除。环保产业市场竞争愈发激烈，美国在脱硫技术上有优势，日本对废弃物的处理拥有较高水平，德国对城市污水的处理排名前列。进入 21 世纪以来，发达国家环境保护与发展的目标是促进自然资源的可持续利用与管理、维护生物多样性、确保安全的饮用水、改善空气质量、降低有毒物质的危害、研究和减缓气候变化和臭氧层破坏问题。关注的主要研究领域包括：环保检测（综合性环境监测和评价系统，在时间空间上对不同资源变化提供综合数据）、空气质量（大气过程机理认识、人类对空气质量影响研究）、生态系统、有毒化学品和风险评价、水资源与水域管理、内分泌紊乱的环境因素研究［滴滴涕（DDT）、二噁英、多氯联苯（PCBs）等内分泌干扰因子对人体健康影响］、全球气候变化。

目前环保产业的内涵不断扩展，已由过去的为满足环境管制要求达到环境保护标准的污染监测与治理技术、设备与产品以及相关的服务扩展到了促进人与自然和谐的资源、能源节约和低污染、低排放的所有领域。以新能源、低碳经济和气候变化为主导的新型环保技术和服务将成为未来环保产业发展和贸易的增长点，发达国家将会加大经济投入，产业竞争将进一步加剧。

（二）我国环保产业技术发展现状与趋势

我国环保产业起步于 20 世纪 60 年代，以“三废”（废水、废气、废渣）的末端治理为目标，开始引进吸收国外的机械除尘、污水处理、噪声控制等设备，并逐步吸收国外环保技术。1973 年，国务院召开第一次全国环境保护会议，提出了环境保护的基本规划。1979 年，《中华人民共和国环境保护法（试行）》经全国人大常委会通过，随后《中华人民共和国水污染防治法》《中华人民共和国大气污染防治法》等陆续颁布，环境保护的法律框架开始形成。1988 年，环保行业从业人数达到 32.1 万，从业单位数达到 2529 家，年收入总额占 GDP 的 0.3%，总体处于发展的萌芽和起步阶段。20 世纪 90 年代以来，环保产业进入快速扩张阶段，产业范畴由以末端治理的设备制造业为主，拓宽到覆盖环保产品、环境服务、清洁技术产品、资源循环利用四大领域。“十一五”期间，我国提出了化学需氧量（COD）和二氧化硫排放减少 10%的约束指标，明确要求城市污水处理率不低于 70%，实施燃煤电厂脱硫工程等任务，一批环保企业开始迅速成长。“十二五”时期以来，新增氨氮、氮氧化物约束性指标，推动了城市污水处理厂提标改造、脱氮除磷、污泥治理设备、燃煤电厂、水泥行业脱硝技术的快速发展。2013 年前后，我国城市雾霾天气频发，$PM_{2.5}$ 污染问题引起全社会关注，在水污染方面，水资源、水环境、水生态和水灾害问题相互叠加，《“十三五”生态环境保护规划》提出了 12 项约束指标。2014 年，国务院提出“新建燃煤发电机组大气污染物排放接近燃气机组排放水平”，燃煤电厂超低排放的技术开发与应用迅速发展，推动我国脱硫、脱硝、除尘及一体化技术达到国际先进水平。2017 年以来，随着火电厂超低排放市场逐渐饱和，我国环保产业发展重点开始转向非电行业。

中国环境保护产业协会发布的《中国环保产业发展状况报告（2018）》数据显示：环保产业主要覆盖水污染防治、大气污染防治、固体废物处理处置与资源化、环境监测四大细分领域，集聚了约 90%的环保企业和 95%的行业营收和利润。环保业务营业收入、营业利润、环保业务营业利润高度集中于营业收入在 1 亿元以上的企业。统计范围内企业有近半数集聚于东部地区，东部地区环保企业的营业收入占比为 62.1%。被调查企业研发经费占营业收入的比重高于全国规模以上工业企业研发经费支出占营业收入的比重。预计 2019～2021 年，大气污染防治领域环保业务收入平均每年将增加 843 亿元。在水污染防治领域，打好“碧水保卫战”投资需求约为 1.8 万亿元，环保产业的产品和服务需求约为 9200 亿元。在土壤污染防治领域，打好“净土保卫战”投资需求约为 6600 亿元，环保产业的产品和服务约为 4158 亿元。在环境监测领域，预计“十三五”期间环境监测设备销售增速约为 25%，市场空间超过 1000 亿元。预计 2020 年我国环保产业营业收入总额有望超过 2 万亿元。

我国以环境服务为核心的现代环境服务产业体系加速形成，产业集约化发展迅速，环境产业技术创新能力进入国际第一方阵。2008 年以来，我国环保技术在膜技术、固体废物、土壤重金属修复等领域技术发明专利数量已经超过美国、日本等国家，排名世界第一。“十二五”期间，一些水处理技术和设备已经接近或者达到国际先进水平，电除尘及装备处于国际领先水平，保持了较高的发展增速，环保产业对国民经济的贡献逐步上升，环保产业营业收入占 GDP 的比值已经由 2004 年的 0.37%增加到 2017 年的 1.63%，对国民经济增长的直接贡献率从 0.3%上升到 2.4%。

特别是，《中共中央　国务院关于全面加强生态环境保护坚决打好污染防治攻坚战的意见》针对重点领域，抓住薄弱环节，明确要求打好蓝天、碧水、净土三大保卫战，打好柴油货车污染治理、水源地保护、黑臭水体治理、长江保护修复、渤海综合治理、农业农村治理攻坚战，着力解决一批民众反映强烈的突出生态问题，环保产业将迎来产业转型升级、快速发展的良好时机。

三、我国未来环保产业技术的发展展望

2018 年，在全国环境保护工作会议上，环境保护部部长李干杰对我国的环境进行进行了概括：“总体上看，我国生态环境保护仍滞后于经济社会发展，仍是“五位一体”总体布局中的短板，仍是广大人民群众关注的焦点问题。坚决打好污染防治攻坚战，改善环境质量，需要我们继续付出极其艰苦的努力。一是环境污染依然严重。2017 年，全国 338 个地级及以上城市中环境空气质量达标的仅占 29%。部分区域流域水污染仍然较重，各地黑臭水体整治进展不均衡、污水收集能力存在明显短板。耕地重金属污染问题凸显，污染地块再利用环境风险较大，垃圾处置能力和水平还需提高。二是环境压力居高不下。我国产业结构偏重、产业布局不合理，能源结构中煤炭消费仍占 60%，公路货运比例持续增长，经济总量增长与污染物排放总量增加尚未彻底脱钩，污染物排放总量仍居世界前列。生态空间遭受持续挤压，部分地区生态质量和服务功能持续退化的局面仍未扭转。三是环境治理基础仍很薄弱。一些地方，特别是县区

级党委、政府及其有关部门，包括生态环境监管部门在内，对绿色发展认识不高、能力不强、行动不实，重发展轻保护的现象依然存在。企业环保守法意识不强，环境违法行为时有发生。公众对优美生态环境的需要日益增长，但自觉主动参与的行动意愿仍不够。”为此，未来 20 年，我国环保事业的发展将集中在以下几个方面。

（1）政策驱动效应转化为政策与市场双驱动机制。美国等发达国家的经验表明，为环保产业提供稳定、细致、可操作性强的环保政策非常重要。我国目前的环保政策日趋完善，将在建立完善的环保税收政策、提供配套财政支持、激励环保产业相关产品和服务发展方面取得更大进展。随着政策的逐步完善，市场竞争机制将逐步建立。

（2）核心技术将不断突破，环保产业驱动高质量发展。预计未来 15～20 年，在环境监测领域，我国将研制一系列基于光谱质谱技术的高端环境监测仪器，实现 VOCs、重金属、超细颗粒物等痕量环境污染物的高灵敏探测，满足现代环境科学研究和业务化监测需要，并批量投入市场，形成较大规模的高端环境监测仪器产业。在工业窑炉领域，耐高温高精度过滤技术、高效换热技术、高效低温脱硝技术、硝硫汞及二噁英一体化净化技术、脱硫脱硝副产物资源化或无害化处理技术将在建材、有色、化工等行业广泛应用，推动高能耗高污染行业实现绿色转型和可持续发展。在机动车应用领域，开发多污染物控制技术集成的关键是在机内优化的基础上，研发高效的后处理技术和装备集成，实现尾气治理的跨越式发展和近零排放。室内空气治理水平大幅度提高，低成本且快速响应的新风颗粒物和室内空气二氧化碳、VOCs、臭氧和有害微物监测技术，超细颗粒物高效可再生净化技术，除臭氧技术，抗菌材料复合应用技术，基于温、湿度和主要污染物浓度监测的净化调控技术等将取得全面突破；基于多污染物监测与净化技术集成的室内空气品质技术与装备将得到广泛应用。在水处理领域，新型绿色混凝药剂、无磷阻垢药剂、高级氧化催化剂、离子选择性分离膜、电驱膜脱盐设备、混盐安全固化设备等关键设备与药剂产品将在冶金、化工、石化、制药等工业领域大规模应用。我国自主研发的膜材料和装备将在海水淡化、污水再生利用等领域中得到广泛应用，为解决我国水危机做出重要贡献。工业持久性有机污染物源头减量与协同控制技术及装备得到广泛应用，在危险废物污染防治技术研发和关键治理技术等方面取得重要进步。在重金属、二噁英类污染防治力度以及危险废物处置能力方面，我国整体达到国际先进水平。复合污染地块原位微生物-植物修复体系甄选技术得到实际应用，开发出运行稳定、利用率高的生命周期和全过程处置、鉴别技术和监测技术，逐步建立完整的危险废物特性试验、安全处置和监测分析技术体系。

（3）环保服务业将迅猛发展，环保产业结构更加合理。我国环保服务业收入由 2011 年的 1700 亿元增长到 2017 年的约 7550 亿元，年均增长约 28%，在全行业所占比重由 2011 年的 45%提升到 2017 年的 66%，已经成为带动产业发展的主导力量。未来 10 年内，综合环境服务、环境咨询服务、污染治理设施第三方运营、社会化环境监测、环境管家等行业将快速发展，环保产业结构将更加合理。

（4）新技术新装备创新能力加强，国际竞争力大幅度提升。“十二五”时期以来，我国环保市场的国际化步伐开始加快，环保装备制造业 2015 年出口交货值 162.6 亿元，“十二五”期间增幅达到 39.7%，出口国家集中在印度、印度尼西亚、越南、巴西、智利等新兴工业国家。近年来辐射范围向美国、德国、新加坡等发达国家扩展，未来将在水处理、垃圾焚烧、危废处置、土壤修复等领域形成竞争优势。此外，我国作为温室气体排放大国，同时作为未来环保技术的主要应用市场，相应的新技术新装备将不断开发应用，竞争优势更加明显。

第八节　重大自然灾害预判与防控子领域发展趋势

陈晓清　陈剑刚

（中国科学院·水利部成都山地灾害与环境研究所）

一、重大自然灾害预判与防控概况与国家需求

重大自然灾害是对人类生存和发展、经济社会发展、国家和地区安全、生态环境乃至人类的生活、生产方式产生重大影响或严重危害的自然灾害。现代人类文明的发展进步使得人口和财富更加集中，虽然科技水平和防灾救

灾能力不断提高，但在重大自然灾害面前也更易产生重大损失、次生灾害，甚至链式效应。例如，2011 年 3 月 11 日的日本地震海啸灾害，造成损失超过 1800 亿美元，死亡达 14 704 人，并导致了核电站泄漏等严重的次生生态灾害，影响超过了 1986 年的苏联切尔诺贝利核电站事故。可见，现代化的建设使得自然灾害作用于人类的破坏性在日益增大，全球范围内的重大自然灾害形势日趋严峻。联合国国际减灾战略署（United Nations International Strategy for Disaster Reduction，UNISDR）在 2018 年 10 月 10 日发布的报告显示，1998～2017 年，自然灾害给全球造成的经济损失达 29 080 亿美元，相比上一个 20 年增加 2.2 倍。

习近平总书记 2016 年 7 月 28 日视察河北省唐山市时明确指出："我国是世界上自然灾害最为严重的国家之一，灾害种类多，分布地域广，发生频率高，造成损失重，这是一个基本国情。"[①]"十二五"期间，我国自然灾害造成年均受灾 3.1 亿人次、年均死亡和失踪 1545 人，仅年均直接经济损失就达 3844 亿元，2013 年更是高达 5808 亿元。数十年来，尽管因灾伤亡人员有所减少，但随着社会经济发展，直接和间接损失呈持续增加的趋势，灾害风险不断升高，防灾减灾救灾需求十分迫切。随着我国国民经济快速发展和"长江经济带"、"西部大开发"和"京津冀协同发展"等国家战略的实施，大量铁路、公路、水电、油气管线、航运、海运、港口等重大基础设施与工程正在较以往更为广大和复杂的区域及我国周边国家布局实施。"长江经济带"、"京津冀协同发展"和"城镇化发展"等战略以及"一带一路"倡议实施都与自然灾害高发区重合（据不完全统计，我国重大自然灾害造成的经济损失中 60%是链生型灾害），重大自然灾害已成为防灾减灾的重点和难点，工程安全保障与防灾减灾需求持续增加。近年来，在极端天气事件频发、强震活跃及人类活动强度加剧等内、外动力耦合作用下，自然灾害呈现群发性、高频度、大规模、复合型、链生型等特点，容易形成巨灾，损失巨大，造成重大社会影响，是民生安全、国家战略与经济社会持续发展的重大威胁。

虽然自然灾害不可避免，但是却可以通过合理的科学技术和组织管理手段，来认识灾害的产生机理和演变规律，预测灾害的发生，预防、减缓，甚至

---

① 新华社. 习近平在河北唐山市考察. http://www.xinhuanet.com/politics/2016-07/28/c_1119299678.htm［2016-07-28］.

避免自然灾害造成的损失，实现灾后恢复，即以“灾害管理”的理念建立起一套人类应对自然灾害的科学技术和组织管理体系，这就是国际上公认的自然灾害管理的概念。自然灾害预判重点关注未来 2～20 年内灾害发生的可能年份和区域，是风险评价、灾害预测、灾害预报研究体系的完善，也是推动自然灾害研究创新的新思路。此外，随着全球环境的变化和社会经济的发展，自然灾害风险日趋严峻。若不及时采取相应的补救措施，灾害损失将在人们生产生活中的各个方面呈链式传递下去。因此，迫切需要在灾害发生前后采取有效防控措施，以尽量降低灾害损失风险。

二、国内外重大自然灾害预判与防控技术发展现状与趋势

（一）国外重大自然灾害预判与防控技术发展现状与趋势

从大量国外有关自然灾害研究的文献看，目前已逐渐形成自然灾害学的基本理论体系。一般认为自然灾害学是研究自然灾害的成因、机制，阐明自然灾害的征兆、规律，准确预测、预报，确定防灾、减灾与抗灾对策的一门综合性学科。由于自然灾害具有突发性强、群聚性明显、所预知性低、后果严重、对外依赖性高等共同特征，因此，必然要形成一整套完整的理论与技术，从而实现减轻灾害损失的最终目的。从自然灾害造成的损失来看，灾害对策研究的重点是特大毁灭性灾害。从灾害过程来看，灾害对策研究必须综合而系统，以减轻主灾害、次生灾害、三次灾害的损失。从人口分布来看，灾害对策研究必须分别探讨城市灾害、农村灾害和过渡性灾害等。

此外，发达国家注重自然灾害全过程与减灾过程的系统研究，建立了空-天-地一体化智能动态监测和专业技术设备的跨领域综合研发体系；实现了地震、气象、地质等灾害信息有效共享和联动机制（美国和日本等已建立了国家级的共享“信息高速公路”，实现了地震、海啸、台风、风暴潮及地质灾害等数据共享和联动）；开展了地震、台风等灾害的情景推演和基于动力过程的风险定量分析研究，支撑应急预案和减灾决策的制定；侧重灾前预防与减轻灾害风险，建立了较为完善的风险管理体系，实现了综合减灾。

（二）我国重大自然灾害预判与防控技术发展现状与趋势

我国现有防灾减灾体系以减少灾害损失和灾害治理为重点，侧重于灾害防

治和灾后救助，尚未建立完善的灾前预防和灾害风险管理体系。各部门单灾种的减灾工作基础较好，但是各自为政的防灾减灾科技研究与体制机制无法认识复杂灾害过程与机理，不能提供应对重大复合型、链生型灾害的关键技术，难以满足国家重大减灾需求。每逢重大灾害，临时汇集各个部门的信息和专家，根据专家经验进行分析决策，缺乏对复杂灾害过程与减灾的系统认识，难以满足科学决策的重大需求。同时，因为部门利益和责任，相互扯皮、推诿责任现象时有出现，影响减灾科学决策和救灾效率。

现有研究中，许多学者综合信息学突变理论、统计学相关理论、地理学时空对称性理论等，通过大量区域灾害事实分析，提取区域灾害对称性结构的信息，对重大自然灾害发生趋势进行有效判断。研究灾种不断丰富和完善，在重点关注地震、干旱、暴雨、洪涝等经典灾害的同时，热带气旋、雷暴、雪灾、大风等新的灾种也被纳入研究体系。研究尺度不仅集中于中国不同地理单元或行政区域，而且将研究视角拓展到全球。与此同时，重大自然灾害时空对称性方法体系也不断丰富，研究方法由前期的单一的“可公度趋势判断”，发展为“蝴蝶结构图、可公度结构系（立体和平面）、空间对称轴和相关机理分析”综合趋势分析。当前重大自然灾害时空对称性实际案例不断丰富，同时迫切需要对时空对称性的理论基础和方法体系进行总结。

三、我国未来重大自然灾害预判与防控的发展展望

根据我国重大自然灾害预判与防控发展动向，逐步研发空-天-地-海一体化的灾害信息智能感知与采集技术，构建灾害信息中心与灾害“信息高速公路”，实现重大自然灾害的早期判识与定量化评估，建立大比例尺、高精度自然灾害风险区划技术，研发应对极端气候灾害的预警、控制和风险预估技术，建立重大灾害综合减灾技术体系，为灾害判识、预警预报、风险管理提供技术支撑。为政府科学应对重大突发性灾害、推动防灾减灾救灾体制机制改革、开展国际减灾科技援助、普及防灾减灾科学知识、减轻灾害风险、保障可持续发展与国家重大战略实施提供科技支撑。

（一）重大自然灾害数据获取、分析与管理

开展孕灾背景、成灾环境、灾情信息及相关社会、人文信息的获取、分

析、挖掘、管理与应用研究，支撑灾害形成机理、区域规律、动力学、监测预警、减灾决策、灾后重建等灾害研究与减灾实践。主要工作包括：野外观测数据采集分析、减灾卫星数据分析与灾害信息快速获取，无人机实时灾害信息获取与快速分析，灾情动态数据的获取与智能分析，多源（空-天-地-海）多尺度数据同化与融合，承灾体信息的结构化重组与成灾场景构建，异构数据关联与模式挖掘，灾害信息系统与减灾平台构建，等等。

（二）重大自然灾害风险判识与定量化评估

自然灾害风险研究从定性评判到逐步完成定量化计算是该领域研究进入成熟阶段的重要标志，建立基于动力过程的风险判识模型、风险分析方法和定量评价模型，能够反映自然灾害过程和承灾体破坏的动力机制。基于灾害区域分布规律与灾害动力学研究，开展不同时空尺度（全国、区域、重点区、灾点）危险性、易损性与动态风险分析研究。重点研究不同类型承灾体与自然灾害的相互作用过程，分析承灾体的结构和系统功能受损机理，建立承灾体的破坏条件和易损性分析模型；定期开展全国、区域、重点区、灾点尺度的灾害风险分析评估与制图，发布灾害风险研究报告；构建应对灾害的弹性社区，研发探索具有中国特色的灾害风险关键技术与模式，构建全过程参与式协同减灾体系。研究灾前、灾时与灾后的社会经济关系、灾害损失评估方法、灾害经济影响模型等，构架灾害影响评估、灾害过程决策、灾害预防和减轻对策三大体系；逐步开展防灾减灾政策、金融保险政策、防灾减灾规划、灾害资源化利用研究，支撑灾害多发区可持续发展。

（三）大比例尺、高精度重大自然灾害风险区划

由于自然灾害种类的多样性和致灾因子作用于人类社会所表现出来的灾情复杂性，以及自然灾害学的不断发展与完善，目前提出的各种自然灾害的评价指标多达数十种。面对复杂的数据、方法以及条件，如何提高自然灾害区划与风险区划的可靠性是亟须解决的问题。自然灾害风险分布格局与风险效应都具有显著的多尺度特征，只有多尺度耦合研究才能反映自然灾害风险变化实质，体现出自然灾害风险本应具有的动态特征。在此基础上，将新型地理信息系统（GIS）技术应用到自然灾害风险区划技术中能得到更高精度的区划数据，从而

逐步解决大比例尺、高精度重大自然灾害风险区划的难题。

（四）重大自然灾害的预警、控制和风险预估

在自然灾害数据获取、灾害判识、风险评估等研究基础上，研究气候变化、强震活跃和工程扰动耦合作用下自然灾害的发展趋势，基于灾害形成机理与演进机理及条件，预测灾害长期、中期和短期趋势，构建面向灾害过程关键节点的预警报模型，研发空-天-地-海的一体监测预警技术体系与模式。研究防治工程与灾害的耦合作用机制，提出重大自然灾害防治关键参数确定方法，建立防治工程调控重大自然灾害过程的理论，研发灾害精细化调控关键技术。在以上灾害预警和风险调控的措施作用下，预估未来重大自然灾害高精度的风险范围。

第九节 全球环境变化与应对子领域发展趋势

葛全胜 许端阳
（中国科学院地理科学与资源研究所）

一、全球环境变化与应对概况和国家需求

全球环境变化是指由自然和人文因素引起的全球关键环境要素及地球系统功能的变化。自工业革命特别是近百年以来，随着人类活动的不断加剧，全球环境问题呈现日益严峻的态势[1]。政府间气候变化专门委员会（IPCC）第五次评估报告指出[2]，过去百年全球地表温度上升 0.85℃；气候变化引发的地球表层大气、水文、土壤和生物过程的变化，已经并将持续对自然和社会系统产生重大影响，给人类社会的可持续发展带来巨大挑战；如果未来气温升高 2℃，由此产生的海平面抬升、旱涝灾害、生态功能退化、食品（饮水）安全、疾病流行等问题，不仅直接导致全球经济年均损失 0.2%～2.0%，还可能引发族群矛盾和社会动荡，威胁人类自身生存。此外，随着工业化、城镇化进程的不断加快，生物安全威胁与生物多样性丧失、有机污染物排放、臭氧层破坏、土地荒漠化、湿地缩减等全球环境问题也日益突显。据估计，全球濒危物种的灭绝速度

不断加快。氯氟烃（chlorofluorocarbon，CFC）等人造物质的大量使用造成臭氧层明显损耗，全球臭氧层空洞接近 3000 万米^2；日益严重的荒漠化问题直接影响了 110 多个国家 2.5 亿人的生活，并造成每年农作物损失 420 亿美元左右。

全球环境变化及其引发的经济社会可持续发展问题引起国际社会的广泛关注。以美、日、欧为首的西方发达国家和地区，以及 IPCC、联合国环境规划署等国际组织在全球范围内率先倡导对气候变化、生物安全、生物多样性、荒漠化、湿地、有机污染物等全球性环境问题的研究与投入，通过立法、设立重大科学计划等多种手段，持续支持全球环境变化过程与机理、模拟预估、减缓适应等基础研究与关键技术研发，在提升全球环境治理能力与话语权的同时，积极推动国内经济绿色转型，打造新的竞争优势。

我国是受全球环境变化影响最为严重的国家之一。据统计，我国近百年来陆地气温增加了 0.9℃，高于全球平均水平[3]；60%以上的淡水资源受到不同程度的污染；耕地面积持续减少，近 20%的调查点存在污染物超标问题；90%以上的城市空气质量不达标，雾霾频发；现有土壤侵蚀（水力和风力侵蚀）总面积约占国土面积 30%；二氧化碳排放量全球第一，占世界总排放量的 29%[4]。当前，我国正处于实现中华民族伟大复兴中国梦的关键时期，保障经济增长、扩大对外开放、消除贫困的任务还十分艰巨。切实贯彻“创新、协调、绿色、开放、共享”的发展理念，推进“美丽中国”生态文明建设和区域可持续发展等国家战略、“一带一路”倡议实施，必须创新地球系统科学理论、方法和技术，持续加强对全球环境变化科学研究，深入认识全球环境变化的影响和风险，减少对全球环境变化问题认识的不确定性，研究和提出符合国情的适应和减缓措施，这对我国实现绿色低碳转型和可持续发展、全面参与全球环境治理具有重大意义。

二、国内外全球环境变化与应对技术发展现状和趋势

（一）国外全球环境变化与应对技术发展现状和趋势

自 20 世纪 80 年代以来，国际上先后成立了世界气候研究计划（World Climate Research Programme，WCRP）、国际地圈生物圈计划（International Geosphere-Biosphere Program，IGBP）、国际全球环境变化人文因素计划

（International Human Dimensions Programme on Global Environmental Change，IHDP）、国际生物多样性计划（An International Programme of Biodiversity Science，DIVERSITAS）等研究计划。上述科学研究计划引领了过去30多年来国际全球环境变化研究的发展，其研究成果极大地丰富了人类对地球气候和环境演变规律（包括自然的和人为的）的认识。作为全球变化研究的重要支撑，国际科学界从能力建设的角度发展了由全球气候观测系统（Global Climate Observation System，GCOS）、全球陆地观测系统（Global Terrestrial Observing System，GTOS）、全球海洋观测系统（Global Ocean Observing System，GOOS）等构成的国际观测计划。此外，IPCC 自 1992 年以来发布的五次气候变化评估报告，分析与评估全球变化（特别是气候变化）的研究进展和科学认知，对国际气候变化政策的制定和政府间气候变化谈判均产生了深远的影响[5]。2012年，国际科学理事会（International Council for Science，ICSU）等在总结并整合前述 WCRP、IGBP、IHDP 和 DIVERSTAS 等四大国际科学研究计划的基础上提出“未来地球”（Future Earth）计划，其核心思想是加强自然科学与社会科学的交叉与融合，为全球可持续发展提供科学支撑[6]。

经过30多年的努力，国际上已经在地球系统运行变化规律与模拟、气候与环境变化的影响、生物多样性保护、荒漠化监测与防治、臭氧层保护等多方面取得了重要进展，深化了对地球系统复杂性与演变规律的科学认知，推动全球环境变化领域相关问题的基础研究和技术研发[7]。主要发展趋势表现为：①全球环境变化过程、幅度及时间、空间分布进一步精细化，同时注重大数据分析技术的应用，不断完善资料同化和数据共享。②地球系统模式不断深化，陆地、大气、海洋以及人类活动各要素相互作用过程与机理研究不断深入，分量模式整合更加高效，并向全球可持续发展的“未来地球”计划研究拓展。③注重减缓、适应技术的集成创新；以减碳为目标的全球变化经济学受到广泛重视，并与灾害、健康、环境、经济、政治综合风险评估与防范相结合，开展决策研究；④生物安全防控、有机污染排放、荒漠化监测与防治、生物多样性保护等典型环境发生机理、过程以及防控技术研究不断深化，并与信息、新材料等技术交叉融合，同时注重与区域经济社会发展相结合提出集成性解决方案。

（二）我国全球环境变化与应对技术发展现状和趋势

我国十分重视全球环境变化领域的科学研究工作。2005 年制定的《国家中长期科学和技术发展规划纲要（2006—2020 年）》，将“全球变化与区域响应”列为 2006～2020 年面向国家重大战略需求的基础研究的 10 个方向之一。在国家科技计划支持下，我国全球环境变化研究取得积极进展。

（1）综合观测、数据集成与机理研究。依托我国自主发射的资源、环境、海洋、气象、测绘等系列卫星，建立了对地观测与卫星导航体系，无人机对地观测已走在世界前列；全球变化数据产品质量显著提高，建立了全球植被结构数据产品、全球陆地碳源汇、中国人为源二氧化碳排放清单等数据产品，多尺度（中国-亚洲-全球）高时空分辨率的气溶胶排放清单数据集被多个国际大型研究计划所采用。基于数据基础，在历史气候变化、热带海气过程、全球变暖停滞、海洋微型生物碳泵、全球碳循环和能量及水循环等全球环境变化机理研究方面取得了一批重大成果，深化了对地球系统复杂性的认识。

（2）地球系统模式研发。开发了 BCC-CSM2、FGOALS-g2.0 数值预报系统，使我国自主研发的气候模式系统达到世界先进水平；建立了我国自己的全球植被生态系统动力学模式、气溶胶和大气化学模式、以碳氮循环为主的陆地和海洋生化过程模式，并形成了完整的生态和环境系统模式的第一版本；在耦合大气、陆面、海洋、海冰等分量模式基础上，成功研发了我国完全自主知识产权的新一代地球系统模式 CAS-ESM1.0。

（3）气候变化减缓、影响与适应。CCUS 技术不断成熟；气候变化对农业、森林、草地、荒漠、海岸带、水资源、生物多样性、人居环境与健康等重点领域以及敏感区域的影响与风险评估技术取得积极进展；重点领域、行业、区域国家气候变化影响评估标准与可操作性风险评估技术体系、适应气候变化的资源优化配置与综合减灾关键技术、生态脆弱区适应气候变化技术等不断完善，适应气候变化能力显著增强。

（4）全球性环境问题防护与治理。在生物安全防控方面，建立了生命支持系统等 15 项关键设备的评价技术准则，加入了国际“P4 俱乐部”；在荒漠化监测与防治方面，荒漠绿洲生态安全与保障体系建设技术、荒漠化防治与沙区资源利用技术、绿洲边缘防护体系稳定性生态调控技术等取得积极进展；另外，在有机污染物减排、破坏臭氧层物质（ozone-depleting substances，ODS）替代、湿地保护、生物多样性监测等方面的数据积累、机理解析、监测与防控技术亦取得显著进步。

三、我国未来全球环境变化与应对技术的发展展望

尽管我国在全球环境变化与应对领域取得了积极进展，服务国家需求和区域可持续发展的能力不断增强，但仍然存在原始创新能力不强、技术协同研发与推广应用不够、服务国际履约的能力有待提升等问题[8]。根据我国经济社会发展和参与全球环境治理的需求，结合技术发展趋势和国际发展动向，我国未来10～20年全球环境变化与应对领域重点集中在四个方面：①全球环境变化高精度数据产品研制与过程机理深入解析。包括突破陆地、海洋和极地等区域的全球变化关键过程重要参数自动观（监）测与数据产品研制，全球碳同化系统及二氧化碳等温室气体排放监测核算，全球变化大数据集成分析、平台建设与共享服务等技术；持续开展气候变化年代际重大事件的早期信号检测技术研发，阐明全球碳、氮、水和能量循环与气候变化相互作用机理等。②多尺度天气气候模式与非结构人地系统模式研制。包括研制集高分辨率海陆气冰耦合、多种资料同化、着眼于东亚地形和天气气候特色的多尺度天气气候和近期气候预测系统，研发集土地利用对区域气候变化影响、人类强迫和自然强迫过程之间非线性相互作用、人类有序应对全球变化路径设计和效果评估、碳排放和减碳影响评价与成本核算的非结构人地系统模式。③CCUS及气候变化风险评估与适应技术研发。包括低成本二氧化碳捕集、大规模的二氧化碳封存、大规模高附加值的二氧化碳利用技术，不同领域和区域气候变化影响与风险评估技术以及关键地区气候变化适应技术研发。④典型环境保护与治理技术研发。包括生物安全防控设施与体系建设，二噁英等无意产生的POPs减排及BAT/BEP技术、荒漠绿洲稳定性评估及城市发展调控技术、汇碳节水湿地恢复技术、臭氧层保护监测与ODS替代技术、高光谱物种尺度识别技术等研发。通过上述技术的持续研发，我国将显著提升全球环境变化与应对能力以及全面参与全球环境治理能力，为我国“美丽中国”生态文明建设、绿色低碳转型提供科技支撑。

与上述四个方面密切相关的三个代表性关键技术课题如下。

（1）多尺度天气气候模式得到实际应用。多尺度天气气候模式是气象预报和气候预测领域的重要标志性成果。未来5～15年，西方发达国家将陆续启动多尺度天气气候模式的研发工作。目前国际上只有英国成功实现了多尺度天气气候模式研发及其业务应用，美国和德国已经启动本领域的国家级计划。多尺

度天气气候模式的研发需要重点解决高精度全球变化数据产品制备，全球碳、氮、水和能量循环与气候变化相互作用机理解析，适用于天气气候一体化运行的全球高分辨率大气模式动力框架关键技术，高分辨率海陆气冰耦合技术，适应无缝隙预报需求的多种资料同化技术，着眼于东亚地形和天气气候特色的关键物理过程和数值计算方案，近期气候可预报性来源等关键技术。我国未来 5～10 年，将在高性能计算机、气象卫星、大洋观测等方面取得重要进步，可为我国未来开展多尺度天气气候模式研发提供坚实的技术基础。预计未来 10～20 年，我国将掌握多尺度天气气候模式研发技术，成功研制具备高计算效率、高精度和严格守恒性的大气模式动力框架，大大提升我国无缝隙天气气候预报和近期气候预测能力。

（2）关键地区气候变化适应技术得到实际应用。适应气候变化可显著降低气候变化的不利影响。目前，美国、欧洲、日本等发达国家和地区在区域、国家甚至城市等层面纷纷出台气候变化适应战略和规划，以强化技术创新、综合集成与区域实践。关键地区气候变化适应技术重点解决农业、林业、水资源、自然生态系统、人体健康、基础设施、重大工程、海岸带、生态脆弱区等领域、区域的气候变化影响与风险评估技术，区域脆弱人群、行业与优先适应事项识别，适应技术研发与区域可用性辨识，适应技术综合集成与决策，适应成果监测与认证等技术[9]。我国未来 5～10 年将在青藏高原、黄土高原、海岸带等生态脆弱区，京津冀、长三角、珠三角以及粤港澳大湾区等城市群、“一带一路”沿线等关键区域气候变化适应技术研发、区域适用性应用与效果评估以及区域综合集成应用等方面取得重要进展。预计未来 10～20 年，我国将系统掌握关键地区气候变化适应技术，显著提升关键区域适应气候变化能力，为我国推动生态文明建设和参与全球气候治理提供重要支撑。

（3）生物安全防控设施与体系得到广泛应用。生物安全是国家安全的重要组成部分。由于全球生态环境和政治环境变化，生物安全威胁给国家总体安全带来前所未有的新挑战。构建我国生物安全防控技术和管理体系，将显著提升我国生物安全防控和管理的能力和水平。未来 5～15 年，西方发达国家将通过国家重大计划在生物安全防控方面积极布局。生物安全防控与管理重点包括新突发传染病的防控、防控生物恐怖袭击、防御生物武器攻击、防止生物技术谬用和防控外来生物物种入侵等。预计未来 10～20 年，我国将在生物安全公共技术平台建设方面取得积极进展，生物安全防控装备和技术服务水平大幅提高，整合国际国内生物安全资源优势，形成生物安全横向与纵向科技发展网络，在完善先进管理制度的基础上，抢占生物安全及生物防御领域的前沿制高点，最终提升我国生物安全防控与管理的原始创新能力。

总之，全球环境变化与应对需要长期持续不断的投入与全链条创新，既需要在相关领域长期观测等基础研究工作，又需要与大数据、高速通信等新兴技术的融合，以及区域尺度的应用示范，共同推动该领域的创新成果落地应用。

参考文献

[1] van Vuuren D P，Riahi K，Calvin K，et al. The shared socio-economic pathways：trajectories for human development and global environmental change [J]. Global Environmental Change，2017，42：148-152.

[2] IPCC. Climate Change 2013：The Physical Science Basis. Contribution of Working Group I to the Fifth Assessment Report of the Intergovernmental Panel on Climate Change [M]. Cambridge，New York：Cambridge University Press，2013.

[3]《第三次气候变化国家评估报告》编写委员会. 第三次气候变化国家评估报告 [M]. 北京：科学出版社，2015.

[4] 葛全胜，方修琦，张雪芹，等. 20 世纪下半叶中国地理环境的巨大变化——关于全球环境变化区域研究的思考 [J]. 地理研究，2005，24（3）：345-358.

[5] Pearce W，Mahony M，Raman S. Science advice for global challenges：learning from tradeoffs in the IPCC [J]. Environmental Science & Policy，2018，80：125-131.

[6] 吴绍洪，赵艳，汤秋鸿，等. 面向“未来地球”计划的陆地表层格局研究 [J]. 地理科学进展，2015，34（1）：10-17.

[7] 徐冠华，葛全胜，官鹏，等. 全球变化和人类可持续发展：挑战与对策 [J]. 科学通报，2013，58（21）：2100-2106.

[8] 孔锋，宋泽灏，方建，等. 全球气候变化背景下“一带一路”综合防灾减灾的现状、需求、愿景与政策建议 [R]. 第 35 届中国气象学会年会 S6 应对气候变化、低碳发展与生态文明建设，2018.

[9] 夏军，石卫，雒新萍，等. 气候变化下水资源脆弱性的适应性管理新认识 [J]. 水科学进展，2015，26（2）：279-286.

第四章 生态环境领域关键技术展望

第一节 生态环境领域关键技术展望概述

刘文清[1] 王孝炯[2]
（1 中国科学院安徽光学精密机械研究所；
2 中国科学院科技战略咨询研究院）

近年来，生态环境问题受到党中央、国务院高度重视，党的十八大提出“美丽中国”的生态文明建设目标，党的十九大指出要“加快生态文明体制改革，建设美丽中国”。其间，中共中央、国务院出台《生态文明体制改革总体方案》，实施大气、水、土壤污染防治行动计划，生态环境保护已经被上升为国家战略。总体看来，全国重污染过剩产能初步得到化解，污染物新增排放压力逐步趋缓。但是，展望未来，我国工业化、城镇化的任务尚未完成，发展与保护的矛盾依然突出，生态环境保护仍面临巨大压力。放眼全球，生态环境科技已成为世界各国保护生态环境、促进可持续发展最重要的手段之一，如何发展生态环境科技，释放科技红利，对解决我国生态环境问题意义重大。因此，有必要对生态环境开展技术预见，促进政府、企业、专家学者对未来生态环境的科技发展趋势达成共识，促进社会各界加大生态环境的科技创新投入，为生态文明建设提供强有力的科技支撑。生态环境领域的技术预见包括以下 9 个子领域，即大气污染防治、土壤污染防治、水环境保护、清洁生产、生态保护与修复、化学品环境风险防控、环保产业技术、重大自然灾害预判与防控、全球环境变化与应对，分领域的展望如下。

一、大气污染防治

随着我国经济、社会的快速发展，灰霾、光化学烟雾等复合型大气污染问题突出，严重影响了人民健康和生态安全。针对严峻的大气污染问题，中国政府先后实施《大气污染防治行动计划》《打赢蓝天保卫战三年行动计划》等政策，重点区域空气质量改善显著。但是，非重点区域空气质量改善仍不明显，我国大气污染防治仍然任重道远。因此，坚持科技创新引领，着力构建精细化的现代大气环境监测、管控和治理体系，对实现空气质量持续稳定改善、实现我国大气污染防治目标意义重大。

预计未来20年，我国在大气污染防治的科技发展重点包括以下4个方面：①雾霾和臭氧污染形成机理；②大气复合污染协同优化调控技术；③大气环境和气象要素立体监测网络技术；④自适应网格大气环境建模预测污染和精准控制技术。与上述发展重点密切相关的代表性关键技术课题包括：大气环境立体监测技术得到广泛应用；自适应网格大气环境建模预测污染和精准控制技术得到广泛应用；大气复合污染的机理及协同优化调控技术；等等。

二、土壤污染防治

近年来，“镉大米”、“毒地”等土壤污染事件频发，土壤环境安全问题已经严重影响到我国粮食安全、人民健康安全和生态安全，严重制约我国经济高质量绿色发展。针对我国重点区域土壤污染、重点行业场地土壤和地下水污染，前瞻性地开展国家土壤污染防治的技术预见，厘清我国土壤污染防治科技发展思路和目标，对保障土壤环境安全、支撑美丽中国建设意义重大。

预计未来20年，我国土壤污染防治的科技发展重点包括以下10个方面：①土壤污染源解析、风险识别与预警技术；②土壤污染原位监测、精准扫描诊断与智慧调查技术和设备；③重金属污染土壤固化稳定化新技术与新产品；④有机污染场地土壤原位修复技术与装备；⑤非水相液体类高风险污染场地原位修复技术；⑥现代生物技术与农田土壤污染防治、绿色修复；⑦新型纳米技术与土壤-地下水污染诊断和修复；⑧人工智能技术与土壤污染防治与修复；⑨矿区和油田土壤污染源头控制和可持续修复技术；⑩城市场地污染风险管控、协同精准修复与安全利用技术。与上述发展重点密切相关的代表性关键技术课题包括：场地土壤与地下水污染风险管控与协同原位精准修复技术得到广泛应用；现代生物、纳米、智能技术在土壤污染防治与绿色修复中得到广泛应用；土壤复合污染源头控制和可持续修复技术得到实际应用；等等。

三、水环境保护

未来伴随着我国人口总量、城市规模的持续增长，水资源需求将不断上升。然而，水环境恶化趋势未发生根本转变，导致可有效利用的水资源仍在减少，水资源供需矛盾将进一步加剧。因此，面向我国水环境质量改善、水生态系统功能恢复的重大需求，开展国家水环境保护的技术预见，是应对未来中国水环境挑战的重要措施，也是培育我国可持续的水环境保护相关科技创新能力的重要内容。

预计未来 20 年，我国水环境保护的科技发展重点包括以下 6 个方面：①流域水生态重建与功能恢复技术原理和方法；②智慧水系统构建；③全过程绿色减排与水污染控制技术；④饮用水安全保障原理和关键技术；⑤核心关键材料与重大装备；⑥前瞻性和颠覆性技术。与上述发展重点密切相关的代表性关键技术课题包括：高级氧化技术得到广泛应用；废水零排放技术与资源化技术得到广泛应用；污水碳氮分离与能源化技术得到广泛应用；等等。

四、清洁生产

作为生产、产品和服务全过程的一种综合性预防环境战略，清洁生产对增加生态效益和减少人类及环境风险有着重要价值。不同于“先污染后治理”和“末端治理”，清洁生产是一种整体预防污染的创造性思想，其核心是从源头整治污染，以预防为主，注重全程控制。积极发展清洁生产技术，有助于提高我国清洁生产水平，对我国工业生产实现可持续发展、促进经济实现高质量发展意义重大。

预计未来 20 年，我国清洁生产领域的重要技术课题包括以下 3 个方面：①重化工业污染基因图绘制完成并在重点行业污染全过程控制中得到应用；②大功率电池清洁生产与循环利用技术得到实际应用；③清洁能源技术、工业园区绿色发展等其他清洁生产技术。此外，清洁生产技术相关的其他发展重点包括清洁能源技术、工业园区“信息高速公路”建设。

五、生态保护与修复

近年来，我国在生态保护与修复领域投入了大量人力、物力和财力，并取得了明显成效。但是，水土流失和荒漠化等生态破坏问题依然严重，如何加大生态系统保护仍然是当前亟待解决的重大问题。科技创新是加大生态系统保护力度的重要手段，发展生态保护与修复的科学技术，对保护与维持生物多样性，落实“扩大森林、湖泊、湿地面积，保护和修复自然生态系统”的国家战略，提升生态系统质量和稳定性，促进经济可持续发展具有重要意义。

预计未来 20 年，我国生态保护与修复的科技发展重点包括以下 3 个方面：①水土保持的生态修复与功能提升技术；②河网水系生境修复技术；③湖沼湿地生态修复的系统解决方案。与上述发展重点密切相关的关键技术课题主要包括：富营养化湖泊生态修复的系统解决方案得到广泛应用；青藏高原生态修复与保护技术体系得到实际应用；等等。

六、化学品环境风险防控

当前，我国现有生产使用记录的化学品有 45 000 多种，其中至少 2500 种已列入《危险化学品目录》。这些列入《危险化学品目录》的化学品本身具有毒性、不易降解性、致癌致畸致突变性等危害，会对人体健康和生态环境造成严重危害，化学品环境风险防控愈发重要。然而，我国化学品环境危害测试、环境风险评估与科研技术支持能力不足，亟待加强化学品的暴露和风险评估研究，从源头上加强化学品的环境管理，在末端开展化学品污染控制，积极发展化学品环境风险防控相关科技。

预计未来 10～20 年，化学品环境风险防控的科技发展重点将主要集中于以下 4 个方面：①化学品危害识别；②化学品风险评估与管理；③高放废物处置；④化学品污染事故预警与应急控制。与上述发展重点密切相关的代表性关键技术课题包括：高风险化学品的环境暴露风险评估技术得到广泛应用；化学品风险评估与事故应急预警及控制技术得到实际应用；等等。

七、环保产业技术

经济合作与发展组织将环保产业定义为“为控制和消除污染、提高资源利用率以及降低环境风险提供产品、服务与洁净技术”。随着生态文明建设的逐步深入和“绿水青山就是金山银山”理念的牢固树立，我国环保产业正迎来新的发展机遇，环保产业正成为推动我国经济发展新旧动能转换、引领经济社会发展绿色转型的重要支撑。但是，我国环保产业发展面临着自主创新能力不强的困难，特别是部分关键设备和核心零部件受制于人，高端技术装备供给能力不强，技术创新能力与世界领先水平有一定差距。因此，做好环保产业技术预见，加大重点技术领域投入，提升自主创新能力，对推动环保产业创新发展意义重大。

预计未来 20 年，我国在环保产业技术发展重点将主要集中于以下 6 个方面：①环境监测；②工业窑炉；③机动车应用；④水处理；⑤重金属二噁英类污染防治；⑥危险废物处置。与上述发展重点密切相关的代表性关键技术课题包括：危险废物超洁净协同处置和多位一体监测；室内空气微量污染物监测与净化技术得到广泛应用；工业持久性有机污染物源头减量与协同控制技术及装备得到广泛应用；等等。

八、重大自然灾害预判与防控

近年来，伴随着我国经济社会的快速发展，工业化、城镇化加快，人口和财富更加集聚，极端天气、强震等重大自然灾害带来的影响呈现群发性、高频度、大规模、复合型、链生型等特点。重大自然灾害已经成为民生安全、国家战略与经济社会持续发展的重大威胁，开展灾害管理刻不容缓。重大自然灾害预判与防控是灾害管理的重要组成部分，发展灾害判识、预警预报、风险管理等重大自然灾害预判与防控科技，对提高减灾和救灾决策效率、提升自然灾害防御能力意义重大。

预计未来 20 年，重大自然灾害预判与防控的科技发展重点包括以下 4 个方面：①重大自然灾害数据获取、分析与管理；②重大自然灾害风险判识与定量化评估；③大比例尺、高精度重大自然灾害风险区划；④重大自然灾害的预警、控制和风险预估。与上述发展重点密切相关的代表性关键技术课题包括：

大比例尺、高精度自然灾害风险区划技术得到实际应用；地震次生灾害链的风险判识、评价与控制技术得到实际应用；等等。

九、全球环境变化与应对

全球环境变化是指由自然和人文因素引起的全球关键环境要素及地球系统功能的变化。应对全球环境变化是我国推进实施“美丽中国”生态文明建设、区域可持续发展等国家战略以及“一带一路”倡议必须解决的重大命题。因此，持续加强对全球环境变化的科学研究，深入认识全球环境变化的影响和风险，研究提出符合国情的战略措施，对我国实现绿色低碳转型和可持续发展、全面参与全球环境治理意义重大。

预计未来 10～20 年，我国全球环境变化与应对的科技发展重点集中在 4 个方面：①全球环境变化高精度数据产品研制与过程机理深入解析；②多尺度天气气候模式与非结构人地系统模式研制；③CCUS 及气候变化风险评估与适应技术研发；④典型环境保护与治理技术研发。与上述 4 个方面密切相关的代表性关键技术课题包括：多尺度天气气候模式得到实际应用；关键地区气候变化适应技术得到实际应用；生物安全防控设施与体系得到广泛应用；等等。

第二节 大比例尺、高精度自然灾害风险区划技术展望

张继权[1] 吴绍洪[2]
（1 东北师范大学环境学院；2 中国科学院地理科学与资源研究所）

一、发展大比例尺、高精度自然灾害风险区划技术的重要意义

自然灾害及其风险管理是当前世界各国政府、企业与财团、社会各个方面都关注的共同问题。随着自然灾害与风险研究的逐步深入与扩展，大比例尺、高精度自然灾害风险区划研究逐渐成为当前国际灾害风险管理的一项重要研究内容。联合国 1999 年 7 月通过的日内瓦战略进一步明确了 21 世纪全球减灾的重点是城市和社区。进入 21 世纪以来，受全球变暖的影响，极端暴雨等灾害性天气呈现多发、频发和重发的趋势，而科学精准的风险区划能够为工程规划提

供依据，也能为小流域自然灾害预警提供决策支持，减轻灾害影响和其造成的损失。因此，大比例尺、高精度自然灾害风险区划技术的研究与应用逐渐成为国际热点。

二、国内外相关研究进展

（一）国外近年来的研究动向

世界上一些发达国家早已采用多种方法编制灾害区划图，并用于防灾和保险业。美国 1974 年制定的《灾害救济法》中，规定联邦、州、地方机构编制灾害区划图。在美国，联邦应急管理局与州政府和社区一起进行洪水风险分区，并发行洪水灾害区划图。加拿大于 1975 年出台了“减少洪水损失计划”（Flood Damage Reduction Program，FDRP）。FDRP 主要是促进编制洪区洪水风险图，禁止联邦与省级政府在高风险区从事开发活动，或者为处于高风险区的企业提供帮助；限制联邦与省级政府只能对在界定为高风险区以前建设的工程提供灾害资助；鼓励市政当局根据工程研究与风险图颁布区划条例。美国、西欧国家自 20 世纪 60 年代末 70 年代初开始了滑坡稳定性预测分区研究。日本于 1977 年制定了“综合治水对策”，在特别重要的河段上编制洪水风险图，逐步推向全国[1]。

随着灾害风险研究更趋向与应用性相结合，灾害风险研究尺度逐步向中、小尺度甚至更小尺度发展，相关研究逐渐向县、乡镇，甚至村、街道等单元扩展。“社区灾害风险管理系统”是帮助家庭和社会群体处置紧急灾害事件的重要定量分析工具，其目的是提高家庭和社区承受灾害影响能力，该系统已在印度尼西亚 3 个社区应用。P. G. Graciela 对菲律宾那牙市 Triangulo 和 Mabolo 社区开展了洪水风险评估，为社区级洪灾应对提供了具体的决策依据[2]；K. D. Rupinder 利用现场调查、问卷调查等途径获取第一手重要资料，用于对印度奥里萨邦比如帕河流域的部分区域开展洪水损失评估和安全撤离路线选择，对实际应对具体灾害具有很强的实际指导意义[3]。

（二）我国的研究开发现状

20 世纪 90 年代，中国人民保险公司开始对全国的自然灾害进行区划研究和分析，重点监测曾经发生过洪涝灾害的地区，并针对高风险地区设计防洪预案，以减少可能发生的损失。21 世纪初，自然灾害的风险评价逐渐从流域尺度向市、县和社区范围的中等空间尺度过渡。近年来，更多学者重视对村镇—街道尺度的研究，这使得研究尺度不断趋向中小空间尺度[4-7]。城镇（村镇）重大自然灾害群死群伤事件已成为自然灾害防治管理的焦点，开展城镇自然灾害风险区划、预防重大群死群伤事件已成为政府防灾减灾管理的重大需求，如舟曲特大山洪泥石流灾害发生后，甘肃省于 2012 年在全国率先启动山区城镇地质灾害调查与风险区划研究（比例尺为 1∶5000～1∶10000）[8, 9]。通过项目研究可以达到以下目的：一是从预防角度提出城镇地质灾害防治规划建议，为地质灾害监测预警提供基础；二是从治理角度明确可能存在的重大地质灾害隐患点，为治理提供目标；三是建立基本数据库，为山区城镇政府地质灾害防治动态管理提供技术资料依据[10]。这些中、小尺度研究为我国的大比例、高精度自然灾害风险区划技术的实施与应用提供了理论与技术支持。

三、未来待解决的关键技术问题

（一）自然灾害风险区划的复杂性

由于自然灾害种类的多样性和致灾因子作用于人类社会所表现出来的灾情复杂性，以及自然灾害学的不断发展与完善，目前提出的各种自然灾害的评价指标多达数十种，且不同地区的不同指标也受数据源、数据处理方法和遥感图像解译技术等多学科交叉技术发展的限制，以及对各种自然灾害解译的尺度效应、不确定性等遥感解译基础问题研究较少。目前，国内外对于自然灾害区划与风险区划研究，主要是针对单一灾种的研究，而针对不同种类的自然灾害开展的综合区划研究相对较少，这也是自然灾害区划与风险区划研究领域的一个世界性难题。自然灾害区划与风险研究过多地关注自然系统，对于人类社会系统的关注较少。由于自然灾害系统的复杂性，尤其人们常常不得不在信息不完备的条件下对自然灾害系统进行分析，因此，当前自然灾害区划与风险区划研究方面的难题之一是在如此复杂的数据、方法以及条件下，如何提高自然灾害区划与风险区划的可靠性。

（二）自然灾害风险区划研究的空间尺度耦合问题

在长期灾害风险研究中，人们更多地关注灾害风险评估与区划理论和方法探索，对空间尺度问题较少涉及。尺度效应是指随着时空尺度的改变，数据经过聚合或分组后对分析结果产生影响的现象。自然灾害的影响因素不仅涉及地理学、地貌学、水文学、气候学等相关学科的研究内容，同时地层岩性、地质构造等在空间上必然呈现一定的形态，以地理数据形式的表现方式也会涉及尺度的相关问题。因此，随着时空尺度的改变，时空数据经过聚合或分组后对分析结果产生影响，越来越多的研究者开始关注尺度效应在其研究领域的重要性[9]。

开展自然灾害风险评估与区划，无论是在数据获取、研究方法、结果精度等方面均与灾害风险研究的空间尺度密切相关。自然灾害风险分布格局与风险效应都具有显著的多尺度特征，只有多尺度耦合研究才能反映自然灾害风险变化实质，体现出自然灾害风险本应具有的动态特征。

（三）自然灾害高精度风险区划综合方法

随着传统自然灾害风险区划技术的发展，新型 GIS 技术逐渐被应用到自然灾害风险区划中来，而自然灾害风险区划研究也逐渐向更具有针对性的大比例尺、高精度方向发展。随之而来的问题主要在于为了能得到更高精度的区划数据，则需要同样高精度的气候水文、地形地质，以及植被和人类活动等数据。这些数据往往在空间尺度上具有不均衡性，在时间尺度上具有突变性，获取目标区域的高精度数据不仅需要技术上的提高，更需要政策上的支持和配合。同时，由于自然灾害的种类多样，学科涉及气候、水文、地质、生态和社会等方方面面，面对同一数据时，不同学科的方法侧重不同，解译手段也会千差万别，从而对最终数据的精度以及自然灾害风险区划的可靠度产生影响。因此，对获取数据的综合处理方法是解决自然灾害大比例尺、高精度风险区划的有效途径。

四、未来发展前景及我国的发展策略

（一）未来发展前景

当前灾害与风险研究都高度重视人类活动在灾害与风险形成中的作用机制，因此，更多地考虑社会系统已经成为自然灾害风险区划研究方面迫切需要深入解决的问题。以“信息分配”和“信息扩散”为核心的模糊信息优化处理技术是由中国学者独立提出和发展的一门新兴数据处理技术，国外把这种技术看作软计算技术，也把其看作计算智能技术。模糊信息优化处理技术处理的对象是不完备信息，主要是小样本提供的模糊信息，模糊信息优化处理技术在自然灾害风险区划研究方面将有很大的发展潜力。随着 GIS 技术的快速发展，区域地质灾害评价方法也得到了长足的进步，各种基于 GIS 的评价方法和模型广泛应用于区域地质灾害评价当中。模糊数学、Logistic 回归模型、判别分析、多元统计、似然比与神经网络等在自然灾害风险区划技术中得到了广泛的应用。由于GIS技术具有空间分析、制图功能和可视化的特点，GIS 技术在自然灾害区划与风险区划研究方面正得到快速发展，以 GIS 软件为技术平台的自然灾害的风险评价系统与区划研究正逐渐成为本领域研究的发展方向之一。

当前国际减灾领域的一个重要研究动向是由“灾后反应”向“灾前预防”文化的转变，由强调“灾害”一词向“风险”一词转化。从第一届世界风险大会来看，对灾害的研究，也从重视灾害分析转向重视灾害风险、灾害风险管理和灾害风险传媒研究。从应用的角度上来看，区别于传统的大、中尺度的区域研究，对小尺度范围的研究更具有实际应用价值。因此，大比例尺、高精度自然灾害风险区划将是自然灾害区划的主流与核心所在。

（二）我国的发展策略

近几十年来，我国自然灾害风险区划技术取得了很大的进展，但这些区划大多数是定性的，由于技术手段的限制，定量自然灾害风险区划的调查数据尤其是大比例尺数据难以获得，且浪费大量的人力、物力。随着遥感、技术和其他方法的不断发展，定量化的风险区划已经成为可能。基于地理科学空间分析思维，结合生态学景观和尺度的理解，运用 3S 技术，建立基本自然灾害地质空间数据库。自然灾害地质空间数据库的内容包括气候水文、地形地貌、地质构造、植被覆盖等文字、图形图像资料等，并以不同级别分辨率卫星遥感数据为更新数据源，定期对自然灾害发展情况进行更新，利用管理和分析功能进行自然灾害的空间数据信息管理、分析和预测评价的应用型信息系统，基于此数据库系统，结合近些年国家政策上的支持与协助，在多个层面上提高数据获取的能力与精度，为我国大比例尺、高精度自然灾害风险区划技术提供多方面的支持与保障。

参 考 文 献

[1] 张俊香，黄崇福. 自然灾害区划与风险区划研究进展[J]. 应用基础与工程科学学报，2004，(增刊)：55-61.

[2] Graciela P G. Integrating Local Knowledge into GIS-based Flood Risk Assessment：The Case of Triangulo and Mabolo communities in Naga City-The Philippines [R]. ITC Dissertation，Enschede，The Netherlands，2008.

[3] Rupinder K D. Flood Damage Assessment and Identification of Safe Routes for Evacuation Using a Micro-level Approach in Part of Birupa Rive Basin，Orissa，India [R]. ITC Dissertation，Enschede，The Netherlands，2008.

[4] 杜鹏，何飞，史培军. 湘江流域洪水灾害综合风险评价[J]. 自然灾害学报，2006，15（6）：38-44.

[5] 葛全胜，邹铭，郑景云，等. 中国自然灾害风险综合评估初步研究[M]. 北京：科学出版社，2008.

[6] 崔欣婷，苏筠. 小空间尺度农业旱灾承灾体脆弱性评价初探——以湖南省常德市鼎城区双桥坪镇为例[J]. 地理与地理信息科学，2005，21（3）：80-83.

[7] 王志强，杨春燕，王静爱，等. 基于农户尺度的农业旱灾成灾风险评价与可持续发展[J]. 自然灾害学报，2005，14（6）：94-99.

[8] 康彦军. 中国公路地质灾害区划研究的理论与实践[D]. 西安：长安大学硕士学位论文，2006.

[9] 朱吉祥. 区域地质灾害评价的尺度效应研究[D]. 北京：中国地质科学院硕士学位论文，2012.

[10] 郭富赟，孟兴民，张永军，等. 甘肃山区城镇地质灾害风险区划技术方法探讨[J]. 兰州大学学报（自然科学版），2014，50（5）：604-609.

第三节 地震次生灾害链的风险判识、评价与控制技术展望

陈晓清 陈剑刚 于献彬 胡 凯

（中国科学院水利部成都山地灾害与环境研究所）

一、研究地震次生灾害链的重要意义

我国是世界上地震活动最强烈和山地灾害最严重的国家之一。地震引发的次生灾害类型多种多样，在山区最突出的次生灾害类型是崩塌、滑坡、泥石流。地震直接诱发的山地灾害主要是崩塌和滑坡，受局部地形地貌条件、水文

条件和松散体规模的影响，衍生出泥石流和堰塞湖灾害，从而形成一个完整的地震诱发山地灾害链，即崩塌、滑坡、泥石流→堰塞湖→溃决洪水或泥石流[1]。

地震次生灾害链是由地震致灾因子导致的一系列次生灾害，包括地震可能引起的次生山地灾害链、社会灾害链以及生态灾害链等多种灾害链。地震次生灾害往往表现出复合和链生特征，如地震会引起滑坡崩塌灾害，滑坡堵江会形成堰塞湖，堰塞湖溃决会形成洪水或泥石流；同样滑坡会造成涌浪进而掀翻船只造成人员伤亡和财产损失等。类似的例子还有很多，单一灾害在一定的环境条件下会引起连锁反应，形成链生型和复合型灾害。然而，已有的相关研究基本上还停留在概念、分类、定性描述与案例分析等初步阶段，深入的物理机理和动力过程研究成果还非常缺乏[2-7]。不同灾种之间转化的临界条件确定和灾害链全过程演化模型的构建是大型山地灾害链亟待突破的关键科学问题。因此，为了减轻地震次生灾害造成的损失，对地震次生灾害链进行风险判识、评价与控制具有重要的研究意义。

二、国内外相关研究进展

（一）国外近年来的研究动向

目前，国外对地震灾害链的研究多是对一或两种次生灾害的研究，其中有关“地震—滑坡”和“地震—海啸”灾害链的研究最多，并通过对全球地震次生灾害（包括滑坡、海啸、火灾和液化）造成的人员伤亡数的分析，认为地震次生灾害的人员伤亡主要来自滑坡，强调地震次生灾害评估的重要性。随着防灾减灾与可持续发展的迫切需求，地震次生灾害链研究的基础理论和技术方法、地震次生灾害链风险评估技术、地震次生灾害链损失评估技术、地震次生灾害链断链减灾对策研究等得到加强，地震次生灾害链的研究思路由静态分阶段向实时动态的方向发展，研究目标由定性向定量发展，研究方法将由传统的统计分析向数值模拟可视化的方向发展。

随着空间和信息技术的快速发展，逐渐完善的水文、气象、卫星遥感等监测系统提供覆盖面更广、时效性更强、精度更高的监测数据和信息，3S 技术的应用显著提高地震次生灾害链评估的精细化程度。随着地震次生灾害系统基础理论和技术方法的发展与深化，其相关的理论与技术方法不断被引入地震次生灾害链研究中；多学科、多领域的交叉融合使地震次生灾害链的研究内容得到丰富和拓展，地震次生灾害链的断链减灾结构更为清晰、内容更为全面，为地震次生灾害链的防范提供更为高效的决策规划与实施方案。

（二）我国的研究开发现状

国内地震次生灾害链研究主要集中在地震引发的山地灾害链上。由于较高的关注度和大量资金支持，自 2006 年以来，中国举办了六次灾害链研讨会，重点介绍了灾害链的机制、典型的灾害链研究和灾害链预防。由于不同的危害形成环境和危害之间的相互作用，存在多种危险链，有关“地震—崩塌”、“地震—滑坡”和“地震—滑坡—泥石流”灾害链的研究较多[2-5]，但是这些研究大多数都是在一种危险链中，且最多只考虑了两种灾害类型。目前，灾害链研究主要集中在科学定义、分类、判识、灾害链形成机理及特征、损失评估、灾害链综合减灾对策等方面[6]。对于灾害链形成机理，大多数研究处于定性分析和描述阶段，仅有少数研究通过建立数学、物理或力学模型来研究[7]。对灾害链风险评估的研究现在才刚刚起步，停留在简单的 GIS 叠加分析和专家打分法的研究水平，如何选择灾害链的风险表征指标及评估由灾害链所引起的风险仍是难题。灾害链的预测、预报还没提上议事日程。

三、未来待解决的关键技术问题

（一）地震次生灾害链的风险判识

从系统论角度出发，地震次生灾害链是一种物化流信息过程，这种过程是对多种灾害的抽象，以及演化过程中各种链锁关系的总称。从灾害链的角度进行灾害风险研究，更加有效地进行灾前准备和灾中处理，减少由灾害连锁反应带来的损失变得尤为重要。因此，建立地震次生灾害链的风险判识模型，已成为亟待解决的核心问题之一。地震次生灾害链的风险判识模型的构建需要从区域灾害系统理论、风险评估理论和灾害链案例分析出发。其中，孕灾环境的敏感性是致灾因子链发的重要影响因素，应在灾害链风险判识模型中对其进行充分表达。

（二）地震次生灾害链风险定量评价方法

地震次生灾害链风险研究从定性评价到逐步完成定量评价是该领域研究进入成熟阶段的重要标志，建立基于动力过程的风险分析方法和评价模型，能够反映地震次生灾害链过程和承灾体破坏的动力机制。目前，对地震次生灾害链的动力过程与机理的认识还有较大局限，对灾害链不同灾害过程与承灾结构体之间的相互作用的动力机制仍然不很清楚，从而限制了评价方法的科学性和评价结果的实用性，难以为灾害风险管理提供准确的信息和决策依据。因此，在进一步认识地震次生灾害链动力学机理的基础上，确定不同灾害过程与承灾体之间的相互作用动力机制，建立地震次生灾害链风险定量评价方法是进一步深化风险分析的关键科学问题。

（三）地震次生灾害链综合控制技术

对地震次生灾害链进行有效防治的总体思路就是断链，即考虑关键灾害体的关键影响因素，事先采取有针对性的防范措施，切断灾害之间的连锁反应，达到避免或延缓次级灾害发生的效果。但是由于地震次生灾害链的独特性，同样的灾害链在不同地区发育过程阶段也有所不同，因此所采取的防治措施也应当有所差异。针对地震灾区的灾害链重点灾害特征，进行次生灾害链有效防治必须进行分灾害类型分重点防治，针对控制因素实现断链。由于地震发生后，灾害单体之间的连锁作用强烈，成灾机理更加复杂，防治难度大增，因此只针对灾害单体的减灾思想，很难对灾害链整体进行遏制，从而必须从灾害链的各个关联环节着手，建立新的减灾框架。此外，地震灾害链往往影响到多个区域并涉及多个部门，打破我国现行的单灾种灾害管理体制。依据不同区域灾害链致灾成灾特点，有效推动多部门联动和跨区域联防，是实现地震次生灾害链综合防控的重点。

四、未来发展前景及我国的发展策略

（一）未来发展前景

为实现国家防灾减灾，需要系统深入地认识地震次生灾害链的成因和机理，发展基于发生机理和成灾过程的减灾技术，构建适用于地震次生灾害链风险控制和管理模式，形成系统的地震次生灾害链风险控制理论、减灾技术以及管理体系。应特别关注以下方面的发展。

（1）地震次生灾害潜在风险判识与风险管理。减灾不仅涉及科学与技术问题，同时也涉及社会、经济、管理和人文等问题，是一项高度综合的工作。若没有其他方面相应措施的协调配合，仅依靠提高科学认识和发展技术很难达到理想的减灾效果。认识灾害现象与过程是减灾的根本，工程措施是减灾的重要手段，管理措施是发挥减灾成效的重要保障。由于灾害的隐蔽性、复杂性、突发性、破坏性及防治工程设计自身存在一定经验性与工程标准的限制，当灾害规模超过灾害防治工程保护功能的上限时，承载体可能面临较大的风险。同时，遥感、合成孔径雷达（synthetic aperture radar，SAR）、3D 扫描以及近景摄影测量技术的发展和引入，能够极大地提高灾害预测预报数据采集、传输和分析能力，提升地震次生灾害链判识精准度。

（2）复杂介质物质运移规律与数值模拟。区别于中小规模地震次生灾害，地震诱发的特大滑坡往往携带大量固体物质，堵塞江河，形成堰塞湖，造成灾害链。关于灾害链形成与演化机理、科学预测和评估灾害风险的动力过程方面研究较少，尚未取得本质上的突破，因为这涉及非牛顿流体与牛顿流体的交汇这一复杂的流体力学问题。定量描述地震次生灾害链水土耦合的动力过程，需要解决复杂介质运动和多过程耦合的难题，在此基础上开发基于发生机理和成灾过程的数值模拟平台。

（二）我国的发展策略

地震次生灾害链是一个时空扩展性强、类型全、规模大、环境机理复杂的灾害群体系统，必须在准确把握灾害链的成灾规律特点的基础上，进行长期、系统与综合防治。根据地震次生灾害链的成灾特点，制定灾区综合、长远防治规划需要按照以下原则进行。

（1）以人为本，注重和谐。防灾减灾的最终目的是人居环境的安全，在防治过程中也要从源头注重人与自然的和谐统一，在保护或至少不破坏自然环境的前提下，用有效的方法进行防治。

（2）防灾重于救灾。减轻灾害链的危害，要在灾前做好防灾工作，地震灾区已经经历了灾难，最大限度地保证恢复重建和长远发展的安全，尽快建立防灾机制至关重要。

（3）全局统筹，抓住重点。地震次生灾害链是一个统一的整体，各个链体之间是相互关联的，要全面考虑，综合防治，不可偏废，同时防治也是有目的，有重点的，针对次生山地灾害链的关键灾害类型、关键激发因素特点，防治过程也要抓住重点，提高防治的效率。

（4）因时防治，因地防治。由于地震灾害的连锁性、扩展性和复杂性，要尽量做到分时段、分地点地进行防治，针对不同演化阶段采取不同的手段，针对不同发育范围采取不同的防治策略。

（5）立足现状，着眼长远。地震次生灾害链的风险判识、评价与控制技术是一项长期的系统工程，既要制定当前的应急防治策略，尽快恢复灾区防灾能力，又要制定长远的防治规划，做到标本兼治。

参考文献

[1] 崔鹏，何思明，姚令侃，等. 汶川地震山地灾害形成机理与风险控制［J］. 北京：科学出版社，2011.

[2] 崔云，孔纪名，吴文平. 汶川地震次生山地灾害链成灾特点与防治对策［J］. 自然灾害学报，2012，21（1）：109-116.

[3] 徐梦珍，王兆印，漆力健. 汶川地震引发的次生灾害链［J］. 山地学报，2012，30（4）：502-512.

[4] 尹卫霞，王静爱，余瀚，等. 基于灾害系统理论的地震灾害链研究——中国汶川“5.12”地震和日本福岛“3.11”地震灾害链对比［J］. 防灾科技学院学报，2012，14（2）：1-8.

[5] 张卫星，周洪建. 灾害链风险评估的概念模型——以汶川 5·12 特大地震为例［J］. 地理科学进展，2013，32（1）：130-144.

[6] 李文鑫，王兆印，王旭昭，等. 汶川地震引发的次生山地灾害链及人工断链效果——以小岗剑泥石流沟为例［J］. 山地学报，2014，（3）：336-344.

[7] Xu L，Meng X，Xu X. Natural hazard chain research in China：a review［J］. Natural Hazards，2014，70（2）：1631-1659.

第四节　场地土壤与地下水污染风险管控与协同原位精准修复技术展望

骆永明　滕　应　刘五星　赵　玲

（中国科学院南京土壤研究所）

一、发展场地土壤与地下水污染风险管控与协同原位精准修复技术的重要意义

近年来，随着我国“退二进三”、“退城进园”和“产业转移”等政策的

落实，全国几乎所有的大、中城市都面临大批工业企业的关闭和搬迁问题，这使得城市及其周边地区遗留了大量的工业污染场地。污染地块主要集中分布在化工、石化、冶炼、电镀、印染、机械加工等行业以及有色金属和黑色金属矿区，主要污染物包括重金属、农药、石油烃、POPs、挥发性或溶剂类有机污染物等[1]。据不完全统计，目前我国污染场地数量在50万块左右，大部分场地处于复合污染状态，并普遍存在挥发性有机复合污染严重以及二次开发风险高等突出问题。工业企业搬迁遗留场地再开发而引发的环境污染事件频发。例如，2004年北京宋家庄地铁站挖掘作业工人中毒事件、2006年武汉三江地产项目施工场地工人急性中毒事件、2014年兰州石化自来水苯超标污染事件、2016年常州外国语学校周边土壤污染事件等，给社会敲响了警钟。

党中央、国务院高度重视土壤环境保护工作，习近平总书记在十九大报告中指出，“强化土壤污染管控和修复，加强农业面源污染防治，开展农村人居环境整治行动”①。2016年5月，国务院印发《土壤污染防治行动计划》，在汲取国外几十年来场地污染治理经验教训的基础上，明确提出了基于污染风险管控的治理策略。在我国污染场地面积大、数量多、修复资金紧张、修复技术受限的情况下，需采取“逐步消减存量”的策略，并配套采用一系列减缓或控制场地污染风险的管理措施和修复技术，以降低修复成本，达到污染场地治理与再利用的目的。在保证人体健康、环境安全的前提下，更加关注修复过程中环境、社会、经济效益之间的平衡性，对污染场地实行分类管理，确保受污染场地的安全利用，符合我国现阶段的基本国情，也是我国污染场地修复实践发展到一定阶段的必然需求。

根据国外污染场地的治理经验，随着污染场地风险管控体系的实施，昂贵的异位修复项目将持续减少，而以污染风险管控为基础的经济、环保的原位修复技术会持续上升。研究开发原位精准修复技术体系，将大大提升对污染场地污染物分布的高分辨率数据的实时快速获取和修复能力，最终为场地修复节约宝贵的资金和时间，实现污染场地的可持续性修复。场地土壤与地下水污染风险管控与协同原位精准修复技术将兼顾环境保护、社会经济和土地开发规划，以保障人居环境安全为前提，实现污染场地的开发再利用。

---

① 习近平：决胜全面建成小康社会 夺取新时代中国特色社会主义伟大胜利——在中国共产党第十九次全国代表大会上的报告. www.12371.cn/2017/10/27/ARTI1509103656574313.shtml［2017-10-27］.

二、国内外相关研究进展

（一）国外近年来的研究动向

相较传统污染场地治理与修复，场地污染风险管控显著减少了场地治理过程中的“环境足迹”。美国早期污染场地治理中，对场地污染风险管控技术应用比较狭窄，其常作为修复未能达到预期修复目标时的最后补救措施[2]。发达国家目前采用的风险管控技术包括但不限于高分辨率场地调查、风险评估、工程控制与修复、修复效果评估、制度控制以及后期长期监测等。近年来，英美等发达国家逐渐将污染场地治理的保护范围，由保护人类健康与生态环境拓展到社会与经济领域，提出了基于风险管控的污染场地治理策略。

美国环境保护署超级基金修复报告[3]显示，在1982～2014年纳入“国家优先名录”（National Priority List，NPL）的1540个污染场地采用的治理方式中，修复治理类场地占78%（1196个），污染风险管控类场地占22%（344个）；对比2012～2014年的数据（188个污染场地），污染风险管控类场地占54%（102个），修复治理类场地占46%（86个），污染风险管控与协同修复治理的场地占38%（71个）。这表明，污染风险管控与协同修复治理成为美国近年来污染场地治理的趋势。

（二）我国的研究开发现状

相比国外较早采用制度控制、工程控制等措施对污染场地风险进行全过程管控，尽管近年来我国也陆续出台了多项国家标准和技术导则，但我国污染场地风险管控工作尚处于起步阶段，相关技术规范总体不足，国家层面场地土壤与地下水污染风险管控体系尚不完整。2012年，环境保护部联合工业和信息化部等四部委发布了《关于保障工业企业场地再开发利用环境安全的通知》（环发〔2012〕140号）。该通知规定，对拟再开发利用的关停并转、破产企业土地，需组织开展环境调查和风险评估工作，掌握污染基本信息，建立被污染场地数据库。未进行场地环境调查及风险评估的，未明确治理修复责任主体的，禁止进行土地流转。该通知基本确立了我国基于风险评估的污染场地管理框架体系。2014年，环境保护部正式发布了《污染场地风险评估技术导则》（HJ 25.3—2014），其推荐的风险评估流程、方法和模型也与国际惯用风险评估方法一致。

2014 年，环境保护部发布的《关于加强工业企业关停、搬迁及原址场地开发再利用过程中污染防治工作的通知》（环发〔2014〕66 号）进一步强调了工业企业关停、搬迁及原址场地再开发利用过程中污染防治工作的重要性，并提出了二次污染防治监管要求及具体措施。2016 年 5 月，国务院印发的《土壤污染防治行动计划》明确要求 2017 年底前要“完成土壤环境监测、调查评估、风险管控、治理与修复等技术规范以及环境影响评价技术导则制修订工作”。2016 年，环境保护部颁布的第 42 号令《污染地块土壤环境管理办法（试行）》中明确规定要在污染地块详细调查基础上开展风险评估，并规定风险评估应包括污染物、主要暴露途径、风险水平等内容。2018 年生态环境部、国家市场监督管理总局发布的《土壤环境质量 建设用地土壤污染风险管控标准（试行）》（GB 36600—2018）规定了保护人体健康的土壤污染风险筛选值和管制值。2019 年 6 月，生态环境部颁布的《污染地块地下水修复和风险管控技术导则》（HJ 25.6—2019）进一步规范了污染地块地下水修复和风险管控工作。

我国污染场地风险评估经历了近 10 年的历程，初步形成了基于风险的污染场地环境管理体系[4]。我国的风险评估忽略了污染物形态归趋对污染物毒性、生物有效性和暴露途径的影响，普遍存在过于保守、直接把筛选值当作修复目标值的情况，使得许多大型复杂污染场地被过度修复。开展基于污染物归趋、生物有效性等层次化与精细化的风险评估是未来我国污染场地风险评估发展的方向。因此，结合我国国情，开展精细环境调查与精准风险评估的理论与方法研究，采用更加安全的低影响、低扰动且经济高效的污染场地原位修复技术，并结合工程性风险控制措施，将是未来城市再开发场地污染管控发展的方向。

三、未来待解决的关键技术问题

场地土壤与地下水污染风险管控作为一种经济实用的措施，以风险管控为导向，通过对污染地块设立标志和标识，采取隔离、阻断等措施，防止污染进一步扩散，或划定管控区域，限制人员进入，防止土壤扰动，以及通过用途管制，实施建设用地准入管理，防范人居环境风险，在我国未来的污染场地管理领域有着极为广阔的应用前景，为我国污染场地产业的可持续发展提供了新方向。

从国内发展趋势来看，我国将迎来污染地块修复技术产业的快速发展时期。场地调查是土壤污染防治的一项基础性工作，传统环境调查监测手段将难以实现城市开发建设的全覆盖、精细化的调查要求。场地污染风险管控要与原位精准修复相结合，采取直接监控和间接监控等措施，发挥低扰动的地球物理探测技术的优势，结合场地再开发规划和建设方案，采取因地制宜、分类管理的方式开展风险管控。同时以时间为尺度进行长期监测和维护，大力提高在线监测分析系统的集成化与智能化水平，实现云端数据反馈的动态实时与可视化，最终实现对原位精准修复的智能化过程追踪，同时加快建立基于风险管控的效果评估方法及技术规范。未来修复技术将从单一的修复技术转向多技术联合的工程修复技术，促进低成本的原位精准修复、基于监测的原位自然修复和环境友好的生物修复等绿色修复技术。土壤和地下水一体化修复技术、基于模块化设备的快速高效修复技术也将成为发展重点。

要实现经济建设与生态文明建设的绿色协调发展，场地土壤与地下水污染风险管控与协同原位精准修复技术的应用尚有许多重大问题需要解决，主要包括以下几方面。

（1）现场在线的污染筛选和地层刻画等精准调查技术。通过环境化学现场快速检测技术与地球物理探测技术融合应用，建立地层物性参数变化与污染物之间的数学关系，提升复杂场地调查的效率与精准度。污染源-地层-地下水的精细三维识别技术和相应的大数据分析技术，将有力推动风险管控实施。

（2）建立基于我国污染场地特色的精准风险评估技术。建立包括自然地理、气象气候、土壤理化、岩土参数、受体暴露、建筑物特征等参数的风险评估本土参数取值数据库，重点开展污染物在土壤-地下水中的污染过程与传输机制研究，综合运用数值模型精细刻画污染物在场地多介质中降解或消减特征。

（3）研发基于高分辨率污染物浓度和水文地质数据的实时获取、场地大数据的储存和分析、污染物通量精确测算、三元法、环境层序地层学、创新地表和钻孔地球物理技术的精准修复技术体系的建立以及多种原位修复技术的有效组合和修复试剂的定向精准注射等关键技术。

（4）建立土壤-地下水污染监测、风险管控与协同原位精准修复一体化技术体系。发展场地污染风险管控与分类施策的治理修复策略，未来将有更多污染场地，尤其是针对大型复合污染场地，根据污染场地的利用功能和规划开发，采用污染风险管控与原位精准修复技术相结合的修复方案。发展基于监测的自然衰减技术。该技术具有环境扰动小、运行能耗低的优点，可以被大规模地应用于特定污染场地的风险管控中。复杂环境地质及复合污染条件下物理-化学-生物协同修复关键技术与装备研发，以及土壤和地下水一体化修复技术、基于设备化的快速高效修复技术的开发，并对多相抽提、原位热脱附、表面活性剂处理重质非水相液体、纳米等关键技术进行工程示范。

四、未来发展前景及我国的发展策略

（一）未来发展前景

从目前到 2035 年是我国污染风险管控与协同原位精准修复技术赶超国际先进水平的重要机遇期，到 2035 年有望实现如下发展目标。

（1）未来 5～10 年，我国将在京津冀、长三角、珠三角等典型地区建立可复制、可推广的土壤-地下水污染监测、风险管控与协同原位精准修复一体化技术体系，并对多相抽提、原位热脱附、表面活性剂处理 DNAPLs 等关键技术进行工程示范。

（2）未来 10～20 年，我国将全面实施基于风险的可持续修复环境管理框架体系，全面形成多介质监测、修复材料及装备生产基地，实现污染地块风险管控及安全再开发目标。

（二）我国的发展策略

随着我国《中华人民共和国土壤污染防治法》以及相关法律法规的推进，我国将迎来污染地块修复技术产业的快速发展时期。各省（自治区、直辖市）需制定配套的标准与政策，加强政府监督，为全面深入开展土壤污染防治工作提供制度保障。加强产学研用协同创新，重点支持污染场地安全修复技术等实验室、工程中心、野外科学研究台站等科技平台建设，提升科学创新和技术推广能力。把握全球科创中心建设的重要机遇，努力搭建污染场地修复行业交流平台，开展国内国际合作研究与技术交流，引进、消化、再创新各种先进技术和管理经验等，促进修复材料和装备的科研成果转化。

加快完善覆盖环境调查、测试分析、风险评估、修复工程设计与施工、设备制造和药剂研发应用等环节的产业链，鼓励行业主体开展基础性研究及应用性研究，为污染地块修复行业发展提供基于费用效益分析、具有自主知识产权并适合国情的实用型修复技术、设备，形成我国污染场地土壤与地下水污染风险管控与协同原位精准修复技术应用模式。依托陆续开工的场地污染修复工程项目，以示范工程打造和最佳实践基地建设为基础，以点带面，加快推进污染地块修复技术产业发展，增强我国修复行业的核心竞争力和品牌影响力。同时加强社会监督，强化污染源管理，推进污染治理进展等信息公开，营造社会公众重视并参与场地土壤与地下水污染保护的良好氛围。到2030年，场地土壤与地下水污染风险管控与协同原位精准修复技术的广泛应用将为我国区域安全健康的生态环境建设做出重要贡献。

参考文献

[1] 骆永明. 中国污染场地修复的研究进展、问题与展望［J］. 环境监测管理与技术，2011，23（3）：1-6.

[2] Deeb R，Hawley E，Kell L，et al. Assessing Alternative End-points for Groundwater Remediation at Contaminated Sites［DB/OL］. http://serdp-estcp.org/content/download/10619/130969/file/ER-200832-FR.pdf［2011-05-30］.

[3] EPA. Superfund Remedy Report（SRR）Fifteenth Edition（EPA-542-R-17-001）［DB/OL］. https://www.epa.gov/remedytech/superfund-remedy-report［2017-07-30］.

[4] Luo Y M，Tu C. Twenty Years of Research and Development on Soil Pollution and Remediation in China［M］. Beijing：Science Press，Singapore：Springer Nature，2018.

第五节　土壤污染防治与绿色修复中的现代生物、纳米、智能技术展望

骆永明　滕　应　刘五星　赵　玲
（中国科学院南京土壤研究所）

一、发展现代生物、纳米、智能技术的重要意义

基因工程、纳米科学、人工智能被称为21世纪的三大尖端技术。利用基因编辑或转基因技术培育适合生物修复的种质资源，效益高、开发周期短。在污染土壤微生物修复菌种资源方面，目前国内外科研工作者已从单纯的菌株分离、筛选向基因工程菌的人工构建方向迈进，已培育出可降解石油及其衍生物、农药、化工污染物等微生物。在植物资源方面，已开始利用基因编辑技术

定向编辑植物吸收重金属的基因，增强超积累植物对重金属的富集或培育低积累重金属的作物品种等。此外，基于宏基因组测序与分析，监测生物修复过程中土壤微生物活性和优势降解微生物种群的变化及其与土壤环境条件的相互关系，并在此基础上对修复过程进行动态调控，以确定优化的修复工艺和关键技术参数，也是实现高效精准修复的主要手段之一。因此，随着现代生物技术的快速发展，利用微生物（生物修复）和植物（植物修复）转化或去除有毒污染物实现污染土壤的绿色修复，必将成为该领域重点开发和应用的技术手段。

纳米科技是 20 世纪 80 年代末诞生并崛起的新科技，该研究领域是人类过去很少涉及的非宏观、非微观的中间领域，从而开辟了人类认识世界的新层次。纳米材料具有巨大的比表面积以及超强的表面吸附、氧化还原和催化活性，使得纳米材料克服了传统修复材料的部分缺点，在污染土壤修复中表现出极高的修复效率。例如，与传统的颗粒铁粉相比，纳米零价铁具有粒径小、比表面积大、表面吸附能力强、反应活性强、高还原效率和高还原速率等优点，对三氯乙烯（TCE）和多氯联苯的还原脱氯速率常数是传统颗粒铁粉的 10～100 倍。纳米技术作为一项新兴前沿技术，随着技术逐步发展与成熟，其将在环境污染治理中发挥越来越重要的作用。

人工智能集合了计算机科学、逻辑学、生物学、心理学和哲学等众多学科，在语音识别、图像处理、自然语言处理、自动定理证明及智能机器人等应用领域取得了显著成果。可以预见的是，人工智能必将成为下一次工业革命的核心，当前 90%的人力工作将来都有可能被人工智能取代。国际上“大数据+互联网+人工智能”理论和技术日益成熟，应用领域也不断扩大。随着我国在人工智能、量子通信等方面取得重要进步，人工智能技术也将全面进入土壤污染防治领域，在土壤环境信息大数据平台建立、污染风险管控的知识图谱构建、智能评估与预警预控系统开发以及适用于土壤污染调查评估与治理修复的作业机器人研制等方面发挥巨大作用，从而极大地提升对污染土壤风险的精准管控能力和科学决策水平，实现行业变革和跨越式发展。

二、国内外相关研究进展

（一）国外近年来的研究动向

近年来，随着分子生物学技术的发展，宏基因组学、转录组学和其他多组学技术在土壤生物修复领域得到广泛应用。基于组学的微生物群落水平动态监测，在指导优势降解菌的筛选和生物修复过程的调控方面起到越来越重要的作用。在修复菌剂的研制方面，通过基因重组与基因编辑等相关技术定向开发高效降解有机污染物和耐受重金属毒害的高活性微生物制剂，土壤修复的效率大大提高。在植物修复方面，随着基因编辑技术的发展，转基因植物获取的效率大大提高，这使得转基因植物在土壤修复中的应用得到越来越多的关注。目前具有修复功能基因的相关转基因植物研究已经从模式物种发展到工程适用植物的研究。比如多年生西部麦草是一种广泛分布于北美洲的美国本土物种，非常适合植物修复，研究发现经 *xpla*、*xplb* 和 *nfsi* 转化的西部麦草对三硝基甲苯（Trinitrotoluene，TNT）毒性的抗性和解毒作用均强于野生型西部麦草。

世界各国纷纷将纳米技术的研发作为21世纪技术创新的主要驱动器，相继制定了发展战略和计划，以指导和推进本国纳米科技的发展。近年来，环境友好型纳米材料修复污染土壤的研究已成为国内外关注的热点，主要集中在纳米材料的制备、结构表征、污染物去除机制和去除效率等方面。同时，纳米材料已被研究用于场地土壤污染修复，但主要局限于纳米零价铁还原固定饱水带土壤中重金属离子和降解有机氯，已实施了一些污染土壤/地下水的纳米零价铁修复工程案例。在纳米技术开发和商业化方面，美国和日本处于国际“领跑”地位。2007年，美国制定了纳米技术发展的四大目标，即确保并持续推进美国国家纳米技术研究和开发计划处于世界领先水平，促进纳米新技术向商业产品和公众服务转化，加强并持续提供高素质人力资源、技能型劳动力，以及推动纳米技术发展的支撑设施和工具，提供纳米技术安全可靠发展的相关必要支撑。

人工智能技术作为当今世界的前沿科学技术，近年来产业及市场已经呈现了集中爆发的增长态势。美国、英国、日本等发达国家均大力发展人工智能，在政策、市场等多方面给予支持。近年来，美国相继发布了《美国国家创新战略》《国家机器人计划》等政策。2016年，美国还成立了“人工智能和机器学习委员会”，组织和协调美国各界在人工智能产业方面的行动，研究制定人工智能领域的相关政策和法律。英国在2013～2017年相继推出了“现代工业战略”、“Future 50”和“数字战略”等国家战略来扶持人工智能产业。日本依托在机器人制造领域的世界领先地位，推动人工智能产业的快速发展，相继出台支持政策。德国发布“工业 4.0”计划支持智能机器人和人工智能发展。人工智能作为未来的一种通用技术，本身应用的领域可能是有限的，需要嫁接于特定的产品和业态上，例如日本就非常强调人工智能与本国优势的机器人产业的融合。

（二）我国的研究开发现状

目前，我国学者已经通过现代生物技术筛选和构建多个具有降解农药、塑料、多氯联苯、多环芳烃（PAHs）、石油烃、染料和酚类化合物等多种有机污染物功能基因的菌株，在强化有机污染土壤生物修复方面起着重要作用。在植物修复方面，我国从 20 世纪 90 年代中后期开始土壤重金属（含类金属砷）污染的植物吸取修复研究，先后发现了一批具有较高研究价值和应用前景的铜、砷、镉、锰等重金属的积累或超积累植物，并从重金属耐性和超积累生理机制、重金属超积累调控分子网络、植物吸取修复的根际过程与机制、吸取修复强化措施和修复植物处置与资源化利用等方面进行了研究，且已有一些较成功的修复工程应用案例。上述研究工作表明，我国重金属污染土壤植物修复技术，尤其是植物吸取修复技术已经在国际上产生了较强的影响力。从已公开发表的转基因植物的研究来看，在土壤修复领域，国内学者对转基因修复植物研究相对较少。但在利用分子遗传学的相关手段挖掘作物重金属积累相关基因中的作用，包括基于正向遗传学和反向遗传学的方法，克隆控制镉在作物中积累的基因，并在阐述这些功能基因控制重金属积累的分子遗传机理方面已开展了大量的基础性研究工作[2]。

我国纳米科技在前沿基础研究、应用技术与成果转化等方面均取得了重要进展，在纳米效应、比表面效应、催化效应等方面开展了系统的研究，部分研究跃居国际领先水平。金属类纳米材料及其改性技术、碳基纳米材料和聚合类纳米材料等典型纳米材料在污染土壤修复方面取得了较大进展。在纳米材料表面改性、生态毒性等方面的研究具有一定的前瞻性，占据国际前沿研究阵地。例如，在纳米材料的毒理学研究方面，建立了较为系统的研究方法，尤其是体内纳米颗粒的定量探测方法，在纳米材料健康效应方面研究具有很强的国际影响力。然而，目前有关纳米零价铁或其他纳米材料在土壤污染修复的工程应用还有待进一步加强。

近些年，在全球人工智能发展浪潮中，我国人工智能技术、产业和市场的发展取得了令人瞩目的成绩，并表现出与发达国家同步的态势。我国人工智能的发展有两个突出的特征。一是实现了全方位的突破与发展。近年来，我国人工智能的发展在各个方面实现了与发达国家同步甚至赶超。从战略和政策体系看，2016年，国家发展和改革委员会等部门联合发布《“互联网+”人工智能三年行动实施方案》，确定了在2018年前建立人工智能基础工业标准化的目标。2017年国务院印发了《新一代人工智能发展规划》，规划到2020年实现人工智能总体技术和应用与世界先进水平同步，人工智能核心产业规模超过1500亿元，到2030年，中国人工智能理论、技术与应用总体上达到世界领先水平。二是在应用上有显著优势。虽然在核心技术方面我国并没有表现出显著的优势，但在实现人工智能应用的场景优化及其相应的商业布局方面走在了世界前列。

三、未来待解决的关键技术问题

（一）现代生物技术

目前针对中低重金属污染土壤，采用超富集植物移除土壤中的重金属，该技术的关键是超富集植物的筛选，但因其过程耗时费力、获得的植株矮小、环境适配性差等缺点，严重阻碍了植物修复在土壤重金属污染修复中的应用。通过基因工程技术改变植物体内与重金属抗性相关的基因的表达量，可以显著影响植物对重金属的抗性和吸收或者通过基因工程技术将外源基因转入作物中，增强作物对重金属的抗性和积累能力，是很有前途的重金属污染土壤的安全利用或修复方式[3]。但复杂的田间因素与转基因作物可能带来的生态环境风险以及公众对转基因作物安全性的争议，使得这些通过基因工程得到的低吸收作物或超富集植物的田间种植面临着巨大挑战。另外，在土壤微生物修复方面，基于高通量测序及宏基因组分析技术，动态监测与分析生物修复过程中微生物活性和优势降解微生物种群的变化及其与土壤环境条件的相互关系，在优化修复工艺和关键技术参数、提高生物修复效率方面起到越来越重要的作用。但是目前大部分环境工程研究人员缺乏生物信息挖掘和统计分析的相关背景，这造成了研究者很难从高通量的宏基因组数据中迅速分析得到最直观的信息，从而极大地限制了这一技术的推广及其在土壤生物修复领域的使用。

在未来10～20年要实现现代生物技术在土壤污染治理方面的广泛应用还需

要加强如下工作：①继续加强对中国特有超积累植物和对污染物具有高效降解能力的微生物的筛选，得到更多的具有独立知识产权的可用于污染土壤修复的种质资源；②基于超累积植物对重金属的吸收、转运、积累和解毒的分子机理研究，挖掘其特殊的关键基因及调控元件，通过遗传修饰改良创造出适用性广、生物量大或富集多重金属的超累积植物新品种；③利用现代分子生物学技术，构建能降解多种有机污染物的高效降解菌株或菌群，研制广谱高效的微生物修复菌剂；④构建面向环境科学和工程研究者使用的针对宏基因组分析的公共分析服务平台，建立简洁、快速的分析手段和方法，帮助研究者解读宏基因组蕴含的核心数据，更好地指导现代生物技术在土壤修复中的应用。

（二）纳米技术

纳米科技是新兴交叉学科技术，涉及物理、化学、材料、信息、生物和医药等多个领域，是当今前沿科技领域的代表，其进展直接反映了全球科技发展的最新态势。纳米技术在环境保护与治理方面的作用也日益凸显，如利用纳米粒子吸附和催化效应可处理污水中重金属和有机污染物，治理空气污染，开发绿色环保材料等。此外，利用纳米技术还可以减少传统支柱制造产业的污染物排放。纳米技术在污染土壤修复方面具有突出的优势，纳米材料表现出强烈的表面吸附、氧化还原反应和催化降解性能，具有传统修复技术难以比拟的修复效率。

尽管纳米材料在污染土壤修复方面有很大的优势，但人们对其潜在的环境风险知之甚少且难以量化。此外，部分纳米材料的高成本也限制了其在污染土壤修复中的应用。因此，要在 2035 年实现纳米技术在土壤污染防治与绿色修复中得到广泛应用，尚有许多重大问题需要解决，主要包括：①纳米功能材料开发与规模化生产技术，包括新型功能性纳米材料设计与制备技术，纳米功能材料规模化生产工艺稳定性控制技术，纳米功能材料团聚体的控制与分散性控制技术，纳米功能材料的稳定性、存储和运输技术。②纳米器件加工制备及污染诊断技术，包括先进的纳米器件原型设计研制与生产加工技术，纳米器件的性能表征技术，纳米器件快速污染诊断技术。③纳米材料精准注入与输送技术，包括复杂土壤-地下水环境下纳米材料精准注入技术，纳米材料的传输模型与纳米材料修复过程中稳定化技术。④纳米材料安全使用规范与评价体系，针对污染场地的污染物、土壤及地下水特征，结合纳米材料的稳定性、反应活性和迁移能力，确定投放地点、输送方式、投放浓度和投放周期等，对纳米材料的生态毒性、传输和积累进行系统研究，并建立监测和评估机制。

（三）人工智能技术

国际上“大数据+互联网+人工智能”理论和技术日益成熟，应用领域也不断扩大，美国、欧盟和日本等发达国家和组织均将人工智能技术研发应用作为未来5～10年的国家战略，形成新的全球技术革命时代。我国也是全球人工智能投融资规模最大的国家之一，人工智能企业在人脸识别、语音识别、安防监控、智能音箱、智能家居等应用领域处于国际前列。目前，我国在人工智能前沿理论创新方面总体上尚处于“跟跑”地位，但大部分创新偏重于技术应用，在基础研究、原创成果、顶尖人才、技术生态、基础平台、标准规范等方面，距离世界领先水平还存在明显差距。

现阶段，人工智能技术在土壤污染防治与绿色修复方面的研究还较为缺乏，要在2035年实现人工智能技术应用于土壤污染防治与绿色修复方面，需解决以下重大问题：①建立土壤环境信息的大数据平台，包括建立完善的互联网高密度环境检测体系，建立完善的环保大数据共享和处理平台，加强对互联网与新媒体技术的融合，以认知计算和数值模型为基础建立土壤污染防治体系；②构建污染风险管控的知识图谱，包括绘制不同类型污染物的健康风险、环境风险、生态风险的知识图谱；③开发智能评估与预警预控系统，包括信息存贮和获取系统、信息处理与分析系统、风险预测与预警判别系统、跟踪监控与预警对策系统、预警信息输出与警报系统；④研制适用于土壤污染调查评估与治理修复的作业机器人等关键技术与装备。

四、未来发展前景及我国的发展策略

（一）未来发展前景

从目前到2035年是我国现代生物、纳米、智能技术在土壤污染防治与绿色修复领域赶超国际先进水平的重要发展时期。到2035年，有望实现如下发展目标。

（1）利用基因编辑/转基因技术培育适用性广、生物量大、富集能力强的重金属超累积植物新品种和对有机污染物具有高效降解能力高效微生物菌剂，培育重金属低积累作物品种，实现作物可食部位重金属含量达标；解决对基因编辑或转基因植物和微生物的风险评估，在更多类型土壤条件下进行大田试验确保对作物产量、品质和对生态环境没有负面效应，并在中轻度污染土壤防治中得到广泛应用。

（2）纳米技术在土壤修复和风险管控领域中得到广泛应用。其中包括研发具有自主知识产权的多种纳米功能材料、纳米器件快速污染诊断技术、纳米材料精准注入与输送技术、纳米材料安全性评估技术，并突破应用技术瓶颈，实现低成本批量生产。建立系统评估土壤中纳米材料的迁移转化与生物生态效应的相关导则，制定纳米材料/技术的安全使用规范/标准，构建经济、高效、安全的修复技术体系，实现纳米材料在土壤污染修复领域的规模化应用。

（3）建立基于人工智能技术的土壤环境大数据平台，构建土壤污染风险管控的知识图谱，开发智能评估与预警预控系统，成功研制适用于土壤污染调查评估与治理修复的作业机器人等关键技术与装备。我国人工智能技术全面进入土壤环境保护领域，实现土壤修复行业变革和跨越式发展。

（二）我国的发展策略

现代生物、纳米、人工智能技术作为引发全球第四次工业革命的高新技术，世界发达国家都给予了其高度重视，投入了大量的资金，制订了发展计划并出台了多项政策扶持其发展，力图占领产业发展新的制高点。我国也应该抓住机遇，大力推动土壤污染的现代生物、纳米和人工智能管控与修复技术发展。在未来 10～20 年实现现代生物、纳米、人工智能技术在土壤修复和环境保护领域的广泛应用，将推动我国土壤修复技术和产业化的跨越式发展，提升国家未来土壤环境治理技术核心竞争力和推动我国可持续发展。

参考文献

[1] Luo Y M，Tu C. Twenty Years of Research and Development on Soil Pollution and Remediation in China [M]. Beijing：Science Press，Singapore：Springer Nature，2018.

[2] Koźmińska A，Wiszniewska A，Hanus-Fajerska E，et al. Recent strategies of increasing metal tolerance and phytoremediation potential using genetic transformation of plants [J]. Plant Biotechnol Rep，2018：12（1）：1-14.

[3] 黄新元，赵方杰. 植物分子遗传学在挖掘作物重金属积累相关基因中的作用. 农业环境科学学报，2018，37（7）：1396-1401.

第六节 化学品风险评估与事故应急预警及控制技术展望

王铁宇
（中国科学院生态环境研究中心）

一、发展化学品风险评估与事故应急预警及控制技术的重要意义

近 30 年来，随着我国工业化和现代化进程的全面推进，化学品在种类和数量上都有了极大的丰富。目前登记在《中国现有化学物质名录》中的化学品超过 4.5 万种，每年还有 100 多种生产或进口数量达到或超过 10 吨的新化学物质在我国登记注册，我国已成为世界化学品的生产和使用大国。但我国化学品的管理水平仍相对落后，近年由化学品泄漏或爆炸导致的事故频发，严重威胁人民群众生命财产安全[1-4]。

Lu 等指出“中国癌症村地图”中癌症村患癌人数多的原因与当地水土长期受到有毒化学品的污染直接相关[5]，有毒化学品污染给人体带来了潜在的健康风险，由化学品导致的安全事故和环境污染等问题亟待解决。化学品在生产、储存、使用、运输过程中一旦发生泄漏、火灾或爆炸事故，极容易造成大面积的群死群伤事故。同时，含化学品的废气、废水或废物的泄漏和偷排造成的环境污染事件对区域社会经济和人民生活造成极大的影响和损失，如何有效地监管化学品排放，是管理部门当前面临的新问题。

为在源头上避免生产、储存、使用化学品给人类和自然环境带来不利影响，遏制化学品安全事故的高发态势，规避化学品潜在的健康威胁，对化学品进行风险评估极为重要[6]。此外，针对危害较为严重的化学品事故开展事故应急预警与控制，力争在事故发生前解决隐患，事故发生后挽救损失，对保障人民群众的生命财产安全意义重大。

经过几十年的努力，我国已经形成一套相对完整的化学品管理法规体系，如《危险化学品安全管理条例》《危险化学品登记管理办法》《道路危险货物运

输管理规定》《易制毒化学品管理条例》《药品类易制毒化学品管理办法》《中华人民共和国大气污染防治法》《中华人民共和国水污染防治法》《中华人民共和国固体废物污染环境防治法》等。但现行的法律法规主要以安全生产为目的，侧重于减少安全事故及人员伤亡，而对化学品风险评估与事故应急预警及控制关注较少。因此，深入开展化学品污染风险预警和应急响应领域的研究符合国家战略需求，对可持续发展、生态文明建设具有重要的实际意义。

二、国内外相关研究进展

（一）国外近年来的发展动向

国际上对化学品风险评价与管理进行了广泛研究与实践。1975 年，联合国环境规划署建立了“国际潜在有毒化学品登记中心”（International Register of Potentially Toxic Chemicals，IRPTC），专门从事化学品全球观察和全球环境评价方面的活动，对潜在化学品可能造成的危害进行全球性早期预报。1992 年，在巴西里约热内卢召开的联合国环境与发展会议上，将化学品的环境无害化列入《21 世纪议程》，成为人类社会可持续发展战略的组成部分。1998 年美国环境保护署制定的《生态风险评价指南》是目前应用最为广泛的风险评价指导性文件，化学品风险评价也随之向生态风险评价方向发展。2001 年，欧盟发布了《欧盟未来化学品管理政策白皮书》，对现有化学品实施“注册、评估、授权和限制”的新管理系统（即 REACH），对世界化学品生产和贸易产生了很大影响。2002 年，联合国危险货物运输和全球化学品统一分类和标签制度专家委员会通过了《化学品统一分类和标签全球协调制度》（*Globally Harmonized System of Classification and Labelling of Chemicals*，GHS）。从此，GHS 每两年更新一次，第八次修订版已在 2019 年完成。目前，国际范围内，包括美国、加拿大、欧盟、日本、韩国、巴西等全球主要工业化国家和组织都已经逐步实施了 GHS，为国际化学品环境管理奠定了坚实的基石。

随着国家对化学品管理越来越重视，监测基础设施日益健全，数据积累日渐丰富，实现大数据支撑下智能监控预警的条件已经成熟。瑞士联邦水科学与技术研究所和苏黎世联邦理工学院探讨了数据驱动下的城市化学品管理，提出了城市市政基础设施的监管设想和研究展望[7]。由德国亥姆霍兹环境研究中心领衔，来自 13 家欧美顶级研究机构的学者们指出广泛用于测量物理（温度）和化学（导电性、溶解氧）等属性的传感器已经成为在线快速检测技术的一部分，用于营养物质、溶解二氧化碳、浊度、藻类色素和溶解的有机物质等监测的新型传感器现在可以在时间尺度与其基本的水文、动力、元素和生物驱动因素相称情况下进行实时监测[8]。可以设想基于传感器的在线监测，结合大数据技术在预测和控制化学品污染事故能力方面有着广阔的应用空间。

（二）我国的研究开发现状

我国早期对化学品的管理主要以安全生产为目的，对化学品的风险评估和事故应急预警与控制关注较少。当前我国的法律法规很难对具有慢性毒性的污染物产生约束，如一些持久性有毒污染物（persistence，bioaccumulation，toxicity，PBT）通常会对人体健康造成损害或对生态系统及区域环境造成持久性的不利影响，并且这种不利影响很难在短时间内被发现。但是一旦发现很难修复或逆转，难以认定排污责任主体，公民权益将无法保障。2015 年，国家安全生产监督管理总局等十部委正式发布《危险化学品目录（2015 版）》。它将危险化学品分类修改为物理危险、健康危险和环境危险三大类，28 个大项和 81 个小项，与联合国 GHS 的标准一致，这标志着我国化学品分类管理工作基本与国际接轨。同时，我国也加大了对化学品环境风险的评估与应急管理领域经费的投入，化学品风险评估与事故应急预警及控制技术发展迅速。

经过多年的环境污染应急的实践与研究，我国在应急响应的组织实施方面已经形成了较为完善的规范。然而，在“应急监测”、“事故期预警”、“技术预案/方案制定”和“处置工程实施”等几个关键环节还不尽如人意，可提供的科技支撑依旧薄弱，难以为应急控制工程全过程精细化的实施提供决策支持。伴随着突发性污染事件的不断发生和国家对化学品应用与管理的重视，国内学者开展了大量化学品污染应急的实践与研究，特别是关于突发污染应急预警、应急监测及相关应急管理的研究。汤鸿霄院士[9]也提出，环境科学与技术接下来将会充分运用卫星遥感、数值信息、模拟模式、多媒体图像等学科技术，再加上互联网、大数据、人工智能等新增创新手段，试图以数字量化来描述大范围环境体系变化，达到准确阐释和预报环境动态和灾害。

三、未来待解决的关键技术问题

基于快速发展的传感器技术和大数据信息平台、集成研发化学品风险评估与事故应急控制技术，将会大大提升我国化学品环境风险管理能力与决策水平。化学品风险评估与事故应急预警及控制技术需要重点解决构建化学品危害识别的模式生物库、研发高风险化学品定量传感器、基于生态环境大数据的风险因子自动识别与损害判定等关键技术。

（一）构建化学品危害识别的模式生物库

利用合适的模式生物开展生态毒理学测试研究，掌握可靠的化学品环境行为、环境危害信息是化学品环境管理的重要基础。环境保护更宜以本土模式生物为实验对象，获得相关毒理学数据，评价化学品对本土生物可能造成的影响，确定适合当地的环境保护目标，体现环境保护的区域针对性。

我国新化学物质申报登记制度要求根据申报数量提交鱼类、溞类、藻类、蚯蚓、鸟类、活性污泥的急性或慢性毒性数据。农药登记制度规定不同类别的农药需提供蜜蜂、家蚕、天敌两栖类、虾、蟹等大型甲壳动物或禽、畜等的毒理学数据。理论上环境保护的对象是整个生态系统，化学品环境管理需要针对水体、沉积物、土壤、大气、污水处理厂等不同环境介质分别开展风险评价。

因此，未来应根据管理需求，结合科研发展，不断扩大化学品环境管理模式生物的研究范围，加强实验动物标准化，野生动物实验动物化，筛选、培养出更多的本土模式生物，整合与集成已有化学品毒理学研究成果，构建化学品危害识别的模式生物库。

（二）研发高风险化学品定量传感器

化学品使用日趋广泛，传统化学品毒性评价方法已无法满足有害化学物质暴露急剧增加及大量新化合物的评价需求。作为可替代传统实验动物的评价方法，生物传感器是一种将生物识别元件与物理化学检测器相结合，用于检测分析物的装置。电化学生物传感器结合了电分析方法的高灵敏性和高选择性的优点，在生命分析领域具有明显优势。首先，极高的灵敏度基本满足了生命分析对检测限的需求，而且近几年纳米技术的发展也极大地提升了电化学生物传感器的检测灵敏度，拓宽了应用范围。其次，电化学生物传感器对检测的样品体积依赖程度非常低，基本不受样品复杂程度的影响。

电化学生物传感器种类繁多，根据功能识别元件的不同可以分为酶传感器、免疫传感器、组织传感器、基因传感器、微生物传感器、细胞传感器等。以活体细胞为例，细胞作为生物传感识别元件之一，能够高灵敏地感知外界环境刺激，利用其在环境毒物、药物等的外界刺激下，细胞代谢、细胞阻抗、细胞外酸化率等生理参数的变化，间接反映化学品的毒性大小。基于生物传感器的优点，未来拟根据化学品的物理化学性质、毒性危害等，研发针对不同高风险化学品的定量传感器。

（三）风险因子自动识别与损害判定

大数据是现阶段用于海量数据集合的常规、有效的手段。化学品种类众多、性质各异、数据量巨大、处理速度偏慢，与大数据融合是下一步发展的趋势。在化学品风险因素识别、风险模型的分析、构建与评估的基础上，使用大数据从风险源头进行化学品事故风险的评估首当其冲。如何使用大数据对化学品数据进行有效的处理，准确使用大数据进行化学品风险评估和事故预警，是现如今大数据与化学品风险评估和预警面临的新挑战。

基于环境监测基础设施、大数据和人工智能等技术，通过开展化学品污染特征采集与分析、定性光谱识别、定量反演溯源和实时监控预警，建立一套集化学品污染特征识别、监控预警、溯源分析功能为一体的风险因子识别与损害判定技术体系，实现化学品污染监控预警功能和事故应急响应功能，以应对目前存在的环境管理问题，并提高污染预警溯源精准性，为化学品污染信息的准确分析及时处置提供全面的技术支撑。

四、未来发展前景及我国的发展策略

（一）未来发展前景

预计未来 5～10 年，我国将在化学品危害敏感物种基因图谱和种质库、事故高发高风险化学品快速光电感应与定量、空天一体化的风险评估与损害判定等方面取得重要进步。预计未来 10～20 年，我国将能够实现化学品污染事故的风险实时评估与全过程防控，风险预警与事故应急的快速响应，全面提升我国化学品环境管理与风险防控技术水平。

（二）我国的发展策略

为应对不断增加的化学品，须不断提高化学品风险评估技术，完善化学品管理体系，加强化学品污染事故的风险预警与控制，实现化学品的安全利用与生态环境的协调发展。

应充分认识国际和国内的化学品风险评估与事故应急预警及控制的相关发展趋势，明确化学品应用与管理在我国生态文明建设中的重要地位，针对化学品“种类多、存量大、风险差异明显”的特点，构建化学品危害和暴露数据信息库与风险评估和管控技术体系，加强对外交流与合作，提高技术和管理人才队伍的专业水平。通过产学研用的结合，实现科研、管理、应用等部门联动，到 2040 年，化学品风险评估与事故应急预警及控制技术的广泛应用将为我国生态环境可持续发展做出重要贡献。

参考文献

[1] 朱天舒，国淼发，李建新，等. 城市应急联动系统框架研究——以危险化学品爆炸事故为例［J］. 中国安全生产科学技术，2007，3（6）：4-7.
[2] 戚建刚，杨小敏. “松花江水污染”事件凸显我国环境应急机制的六大弊端［J］. 法学，2006，（1）：25-29.
[3] 罗艾民，王如君，多英全. 对天津港“8·12”特别重大火灾爆炸事故相关法规标准的思考［J］. 中国安全生产科学技术，2017，（7）：82-86.
[4] Jiang J P，Wang P，Lung W-S，et al. A GIS-based generic real-time risk assessment framework and decision tools for chemical spills in the river basin［J］. Journal of Hazardous Materials，2012，227-228：280-291.
[5] Lu Y，Song S，Wang R，et al. Impacts of soil and water pollution on food safety and health risks in China［J］. Environment International，2015，77（1）：5-15.
[6] 王铁宇，周云桥，李奇锋，等. 我国化学品的风险评价及风险管理［J］. 环境科学，2016，（2）：404-412.
[7] Kumpel E，Peletz R，Bonham M，et al. Assessing drinking water quality and water safety management in Sub-Saharan Africa using regulated monitoring data［J］. Environmental Science & Technology，2016，50（20）：10869-10876.
[8] Rode M，Wade A J，Cohen M J，et al. Sensors in the stream：the high-frequency wave of the present［J］. Environmental Science & Technology，2016，50（19）：10297-10307.
[9] 汤鸿霄. 环境科学与技术的扩展融合趋势［J］. 环境科学学报，2017，（2）：405-406.

第七节　水土保持的生态修复与功能提升技术展望

刘世梁　董世魁　崔保山
（北京师范大学环境学院）

一、发展水土保持的生态修复与功能提升技术的重要意义

水土资源是人类赖以生存与发展的物质基础，水土流失状况是衡量区域生态环境条件的重要指标。我国水土流失问题非常严重，据统计，2018年我国水土流失面积为273.69万千米^2，其中水力侵蚀为115.09万千米^2，风力侵蚀为158.60万千米^2。每年水土流失导致耕地面积损失接近7万千米^2[1]。而且，天然草原退化情况不容乐观，沙化土地也以每年3000千米^{2}的速度扩大。水土流失导致区域植被面积不断缩小，地区生态环境恶化，而且绝大多数农村低收入人口居住于水土流失地区[2]。

改革开放以来，我国开展了大规模的以水土保持为中心的生态建设，取得了举世瞩目的成就，如七大流域水土保持工程、国家级水土保持重点治理区、小流域山水田林路电村综合治理等，通过综合治理，减少土壤侵蚀量15亿多吨，增加保水能力250亿米^3，并改善生态环境和群众生活[3]。但总体上，我国在水土流失治理工作中的投入仍明显不足，其在整个水利投资当中的占比仅为7%。基于水土流失可能造成的严重后果，加大水土流失治理力度，并且维持和巩固已有的水土保持成效，是我国面临的一项长期、艰巨而迫切的任务[2]。

目前，传统的水土保持措施存在诸多弊端。比如，人工水土保持及其工程的收效甚微，同时易造成新的生态环境问题，并受到物价和人力资源的影响，成本也难以控制。在这种情况下，运用生态修复手段提高水土流失防治力度，并突破相应的技术要点就显得尤其重要。目前，我国各地实施了封山育林、封山禁牧、自然保护区等生态恢复措施，已经证明水土保持的生态修复措施在增加地表覆盖、控制水土流失和水源涵养等方面起到了良好的效果，生态修复将成为未来治理水土流失问题的主要对策[4]。

二、国内外相关研究进展

（一）国外近年来的研究动向

水土保持的生态修复与功能提升技术最早开始于美国和欧洲等发达国家和地区。早在 20 世纪初，这些发达国家就已经通过种植试验和工程措施等，在土壤侵蚀区、退化矿区等土地上开展水土保持和生态环境修复。目前，水土保持和生态修复的相关技术已成为水利工程、采矿活动和农业生产等产业的重要组成部分[5]。发达国家通过制定相关的法规理顺水土保持的管理体制、监督和评价等制度措施来保证生态修复的成效。到 20 世纪末期，发达国家的水土保持成效显著，如矿区的水土流失治理率达到 80%以上，积累了丰富的经验，取得了丰硕的成果，形成了一大批经典的、成熟的生态修复案例[6]。

目前，美国、欧洲等国家和地区已经陆续开展土壤侵蚀高精度监控、退化坡面土壤修复、土壤生物修复的物种筛选、土壤原位异位生态功能提升等技术开发。在治理风蚀影响方面，主要措施包括残基保持与土壤表面保护、土壤凝聚力提升、长时间覆盖和更换掩蔽带等。澳大利亚及中东的部分国家针对水土保持的生态修复与功能提升技术得到较好的案例应用，但受制于成本及技术本地化的滞后性，应用的深度与广度有待提高。生态修复与功能提升技术需要重点解决人工生物结皮治沙、物种选育、人工栽培、物种搭配、微生物和化学调控剂使用、无灌溉人工恢复、地域植被与人工植被融合等关键技术[6]。

针对特定生态关键带和自然地理区域，发达国家开展了较多的探索。在高山和高寒区域，欧美等发达国家开展了综合性的水源涵养、水土保持与生态修复等技术体系的研发，目前，已成功实现了基于生态系统方法（ecosystem-based approach）的高山（原）多尺度生态恢复重建计划，中国即将以“泛第三极研究计划”为基础，开展包括青藏高原在内生态安全屏障体系的建设。针对草原区土壤侵蚀，美国、澳大利亚、加拿大等国家也将陆续研发针对草原生态功能提升的健康维持、多服务功能提升、适应性管理等技术。在河岸侵蚀方面，美国专门制定了政策以建立河岸缓冲区和提高水质量的办法来保护国家水资源免受侵蚀和径流污染，稳定土壤、保护河岸或提供河岸走廊[7]。

（二）我国的研究开发现状

21 世纪以来，国外水土保持相关技术逐渐传入中国。对于传统水土保持的工程措施来说，中国和目前发达国家的技术体系相似，比如在山间修建水库、塘坝、谷坊、淤地坝、沟头防护等小型拦蓄工程，沟渠、过水路面、涵管等配套的灌排工程，在田间修建地梗、梯田、田间排水系统等。

在生态修复方面，发达国家已经开展了以免耕为主的保护性耕作措施，比如免耕、少耕、轮耕、以松代翻、秸秆覆盖、高犁沟耕作、轮种、化学除草、汇水区保留自然草地植被等技术，适宜种植区域内基本全部实施了保护性耕作措施，我国目前也针对特定区域开展免耕等措施。

我国山区和退化矿区也通过在坡面修建水平沟、种植植被来防御大暴雨的侵蚀[8]。在农地开垦种植时实施坡改梯、地埂植物带、等高耕作或轮作方式，减少水土流失。但总体上，在基于水土保持的生态修复与功能提升技术方面，我国仍然落后于发达国家。

综上所述，我国水土保持的生态修复率依然很低，远低于发达国家的生态修复率，而且生态恢复工作还处于分散、小范围、不成熟的阶段。尽管我国水土保持的工程措施投入逐年增加，但是生态修复和功能提升的关键技术仍相对缺乏相关的研究[9]。从综合实践来看，针对水土流失过程的监控、土壤侵蚀的风险预警方面需要加强；从目前山水林田湖草综合整治工程来看，生物技术和工程措施等综合研究和完善，退耕还林、禁牧和轮牧等政策措施，需要进一步配合和完善。

三、未来待解决的关键技术问题

（一）水土保持与水源涵养功能提升技术

针对我国生态安全屏障区和重要生态功能区，水土保持的主要目标是水源涵养，其中关键技术包括关键生态系统功能与生境保护技术、河流和湿地水土流失区的生态修复技术、退化区域的生态修复技术、社区生态保护与资源开发的协调与管控等。预计未来 5～10 年，我国将在生态安全屏障区和生态功能重要区综合生态系统保护、极端退化生境修复以及可持续管理等方面开展大范围的研发与示范工作，并结合国家公园群建设，在生态安全屏障区和生态功能重要区的生态保护实践中实现上述技术的全面覆盖。

（二）生态脆弱区土壤–植被修复成套技术

针对我国生态脆弱区（如黄土高原、荒漠、沙地、退化和沙化草原等区域）的土壤受水蚀、风蚀和灾害等影响严重的问题，预计未来 5～10 年，我国将在生态脆弱区的植被监测与预警技术、风沙治理和优良植物选育技术、复合生态修复技术、微生物修复技术等方面取得重要进步，将为我国生态脆弱区的水土保持治理技术的研发提供坚实的基础。重点完善脆弱区的生态恢复高效控制、植被近自然恢复等关键技术。预计未来 10～20 年，我国将进一步发展地区植被修复成套技术，树立起不同生态脆弱区生态系统的整体、全要素修复理念，提高生物多样性，改善脆弱生态区的生态环境质量，提升其生态系统的多功能性，推动我国脆弱区生态保护和恢复领域实现跨越式发展。

（三）丘陵山地和喀斯特地区水土流失综合治理技术

我国丘陵山地占国土面积超过 30%，特别是南方红壤区，降水量大且水土流失剧烈，在喀斯特地区和石漠化区域，还存在地下水土流失现象[10]。丘陵山地区域的水土流失呈斑点状分布且潜在危险性大，存在崩岗侵蚀风险，需要基于不同的区域生态环境条件和地形特征等采用相应的保土措施。目前，通过植物物种筛选，采取林草群落搭配、景观配置、防护带、防护圈和地貌重塑等手段对关键部位的生态修复与保护措施具有重要的意义，且亟须研究和完善土壤侵蚀多要素生态恢复和生物技术等关键综合治理技术。

（四）水土保持的生态系统服务提升的集成修复技术

对于目前我国开展的山水林田湖草生态综合治理来说，需要从流域尺度上，按照生命共同体的理念开展水土保持和生态修复，是以功能提升为导向的多功能的集成修复，体现流域生态系统服务提升的目标特点。重点需要解决关键流域的土壤侵蚀监控与风险预警、工程措施加生物措施综合技术研究，生态工程技术多尺度集成等技术。预计未来 5～10 年，我国将主要在水土保持关键带区域，在土壤侵蚀的工程-生物-生态调控、生态脆弱区植被-土壤-水文恢复、退化农田土壤肥力提升与综合整治、退化矿区土体与地貌重塑等方面开展一系列工作，并进一步针对区域特色，对不同水土保持的生态修复的技术进行集成。

四、未来发展前景与我国的发展策略

（一）未来发展前景

从目前到2035年，是我国生态文明建设的关键期，伴随我国山水林田湖草工程的实施和美丽中国的建设，我国水土保持的生态修复与功能提升技术有望实现如下发展目标。

（1）预计未来5～10年，我国将主要在黄土高原、喀斯特等地区的土壤侵蚀的工程-生物-生态调控、生态脆弱区植被-土壤-水文恢复、退化农田土壤肥力提升与综合整治、退化矿区土体与地貌重塑等方面开展系列工作。

（2）预计未来10～20年，我国将开发出不同区域水土保持的生态修复的集成技术，广泛应用到生态修复的工作实践中。在水土保持的技术方面，实现空-天-地一体化的生态监测、预警、生态修复与保护技术体系，进一步推动水土保持的生态修复成效与区域生态系统服务功能提升。

（二）我国的发展策略

目前，我国亟待治理的水土流失面积接近200万千米^2，因此，水土保持的任务艰巨，生态修复具有重要的意义。水土保持的生态修复和功能提升的目标就是控制各种新的水土流失的产生，遏制水土流失的发展趋势，建立起较完善的水土流失预防监督体系和水土流失动态监测网络，为经济和社会可持续发展创造一个良好的生态环境。

实施水土保持的生态修复与功能提升，需要有如下的发展策略。

（1）长远规划，分步实施。从可持续发展的战略高度，制定切合实际的治理目标。

（2）坚持山水林田湖草生命共同体的理念，以县为基本单位，以小流域为治理单元，开展综合治理。

（3）水土保持的生态修复需要和社会经济发展，特别是区域可持续发展相结合，强调生态经济协调发展、生态优先的策略。

参考文献

[1] 梁音，杨轩，潘贤章，等. 南方红壤丘陵区水土流失特点及防治对策 [J]. 中国水土保

持，2008，(12)：50-53.
[2] 曹永强，郭明，刘思然，等. 基于文献计量分析的生态修复现状研究［J］. 生态学报，2016，36(8)：2442-2450.
[3] 刘国彬，杨勤科，陈云明，等. 水土保持生态修复的若干科学问题［J］. 水土保持学报，2005，(6)：126-130.
[4] 吴丹丹，蔡运龙. 中国生态恢复效果评价研究综述［J］. 地理科学进展，2009，28(4)：622-628.
[5] 杨爱民，刘孝盈，李跃辉. 水土保持生态修复的概念、分类与技术方法［J］. 中国水土保持，2005，(1)：11-13.
[6] Jia C，Xiao H B，Li Z W，et al. Threshold effects of vegetation coverage on soil erosion control in small watersheds of the red soil hilly region in China［J］. Ecological Engineering，2019，132：109-114.
[7] Xiong M Q，Sun R H，Chen L D，Effects of soil conservation techniques on water erosion control：a global analysis［J］. Science of the Total Environment，2018，645：753-760.
[8] 丰瞻，许文年，李少丽，等. 基于恢复生态学理论的裸露山体生态修复模式研究［J］. 中国水土保持，2008，(4)：23-26，60.
[9] 马骞，于兴修. 水土流失生态修复生态效益评价指标体系研究进展［J］. 生态学杂志，2009，28(11)：2381-2386.
[10] 吴清林，梁虹，熊康宁，等. 石漠化环境水土综合整治与山地混农林业前沿理论与对策［J］.水土保持学报，2018，32(2)：11-18，33.

第八节　重化工毒性特征污染基因图及全过程控污策略相关技术展望

赵　赫　石艳春
（中国科学院过程工程研究所）

一、发展重化工毒性特征污染基因图及全过程控污技术的重要意义

我国是世界制造业大国，工业经济在国民经济具有举足轻重的地位。在现在及未来 20 年内，重化工行业总体仍将是支撑我国国民经济持续高速发展的基础产业。此外，我国长期居于产业链下游，一方面为世界提供高份额的资源能源密集型加工业生产的基础原材料和低端产品；另一方面也付出了极其沉重的

资源环境代价，即资源能源消耗突出、污染排放严重。仅以末端控制为主要手段的污染处理成本居高不下，已经难以满足不断提高的环境标准要求。

我国工业污染治理和环境保护问题交错叠加，大宗污染物（如 COD、氨氮）等老问题尚未完全解决，有毒有害污染物的健康效应和风险控制等新问题已经显现。当前，能够检出数百种不同类型有毒污染物质，包括致癌物、致畸物、致突变物和内分泌干扰物等。不同于常规污染物，有毒有害污染物表现为毒性大、对人体的危害具有潜伏性和累积性、形态多，其危害具有隐蔽性和突发性等特征，难以在环境中降解及消除[1-2]。工业生产过程的污染成因、物化与生物性质是进行污染有效控制的基础；特别是作为我国重点特色产业的煤化工行业，即使发达国家至今也没有可供直接指导我国煤化工污染治理或环境管理的资料。

因此，我国煤化工、冶金、石化等重点行业污染控制迫切需要实现从常规污染物的末端治理向有毒污染物全过程控制的策略转变[3]，全面深入剖析有毒污染物在不同工艺的全生命周期轨迹；在建立重点行业有毒特征污染物清单的基础上，进一步解析各重点行业有毒特征污染物在不同工艺过程的迁移转化规律，构建行业污染源解析方案与化学品生命周期解析方案；并针对重污染行业，以有毒污染物降低、综合生产成本最小、全过程统筹多目标为导向，构建从有毒有害原料替代、绿色清洁生产源头减排到资源循环利用、末端无害化的行业有毒特征污染全过程综合防控技术体系；建立从原料、生产、加工的有毒特征污染全过程控制关键技术验证、试点及策略体系；通过有毒污染基因图以及全过程控制工程技术的实证，支撑重点行业全过程有毒污染控制技术创新与跨越式发展，明显减少有毒有害污染物产生和排放，化学环境风险得到控制，全面推动工业污染防治从常规污染物末端治理向全过程毒性污染控制的根本性转变。

二、国内外相关研究进展

（一）国外近年来的研究动向

目前，发达国家已经进入工业高加工度化的发展阶段。一方面，为应对新一轮的资源环境危机提出并倡导实施清洁生产以来，美国、加拿大、日本、欧盟等发达国家和地区投入全球性绿色制造行动。欧盟在 2013 年之前投资 1050 亿欧元支持欧盟地区的“绿色经济”，促进就业和经济增长，保持欧盟在“绿色技术”领域的世界领先地位。日本在 2025 年规划中提出了“全部清洁化”战略，大力发展环境导向的清洁生产技术，建立替代性新工艺、新过程、新材料以及污染防治和资源循环体系，到 2025 年使单位产值能耗下降一半，化学物质排放风险趋于零。另一方面，发达国家在 20 世纪 90 年代中期，基本完成了对大量常规污染物的控制研究，不断发现并关注如 POPs、内分泌干扰物、纳米颗粒物、微塑料、抗生素及抗性基因等新的污染问题。

（二）我国的研究开发现状

与发达国家相比，我国工业污染防治的总量控制与浓度控制管理体系均重点关注常规污染物的控制，如 COD 和二氧化硫等，因此针对一般有机污染物的处理技术较多且比较成熟，应用已比较广泛。然而，我国经济高速发展，已成为名副其实的“世界工厂”、全球各种大宗化学品的主要生产基地，这导致污染物呈现高强度、集中排放的特征，我国生态环境正面临人类史上前所未有的挑战。2006 年，国务院相继出台《水污染防治行动计划》《大气污染防治行动计划》《土壤污染防治行动计划》，将污染防治工作提到新的高度，并对造纸、焦化、氮肥、有色金属、印染、农副食品加工、原料药制造、制革、农药、电镀等重点行业进行专项整治。

在国家政策引导下，我国重点行业常规污染物排放已得到了一定的控制，然而煤化工、石化、原料药制造、农药生产等重点行业属于高毒性排放行业，涉及产品种类繁多、原料来源广泛、工艺流程长等，导致产污环节多、“三废”污染物排放强度大、污染物种类繁多、毒性风险高且存在跨介质污染。随着我国经济的快速发展，日渐突出的高毒性排放行业的高环境风险问题以及重大污染事件，已成为我国工业可持续发展的重大制约因素，亟须加以解决。由于控污指标和手段单一，末端治理与生产过程脱节，重点行业特征有毒污染缺乏体系化、层次化的限制标准与控制技术，综合毒性风险管理体系尚不健全，难以满足行业特征毒性污染物的控制需求。同时，相关调研不足，缺乏准确、充分的数据来说明在不同工艺流程与过程中行业特征污染物的来源与生命周期轨迹，亟须构建基于生命周期的重点行业典型有毒特征污染物基因图以及全过程控污策略。

三、未来待解决的关键技术问题

绘制工业污染基因图需要系统了解生产过程的详细工艺流程，以及“三废”排放点、特征污染物及浓度，“三废”排放强度，污染物的物理、化学和生物性质。我国工业污染基因图首先从重污染行业抓起，具体待解决的关键技术问题分为以下三部分。

（1）重点行业典型有毒特征污染物风险筛查与识别。我国重污染行业的原料、工艺流程差别很大，产污环节的不同导致不同行业之间污染排放量、主要污染物及特点的差异很大。针对我国重点行业污染强度大、污染成分复杂的情况，选择我国污染特征各方面均具有代表性的行业，包括煤化工、冶金、石化、原料药制造、农药、造纸、纺织印染等，基于污染物生态风险评估和人体健康风险评估的角度，建立基于风险排序的废水污染物高通量风险筛查技术，研发废水中高风险污染物识别技术、污染物健康危害识别技术；并通过对典型污染物产生量以及生态毒理性、生物有效性、生物富集性、环境迁移转化等特性，对主要污染物的生态效应进行综合环境风险评估，筛选出煤化工、石化、原料药制造、农药等行业优先控制有毒有害污染物。

（2）重点行业有毒有害特征污染物数据库。针对工业过程产生的高风险、强毒性的新兴污染物，开展基于源头—工艺过程—末端排放全生命周期的特征污染物解析，总结行业污染特征。重点研究各行业产污环节污染物组成以及有毒有害污染物的存在形态及特征，总结出我国典型行业“三废”排放量、特征污染物的贡献率和对环境的影响情况，全面掌握我国典型行业有毒有害污染物的污染源分布。通过对重点行业污染源进行解析与梳理，总结各行业特征污染物排放情况，筛选出各行业具有代表性的有毒有害特征污染物，评估各行业有毒有害污染物的综合环境风险。针对我国现今有毒有害污染物环境监管和技术处理短板，总结出典型行业有毒有害污染控制物的清单，构建重点行业/新兴产业特征污染物基础数据库。

（3）基于生命周期的重点行业全过程控污策略与应用。在全生命周期分析的基础上，严格控制煤化工、石化、原料药制造、农药生产等重点行业主流工艺中不同环节有毒污染物原料的使用和产生量，并通过有毒污染物物质流分析，合理采用全过程控制技术，形成有毒污染物减量化的综合集成技术系统。从特征污染物管理、工业排污毒性控制两个不同角度逐步实施重点行业有毒污染物全过程控制的共性策略，并针对微量有毒物质，逐步推行排污综合毒性评价和毒性减排全过程控制策略，大幅度降低生产过程中的毒性排放强度，保护纳污生态环境完整性，最终实现工业有毒物质大幅度减排和环境风险得到有效控制。建立基于综合毒性评估的废水排放管理技术，为我国废水有毒物质和环境风险管控提供技术支撑。

参考文献

[1] 蒙小俊，尹莉，李海波，等. 焦化废水生物处理过程中 PAHs 吸附降解规律研究［J］. 给水排水，2015，51（11）：155-160.

[2] 刘璐，熊梅，刘泽巨，等. 焦化废水处理过程中溶解性有机物的特性研究［J］. 环境工程，2018，36（增刊）：160-164.

[3] Cao H B，Zhao H，Zhang D，et al. Whole-process pollution control for cost-effective and cleaner chemical production—a case study of the tungsten industry in China［J］. Engineering，2019，5：768-776.

第九节　大功率电池的清洁生产与循环利用技术展望

孙　峙　刘春伟　曹宏斌

（中国科学院过程工程研究所）

一、发展大功率动力电池清洁生产与循环利用技术的重要意义

据中国汽车工业协会统计[1]，2016～2018 年新能源汽车销量分别为 50.1 万辆、76.8 万辆和 125.6 万辆，年增幅均超过 50%。根据《“十三五”国家战略性新兴产业发展规划》，2020 年我国新能源汽车累计产销将超过 500 万辆，实现当年产销 200 万辆以上，产值规模达到 10 万亿元以上。截至 2018 年底，我国新能源汽车累计产量已超 280 万辆，推广规模居世界首位；动力蓄电池累计配套量超过 131 吉瓦时，产业规模位居世界第一。

动力电池是新能源汽车的核心部件，其清洁生产特别是关键原料的高效界

内循环与生命周期全过程污染控制将大大促进相关行业的可持续发展。目前各个国家都积极推进清洁能源技术，以锂离子电池为基础的电化学储能支撑了电子、汽车等行业的快速进步，未来8～15年主要工业化国家对大功率电池材料需求将大幅增长。

动力锂离子电池服役周期一般为5～8年，我国2013年前投放市场的新能源汽车电池已逐渐进入报废期，电池回收市场规模在2019年后将急速增长。退役动力电池具有显著的资源特性，富含锂、镍、钴、铜等稀有稀贵金属[2]，均为我国高度对外依赖资源，其对外依存度分别达到了70%、86%、90%和73%；其同时存在严重的环境风险，含有的镍、锰、铜等均为我国二类严控重金属，易挥发含氟电解液以及多种有机溶剂和添加剂，均为危险废物。废旧动力电池的不恰当回收将会导致两个方面的后果：一是给新能源汽车行业的资源供给安全带来严重风险，行业的可持续健康发展无法得到有效支撑；二是回收处理过程可能产生含重金属、高盐、高浓有机废水，含氟、含磷废气，细颗粒物粉尘，含重金属、有机物、氟化物废渣等有毒有害物质，生态环境污染风险大、经济社会影响显著。鉴于大功率动力电池具有典型的污染性和价值性双重属性，解决其材料全生命周期中的资源循环与污染问题已经迫在眉睫。

二、国内外相关研究进展

要实现电池全生命周期的清洁生产，需要解决电池材料生产过程关键原料界内循环与污染控制、短程化/高精度电池材料制备与调控、废旧动力电池的自动化拆解与资源循环、电池可持续设计等关键技术。

（一）国外近年来的研究动向

当前，无论是国内还是国外动力电池循环利用技术主要依赖传统冶金原理与技术[3]，我国研究几乎与国外同步，可借鉴的先进经验较少。国外以比利时优美科、德国 Aurubis、瑞典 New Boliden 等为代表的企业，依托其在冶炼方面的积累，采用艾萨炉为主要设备的火法处理工艺，重点回收其中的镍钴铜资源，锂、铝、铁等难以回收；其“三废”处理成本高，据调研优美科“三废”处理成本约占整个处理过程的60%；以德国 Accurec 等为代表采用以镍钴提取为主的湿法冶金工艺，但锂回收率低、“三废”处理压力大。欧盟2015年提出全面推进循环经济以及Zero Waste战略，其中包括废锂离子电池回收的资源循环技术研发是重要组成部分，已成立欧洲锂研究所重点推进动力电池资源循环；日本在2025年规划中提出“全部清洁化”战略，大力发展环境导向的清洁生产技术，着重建立具有竞争力的资源循环技术与产业体系；2019年，美国新的《矿产资源安全法》（*American Minerals Security Act*）将锂、石墨、钴和镍列为汽车和能源行业所需要的“关键矿产”，2019年2月美国能源部正式启动阿贡国家实验室电池回收研发中心建设。

（二）我国的研究开发现状

虽然我国退役动力电池回收工作起步较早，但也是依赖传统镍、钴生产过程，形成了以邦普循环、格林美、赣州豪鹏等为代表的湿法处理工艺。这些循环利用主流技术主要来自改造的废弃电器电子产品处理或者原生矿物加工的设备和工艺，以镍、钴的提取、萃取分离以及前驱体制备为主，但过程含氟废气、重金属废水，废渣排放量大，处理成本高。近年来，全行业在资源提取技术水平、“三废”治理强度等方面已经有了长足进步，比如目前选择性提锂技术得到初步应用、废水处理技术获得大规模推广等。然而，从整个行业看，仍然面临污染物排放强度大、资源循环效率低、全过程处理成本高等诸多挑战。

从研究趋势看，大功率锂离子电池的结构影响拆解效率以及资源回收工艺，从材料全生命周期角度开展电池可持续设计已成为国内外的研究重点。动力电池正极、负极与电解液的高效分离对元素回收起到关键作用，随着技术的发展和资源价格的快速升高，对电解液和负极中的锂、人造石墨和溶剂的回收成为研究和产业需求的重点。国内统筹研发了电池设计和制造、电池装备与信息化、电池检测分析等核心技术，研发的核心成果已在示范企业实际生产进行应用验证，在电池可持续设计方面取得了长足进步。

三、未来待解决的关键技术问题

动力电池退役后的循环利用关系到材料、冶金、化工、环保、电力、储能、自动化等多个行业，其全产业链绿色制造对推动我国战略新兴产业高质量发展有强示范效应。预计未来5～10年，我国将在新能源汽车、储能、关键电池材料制备技术以及废旧动力电池管理和回收技术等方面取得重要进步，为电池行业的清洁生产提供坚实的技术基础。预计未来 10～15 年，我国将全面掌握动力/储能等领域用大功率电池全产业链清洁生产技术，并建立基于全生命周期资源循环和污染物高效控制的工业体系，进一步推进我国制造业的智能和绿色发展。

长期来看，需要部署突破的科技瓶颈主要包括以下三个方面：一是需要突破以动力电池绿色制造为核心的关键技术，如环境友好的动力电池设计、制造技术与评价标准；二是动力电池回收全产业链绿色制造技术集成与应用体系尚未形成，快速精准的废动力电池识别技术与分类处理评价方法、智能高效的废电池绿色拆解处理技术、基于短程循环的材料高效提取与转化等关键技术及成套装备集成亟须突破；三是废动力电池处置利用的超低排放技术和标准体系需进一步完善，重点包括“三废”超低排放技术、行业准入标准和全过程污染控制标准的建立和完善。

（1）突破以绿色制造为核心的关键理论与技术。在电池材料制备技术的发展过程中，前期侧重单元技术工艺的研发，主要通过材料的结构调控来优化材料加工性能和电化学性能。而未来的大规模智能制造，需要在关注单元技术工艺的同时，更需要关注单元技术工艺之间的反馈与联动效率，从而提高大规模制造过程的能效，提高产品稳定性。在电池循环利用过程中，需要解决元素相间迁移过程量化调控与多组元物料界面形态精准转变等“卡脖子”难题，重点突破异构动力电池高效率-智能化识选、多组元物料精准分离、智能分选、有价元素高效清洁提取、材料短程化再制造、电解液定向回收、产品绿色设计等系列关键技术，为现有行业技术升级提供技术支撑。

（2）推进动力电池回收全产业链绿色制造技术集成与应用。从电池材料全生命周期角度开展电池可持续设计，全面提升电池回收全产业链的绿色智能制造技术，重点突破无机组分全量化高值利用、污染物定向转化与短程资源/能源循环等核心技术，构建基于全生命周期与全过程污染控制理论，构建动力电池回收全产业链绿色制造评价方法，实现资源与环境效率最大化以及污染物的超低排放；开发动力电池循环利用标准化成套装备，为动力电池关键材料的闭路循环再生、国家战略资源的供给安全提供保障。

（3）形成动力电池绿色制造评价方法与标准体系，构建产品设计-资源循环-材料制备一体化循环经济模式。尝试建立符合电池绿色制造要求的评价方法，并制定行业普适的标准体系，促使行业规范化，重点突破分子反应精准调控、多元素量化定向分离、污染物多介质转移转化与全过程控制等关键技术，构建基于全球动态供应链与我国产业结构动态变化的关键资源供给评价和具有动态边界特征的全产业链绿色制造评价等普适方法，形成系统化的绿色制造理论，引领全行业绿色发展。

参 考 文 献

［1］中国汽车工业协会. 中国汽车工业协会统计数据［DB/OL］. http: //www.caam.org.cn/chn/4/cate_38/list_1.html［2019-01-14］.

［2］Ordoñez J，Gago E J，Girard A. Processes and technologies for the recycling and recovery of spent lithium-ion batteries［J］. Renewable and Sustainable Energy Reviews，2016，60：195-205.

［3］Lv W，Wang Z，Cao H，et al. A critical review and analysis on the recycling of spent lithiumion batteries［J］. ACS Sustainable Chemistry & Engineering，2018，6（2）：1504-1521.

第十节　河网水系生境修复相关技术展望

易雨君　孙　涛　邵冬冬　崔保山

（北京师范大学环境学院）

一、发展河网水系生境修复技术的重要意义

河网水系上游承接流域产流出口、城市管网出口，下游连接河流、湖泊、湿地，串联起河流、湖库、湿地等复杂生态系统，是保障水资源分配、水生生物物种丰富、生态系统结构和功能完整的重要生态廊道。在人类活动（如梯级大坝开发）和全球气候变化的共同作用下，河网水系承载的功能逐渐丧失，同时对与河网水系相连接的河湖湿地等生态系统产生影响。因此需要从河网水系水文情势变异角度出发，总结水文情势变化对河道、滩涂以及湖泊、湿地等生态系统水文过程的干扰和水质调节作用，进一步从河流、滩涂和湿地生态系统生境质量恢复和生态廊道构建方面分析河网水系生态修复技术发展的特点和面临的难题，为江河、滩涂、湿地生态系统修复理论与技术发展提供建议。

二、国内外相关研究进展

（一）梯级开发大江大河流域生态修复与保护

河流是河网水系的重要组成部分，河流上的水电开发在保障了防洪供水安全，提供发电灌溉等经济效益的同时，也对河流生态环境产生了广泛的影响。据统计，世界上2/3的河流受到超过4.5万座大型水电站和8万座小型水电站开发的影响，其中几乎一半的大型水坝（约2.2万座）位于中国[1]。水电开发产生了巨大的社会和经济效益，同时也带来了一些生态和环境问题[2]。大坝建设阻断河流的纵向连通，河流水文情势发生变化[3]。上游水库蓄水，库区水流流速减小，泥沙在库区淤积，大坝下游泥沙通量改变，河床形态改变，河道侵蚀明显[4]。大坝阻隔了鱼类的洄游通道，鱼类赖以生存和繁殖的生境发生改变，部分鱼类如中华鲟的种群数量减少甚至灭绝[5]。水电开发调节入库径流，改变天然径流的时空分布，导致河岸带植被分布范围在大坝建设前后存在明显变化[6]。梯级大坝的建设更是加剧了以上过程和影响[7]。

建坝河流的生态修复始于20世纪90年代，美国拆除废旧堰坝恢复河流生态的工作得到空前展开，1999～2003年拆除位于小支流上的病险水坝168座，拆坝后大多数河流生态环境得以恢复，尤其是鱼类洄游通道和生存环境得到改善[8]。之后生态修复的范围从河道向河漫滩、河岸带延伸[9]，生态修复的尺度则从局部河段和单一河流，扩展到河流廊道和整个流域[10]。莱茵河保护国际委员会（ICPR）提出的“莱茵河行动计划”，采取了包括建设污水处理厂、改善河道水体水质、建设人工湿地、恢复沿河植被、增建鱼道或改建鱼道、清除河道中妨碍鱼类上溯的建筑物、保护鱼类产卵场、引入大西洋鲑鱼种和为洄游鱼类制定专门的调度方案等多种技术手段[11]。丹麦自1985年起开始分阶段实施对斯凯河的生态修复，包括滩地、深潭构造，鱼道和鱼类产卵场的改善，恢复河流连续性及其平原地带的生态功能，恢复原来河道的弯曲形式[12]。中国长江三峡集团有限公司自2011年起，通过三峡水库的人造洪峰调度，有效地促进了四大家鱼的产卵繁殖活动。为保护云南裂腹鱼等珍稀鱼类生境，拆除了澜沧江上游支流基独河的四级电站，同时通过河流连通性恢复、河流蜿蜒形态多样性修复、河流横向断面多样性修复、人工湿地修复和河道内部栖息地强化修复等多种工程措施，恢复支流的自然生态和鱼类栖息地环境[13]。

（二）河流水系生境修复

河流水系具有重要的自然和社会功能，一方面维持已有的水循环和生态环境，另一方面满足防洪减灾、景观营造、文化传承等需求。随着社会经济的快速发展，人们对水能资源的需求增加，这导致河流水系受到不同强度的干预，河流水流流态改变，季节性甚至常年断流，水力滞留时间增加，水环境容量降低。同时，河流水系接纳了大量的工农业废水和生活污水[14]，导致大量的河湖水体污染严重，水体富营养化，水华现象频发，生态环境遭到严重破坏，面临环境容量小、污染负荷重、生态系统功能丧失等生态瓶颈[15]。

河湖底泥通常是重金属、有机污染物、氮磷等营养物质的汇聚，当污染物浓度达到一定程度，底泥悬浮导致沉积的污染物释放，成为河湖系统的内源污染。当污染达到一定程度，底泥悬浮携带所沉积的污染物释放，又称为河湖系统的内源污染。近年来，底泥污染也广受关注。天津市北塘排污河通过实施河道清淤改造工程，水质有了明显改善[16]；太湖湖体2008～2015年累计实施生态清淤122千米^2、3669万米^3，直接减少内源污染物有机质11.9万吨、总氮（TN）2.9万吨、总磷（TP）2.4万吨[17]。河道生态护坡能防止水土流失，稳定岸边带，对径流水体中的TP、TN和泥沙的去除率分别为26.6%、17.8%和98.1%。考虑护岸对泥沙携污量的截留效果和水体携污量的处理效率，其对TP、TN的综合截污效率可达90%和70%以上[18]。通过修建跌水建筑物或人工设备直接增氧的曝气富氧技术，以及基于化学和生物原理的生物膜、生态浮床、微生物强化技术也是改善河道水质的有效措施[19, 20]。综合应用地表径流污染控制、污水收集、河流截污等技术降低河网汇入污染量，特别是初期雨水污染量，是从源头削减流域水系污染的有效措施[21, 22]。此外，通过跨流域引水的方式促进水体流动，提高水体流速，加速污染物稀释扩散，降低水力滞留时间和置换周期，提高水体自净能力，也是改善水质的有效途径[23, 24]。

（三）滨海湿地生态修复

滨海湿地主要包括盐沼、红树林、光滩、河口和浅海水域等类型，是地球上生产力最高、生物多样性最为丰富的生态系统之一。近年来，由于气候变化与人类活动干扰的加剧，滨海湿地生物多样性与生态系统功能面临严峻的威胁。全球约80%的滨海湿地资源丧失或退化，干扰了湿地生态服务功能的发挥[25]。其中，滨海湿地资源丧失最为严重的是欧洲和亚洲地区[26]。据预测，在全球海平面上升影响下，全球滨海湿地面积将丧失 20%～90%（分别针对低海平面和高海平面上升的情形）[27]；预计到 2100 年，若海平面上升 110 厘米，全球约丧失 78%的盐沼湿地[28]。近 40 年来，我国已有 60%的滨海湿地（滩涂、盐沼）面积萎缩，改变了滨海湿地的属性和格局，加速了滨海湿地资源的衰竭[29]。

湿地生态修复技术包括湿地生境恢复技术、湿地生物恢复技术、湿地生态系统结构与功能恢复技术[30]。当前滨海湿地生态修复技术主要集中在生物修复技术，通过植物的生长及微生物的活动来去除污染无改善湿地的生态环境。石油烃类是当前威胁湿地生态的主要污染物之一，可通过使用表面活性剂扩大油类的弥散面积，增强细菌、真菌对石油烃的吸收和降解[31]；筛选具有生物降解能力的本土菌株，并运用到河口及红树林湿地生态修复中[32]。微生物能吸附重金属，某些细菌群可以循环富集环境中的锌、镉、汞，而且富集能力随着重金属含量的增加和温度的升高而提高[33-34]。此外，改善水文连通性是滨海湿地生态修复的另一种重要措施。加拿大为了修复湿地，从 1988 年开始，通过筑坝围水对湿地的天然水文过程进行修复[35]。荷兰为了改善湿地水质，丰富了流域生物多样性，为了修复河漫滩湿地功能，拆除了莱茵河下游的堤坝[36]。

三、未来待解决的关键技术问题

（一）梯级开发大江大河流域生态修复与保护技术

梯级开发大江大河流域生态修复与保护技术是流域生态环境保护领域的重要内容，该技术的实际应用将大大提升流域水环境治理、水生态修复的水平和效果。近 5～10 年，欧洲、美洲的一些国家相继实施了不同尺度规模的河流生态修复建设项目，包括建设过鱼设施、修复河滨带生境、构建人工湿地、调节生态流量等。然而，由于梯级开发程度较高的大江大河如长江、黄河主要集中在我国，梯级开发大江大河流域生态修复与保护技术还尚待研究。该技术需要重点解决影响的累积性及复杂性，需要系统解决高坝对河道的阻隔、大水库对水文过程的干扰和水质调节改变等关键技术问题。预计未来 5～10 年，我国将在克服高坝大流速大水头的生态过鱼设施、坝下河道适宜生态水动力过程模拟技术、河漫滩生态系统保护与修复、替代生境构造技术以及梯级水库联合调度技术等方面取得重要突破。预计未来 10～20 年，不同水体物种配置技术、关键生物生境保护、生态水力过程模拟技术及流域综合管理数字系统成套技术将得到实际应用。

（二）河流水系生境修复技术

治理上游流域排污带来的河流污染问题是流域综合管理的重要内容，河流水系生境修复技术的广泛应用将为实现这一目标提供关键技术支撑。近 5～10 年，欧洲、美国、韩国、日本等国家和地区相继实施了不同尺度规模的河流水系生态修复建设项目，主要聚焦于河滨带生境修复、人工湿地构建、生态浮岛再造等技术。从国际经验看，系统解决水系连通和河道内生境多样性构造、河流自净能力提升、河流生态廊道构建等是河流水系整体生态修复的关键技术。预计未来 5～10 年，河流微生境塑造、水文过程调控、生源要素调节、河流生态系统食物网健康维持、关键生物连通等技术将是我国本领域技术进步的突破口。预计未来 10～20 年，基于生源物质—初级生产力—次级生产力全过程的生态系统保护技术、生态廊道结构优化等成套技术将实现在我国的广泛应用。

（三）滨海湿地生态修复技术

滨海湿地生态修复是生态保护领域的重要内容，发展滨海湿地生态修复技术体系将有助于全面提升我国滨海湿地的管理能力。未来 5～15 年，美国、英国、荷兰、日本等国家将继续开展生物格局调整、湿地地形地貌重塑、生态水文调控、滨海湿地侵蚀防护、生态海岸重建等技术研究，目前世界各国均未形成系统的技术体系和规范。滨海湿地生态修复技术需要重点解决咸淡水交互区修复、生境替代、生物入侵控制等关键技术。预计未来 5～10 年，我国将在滨海湿地水文连通和生物连通修复、生态重建、生物多样性保育、生态补偿等方面取得重要进步，并在黄河、长江、珠江三角洲等滨海湿地实施。预计未来 10～20 年，我国将形成滨海湿地生态修复技术体系及规范，推动滨海湿地生态修复技术的广泛应用。

四、我国河网水系生境修复发展展望

从目前到 2035 年，是我国生态文明建设的关键期，伴随美丽中国建设，我国河网水系生境修复技术有望实现如下发展目标。

（1）预计未来5～10年，我国将在克服高坝大流速大水头的生态过鱼设施、坝下河道适宜生态水动力过程模拟技术、河漫滩生态系统保护与修复、替代生境构造技术以及梯级水库联合调度技术等方面取得重要突破；在河流微生境塑造、水文过程调控、生源要素调节、河流生态系统食物网健康维持、关键生物连通等技术方面取得重要进步；在滨海湿地水文连通和生物连通修复、生态重建、生物多样性保育、生态补偿等方面取得重要进步，并在黄河、长江、珠江三角洲等滨海湿地实施。

（2）预计未来10～20年，不同水体物种配置技术、关键生物生境保护、生态水力过程模拟技术及流域综合管理数字系统成套技术将得到实际应用；实现基于生源物质—初级生产力—次级生产力全过程的生态系统保护技术、生态廊道结构优化等成套技术的广泛应用；形成滨海湿地生态修复技术体系及规范，推动滨海湿地生态修复技术的广泛应用。

参考文献

[1] Fuggle R，Smith W T. Large dams in water and energy resource development in The People's Republic of China（PRC）[J]. Cape Town：World Commission on Dams，2000.

[2] Huang X F，Fang G H，Gao Y Q，et al. Chaotic optimal operation of hydropower station with ecology consideration [J]. Energy and Power Engineering，2010，2（3）：182-189.

[3] Syvitski J P M，Vörösmarty C J，Kettner A J，et al. Impact of humans on the flux of terrestrial sediment to the global coastal ocean [J]. Science，2005，308（5720）：376-380.

[4] 汪恕诚. 论大坝与生态 [J]. 水力发电，2004，(4)：1-4，14.

[5] Yi Y，Wang Z，Yang Z. Impact of the Gezhouba and Three Gorges Dams on habitat suitability of carps in the Yangtze River [J]. Journal of Hydrology，2010，387（3-4）：283-291.

[6] Yi Y-J，Zhou Y，Song J，et al. The effects of cascade dam construction and operation on riparian vegetation [J]. Advances in Water Resources，2019，09（131）：103206.

[7] Maavara T，Chen Q，van Meter K，et al. River dam impacts on biogeochemical cycling [J]. Nature Reviews Earth & Environment，2020，1：103-116.

[8] 杨小庆. 美国拆坝情况简析 [J]. 中国水利，2004，(13)：15-20.

[9] Brookes A，Shields F D. River channel restoration：guiding principles for sustainable projects [J]. Geographical Journal，1997，163（3）：311-312.

[10] 董哲仁. 河流生态修复的尺度格局和模型 [J]. 水利学报，2006，37（12）：1476-1481.

[11] Neumann D. Ecological rehabilitation of a degraded large river system-considerations based on

case studies of macrozoobenthos and fish in the lower Rhine and its catchment area [J]. International Review of Hydrobiology, 2002, 87 (2-3): 139-150.

[12] 丁则平. 国际生态环境保护和恢复的发展动态 [J]. 海河水利, 2002, (3): 64-66.

[13] 林俊强, 陈凯麒, 曹晓红, 等. 河流生态修复的顶层设计思考 [J]. 水利学报, 2018, 49 (4): 483-491.

[14] 吴彦霖, 左其亭. 珠江流域水质现状及以区域合作为特色的水污染控制措施 [J]. 气象与环境科学, 2007, (3): 20-23.

[15] 任香, 孔春雷, 揭亮, 等. 珠三角河网水系生态修复探索——以杭州拱墅区河道生态治理模式为鉴 [J]. 低碳世界, 2016, (27): 3-4.

[16] 许亮, 王文美, 张宁, 等. 天津市北塘排污河清淤改造前后水质评价分析 [J]. 环境科学导刊, 2011, 30 (2): 84-86.

[17] 战玉柱, 陈春霄. 河流水生态修复技术研究综述 [J]. 污染防治技术, 2018, 31 (6): 53-57.

[18] 胡晓东, 刘劲松, 朱敏, 等.生态护岸对农田径流的综合截污效率研究 [J]. 中国农村水利水电, 2016, (2): 66-69.

[19] 董甜甜, 吴昊, 任松洁, 等. 固定生物膜技术处理黑臭河水的研究 [J]. 环境工程, 2014, 32 (6): 29-32.

[20] 秦红杰, 张志勇, 刘海琴, 等. 两种漂浮植物的生长特性及其水质净化作用 [J]. 中国环境科学, 2016, 36 (8): 2470-2479.

[21] Jia H F, Yao H R, Tang Y, et al. LIDBMPs planning for urban runoff control and the case study in China [J]. Journal of Environmental Management, 2015, 149 (1): 65-76.

[22] 袁海英. 高污染城市河流初期雨水一体化截污系统研究 [J]. 人民珠江, 2017, 38 (1): 73-78.

[23] 王超, 卫臻, 张磊, 等. 平原河网区调水改善水环境实验研究 [J]. 河海大学学报 (自然科学版), 2005, (2): 136-138.

[24] Tang C, Yi Y, Yang Z, et al. Water pollution risk simulation and prediction in the main canal of the South-to-North Water Transfer Project [J]. Journal of Hydrology, 2014, 519: 2111-2120.

[25] 窦勇, 唐学玺, 王悠. 滨海湿地生态修复研究进展 [J]. 海洋环境科学, 2012, 31 (4): 616-620.

[26] Halpern B S, Walbridge S, Selkoe K A, et al. A global map of human impact on marine ecosystems [J]. Science, 2008, 319 (5865): 948-952.

[27] Schuerch M, Spencer T, Temmerman S, et al. Future response of global coastal wetlands to sea-level rise [J]. Nature, 2018, 561 (7722): 231.

[28] Spencer T, Schuerch M, Nicholls R J, et al. Global coastal wetland change under sea-level rise and related stresses: the DIVA Wetland Change Model [J]. Global and Planetary Change,

2016，139：15-30.

[29] Liu Z Z，Cui B S，He Q. Shifting paradigms in coastal restoration：six decades' lessons from China [J]. Science of the Total Environment，2016，566-567：205-214.

[30] 王金爽. 湿地生态修复技术研究进展 [J]. 农业科技与装备，2015，(9)：13-15.

[31] Prince R C，Atlas R M. Bioremediation of marine oil spills. //Lee S Y. Consequences of Microbial Interactions with Hydrocarbons，Oils，and Lipids：Biodegradation and Bioremediation，Berlin：Springer，2017：1-25.

[32] 喻龙，龙江平，李建军，等. 生物修复技术研究进展及在滨海湿地中的应用 [J]. 海洋科学进展，2002，(4)：99-108.

[33] Vinopal S，Ruml T，Kotrba P. Biosorption of Cd^{2+} and Zn^{2+} by cell surface-engineered Saccharomyces cerevisiae [J]. International Biodeterioration & Biodegradation，2007，60 (2)：96-102.

[34] Yin K，Lv M，Wang Q N，et al. Simultaneous bioremediation and biodetection of mercury ion through surface display of carboxylesterase E2 from *Pseudomonas aeruginosa* PA1 [J]. Water Research，2016，103：383-390.

[35] Young P. The "new science" of wetland restoration [J]. Environmental Science & Technology，1996，30 (7)：292A-296A.

[36] Henry C P，Amoros C. Restoration ecology of riverine wetlands：I. A scientific base. Environmental Management [J]，1995，19 (6)：891-902.

第十一节　大宗工业固废高值利用与污染协同控制技术展望

张延玲　李　宇　郭占成

（北京科技大学钢铁冶金新技术国家重点实验室）

一、发展大宗工业固废高值利用与污染协同控制技术的重要意义

冶金工业作为国民经济的支柱产业，多年来一直持续发展。其中量大面广的钢铁和 Al_2O_3 年产量分别达到 8 亿吨和 7000 万吨，二者分别占世界总产量的 50%以上[1]。与此同时，大量工业固废随之产生。

钢铁工业典型固废渣、尘、泥分别约占粗钢产量的 50%（铁渣+钢渣）、10%、2%。随着科技水平的不断进步，我国冶金工业固废处理水平逐步提高，当前高炉铁渣可作为水泥原料近百分之百地利用，低锌低碱粉尘返回烧结循环

利用，或压球作为冷却剂应用于炼钢工艺。但值得关注的是仍有部分固废亟须工业规模的消纳与利用，这是建设完整的冶金渣、尘、泥循环利用技术链的关键。例如，每年产生的 1 亿多吨炼钢渣，由于活性及稳定性较差，难以直接作为量大面广的建材原料使用[2]。尽管在国家自然科学基金、863 计划等国家项目的资助下，我国学者开展了熔融钢渣在线改质，以及制备高附加值产品的关键技术研究，但一方面鉴于生产匹配性及成本问题并未实现工业推广，另一方面由于缺乏由固废制备的材料行业标准，尤其是高值材料，如陶瓷、微晶玻璃等，市场认可度低，影响其大规模利用。此外，高锌高碱粉尘在钢铁企业内部难以实现循环利用。当前转底炉、回转窑等是处理这类粉尘的主要工艺，但这类工艺以脱除锌、铅、钾、钠等元素和循环利用铁元素为主[3]，未能实现全组分利用。全组分提取分离与循环利用、实现近零排放是解决我国每年近 8000 万吨粉尘的关键技术。除此之外，尚有重金属含量过高的危废类固废，如不锈钢渣及酸洗污泥等含铬固废，每年产生量近千万吨，仍以堆存为主[4]。同时，为了响应超低排放的要求，烟气脱硫技术获得大规模应用，随此产生的脱硫石膏类固废目前尚无有效的处理措施[5]。

Al_2O_3 生产废弃物赤泥排放量巨大、综合利用水平低。每吨 Al_2O_3 产生 1.5～2.0 吨赤泥，我国年产赤泥约 1 亿吨，绝大部分堆存存在环境安全隐患。尽管多年来研究者开发了利用赤泥制备建材、生产还原铁等技术，但均由于赤泥中过高的碱含量而限制了产业应用，赤泥处理目前仍是一个世界难题[6]。此外，有色金属铜、锌、铅等冶炼渣和尘泥数量也十分巨大，且多为危固类废弃物。

针对以上大宗固废，一方面需要结合行业标准的制定，开发出大比例甚至全固废制备的、被市场认可的高值材料，改变以往技术可行、经济不可行的状况，实现部分大宗固废高值化、规模化消纳和利用；另一方面需要开发有效的污染协同控制技术，多种固废根据不同的成分特点以及特定的目标产品进行协同处置，同时各行业或各生产工序间实现固废互为资源化利用，这类行业间生态链建设及污染协同控制技术对促进大宗固废的大规模消纳具有重要意义。

二、国内外相关研究进展

（一）国外近年来的研究动向

节能减排与可持续发展是全球冶金工业共同关注的研究热点与发展目标。20 世纪在产业界，日本新日本制铁公司率先建成了“生态与循环冶金”示范工程，欧洲最大的钢铁公司阿塞乐米塔尔（ArcelorMittal）集团也在推进生态与循环冶金的工作，我国建设的首钢曹妃甸工程也充分体现了可持续发展的理念[7, 8]。许多具有冶金学科优势的大学纷纷成立了以节能减排和循环利用为目标的研究机构，旨在加强低碳排放和资源、能源高效利用过程的基础理论研究及技术开发，如日本东京大学的可持续发展材料国际研究中心、日本东北大学的资源再生研究中心等。

围绕冶金工业各类粉尘的处理，德国于 20 世纪 40 年代早期发明了 Scan Dust AB 等离子技术还原不锈钢电弧炉粉尘。除此之外有美国 Midrew 公司和日本神户钢铁（Kobe Steel）公司合作共同开发的 Fasmet/Fastmelt 直接还原工艺，以及日本川崎钢铁（Kawasaki Steel）公司开发的 STAR 工艺等[2, 9]。这类方法共同的特点是借助等离子、电热或燃料燃烧等方法产生的高温，在还原气氛下分离回收粉尘中的各类金属元素。其优点是金属元素分离效率高，但由于能耗及成本问题并不符合我国国情，迄今没有获得工业应用。

针对高炉渣和钢渣问题，国际处理方法与我国类似，以作为建材原料为主要途径，且高炉渣可百分之百地循环利用。为解决钢渣的稳定性及活性问题，目前欧洲发达国家也在做热态改质的试验研究工作。关于 Al_2O_3 赤泥的处理，世界各国依然以堆存为主，并无有效的处理途径。

总之，随着世界冶金工业生产中心向我国转移，世界先进国家在大宗固废的处理工艺开发及研究方面并没有领先于我国，大部分处理技术甚至落后于我国。

（二）我国的研究开发现状

近年来，我国学者围绕冶金工业渣、尘、泥类大宗固废开展了系统的基础研究与技术开发工作，已形成多个关键核心技术与装备，并建成多条生产线实现工业规模推广应用。

针对粉尘类固废，我国发明了转底炉处理冶金粉尘的工艺技术，突破包括配料、热工控制、能量利用、二次粉尘回收等若干关键工程技术，形成转底炉成套装备[10]，目前我国已有多条转底炉处理冶金粉尘线正常生产运行。针对烧结电除尘灰及转底炉处理冶金粉尘的二次烟尘等富钾粉尘，我国突破了冶金富钾粉尘分离提取氯化钾的关键工艺技术，建立了世界上第一个用烧结电除尘灰生产氯化钾示范工程，目前已有多条处理规模为 10 万吨左右的产业线生产运行[11, 12]。我国钾资源紧缺，该工艺开辟了一条利用冶金固废生产氯化钾的新途径。针对高锌高碱粉尘，我国开发了碳热还原挥发、稀散元素湿法提取和尾渣陶粒烧结制备的全量化利用技术路线，实现全组分梯级分离与最终零排放。针对 Al_2O_3 生产过程中产生的大量赤泥，我国开发了赤泥基熔剂应用于炼钢工艺的技术，已完成实验室基础研究、中试及工业试验（120 吨转底炉），显示赤泥基熔剂可显著推动炼钢工艺技术进步，炼钢工艺赤泥消耗量为 5～20 千克/吨，是大规模消纳赤泥的理想途径[6, 13, 14]。我国以上基础研究与工艺技术开发方面处于国际领先水平。

针对钢渣综合利用，重点突破稳定性及活性较低的问题，我国在熔渣热态改质、制备各类无机材料（如建筑陶瓷、微晶玻璃、透水砖）等方面开展了大量基础研究与技术开发工作，获得多项授权专利，几条工业示范线正在建设中[15-17]。另外，针对硅锰、硅铁、锰铁等铁合金冶炼渣，我国在充分掌握熔渣基础物性及结构的基础上，开发形成制备岩棉、矿棉等技术，已在企业展开了工业化试验。在该方面，我国与国际知名高校和先进企业基本同步开展相关研究工作，处于国际先进水平。

但是在重金属含量偏高的危废类渣泥方面，例如不锈钢企业产生的大量含铬冶炼渣及酸洗污泥，我国目前还没在工业规模上推广应用的处理方法，仍以堆存为主。实际上，我国学者围绕含铬渣泥综合处理，以及铬的化学固化方面开展了大量研究工作，中试规模条件下制备成微晶玻璃等无机材料[18-20]。然而由于缺乏对铬浸出性的安全评估，以及产品性能等方面的行业标准，市场认可度低，企业无投资动力进行工业生产。欧洲等地的不锈钢企业含铬渣等已成功应用于铺路、建材等方面。我国在该领域与国际先进水平相比尚有一定差距。

三、未来待解决的关键技术问题

（一）大比例固废/危废制备高值建材及产品标准研究

冶金工业的快速发展，必然会产生大量渣、尘、泥固废。建材是目前市场需求量和消耗量最大的无机材料。固废建材化无疑是消纳固废、促进可持续发展的最佳途径。我国学者围绕该方面已开展了大量基础研究和技术开发工作，包括利用各类大宗固废制备建筑陶瓷、微晶玻璃、透水砖、人工铸石甚至岩棉、矿棉等[21-25]。

未来重点需要以下工作的支持：①增加建材中固废掺加比例，开发大比例甚至全固废建材体系。系统研究建材产品内在结构/组成与性能之间的关系。例如，当前陶瓷体系多以 $CaO-Al_2O_3$ 基为主，结合目前冶金渣、粉煤灰、煤矸石等固废的化学组成，在保证产品性能的基础上需重点开发 $CaO-SiO_2$ 基建材体系，由此大幅提升固废掺加比例，有可能是不同组成的、多种固废之间的合理搭配，最终目标是开发全固废建材体系。②增加利用固废制备的建材的附加值，开发高值建材，改变长期以来技术可行、经济不可行的状况。例如，在铸石类材料中，优质铸石具有非常好的耐磨、耐腐蚀性能，极端恶劣环境中铸石的使用性能远优于不锈钢等。当前仍以天然石材制备铸石为主，实际上利用冶炼渣配合其他固废完全可以开发出性能优异、附加值高的铸石材料。③完善产品结构及性能的行业标准。以上提到的大比例甚至全固废建材以及高值建材体系，其产品内在结构与性能必须配合有完善的行业标准，由此获得市场认可，并真正推广利用。④对于含重金属固废制备的材料，例如利用不锈钢冶炼渣制备的各类建材，在安全性能及重金属浸出方面需要建立科学的评估体系，在产品化学组成，尤其是内在矿相结构等方面必须配套完善合理的行业标准，使用户放心使用。

（二）固废/危废就地处置与主流程无缝衔接技术研究

在冶金企业，除了铁渣、钢渣等大宗固废外，还有较多种类的固废，其特点是量小、分散、极不容易单独处置。对于这类固废，比较方便的方法是就地简单处置、与主流程无缝衔接循环使用，其中有益元素分离回收到主流程，其余脉石等进入主流程渣相，与大宗冶炼渣一起进入循环应用途径。这就相当于冶金企业内尽管有多种分散产出的固废，但最终的出口都是大宗的渣、尘，成熟且有一定规模效益的处理途径会彻底消纳掉这类固废，实现零排放。例如，不锈钢企业产生的酸洗污泥，2018 年被明确列为危废，一个年产 400 万吨的大型不锈钢厂每年产生的污泥只有 10 万吨左右，单独处置成本高，经过简单的烘干、造球后可渣浴，也可以在炼铁或炼钢工序中使用，其中铁、铬、镍进入金属相，其他进入渣相，并与大宗冶炼渣一起进行规模化处理。

（三）行业生态链建设与多污染协同处理技术

不同固废具有不同的组成与结构特点，多种固废间协同处置极大可能获得具有理想性能的建材产品。例如，钢渣与铁渣混冲，可有效解决钢渣的活性及稳定性差的缺点，由此作为原料生产建材产品。类似地，合理搭配各类冶金渣与粉煤灰类、煤矸石类固废，可以生产出具有特定组成、特定结构与理想性能的无机材料。另外，冶金工业流程长，单元工序多，某单元产生的危废与另一单元的固废反应，在在线解毒的同时制备成各类无机材料或提取有价组分与主流程无缝链接，以实现循环利用与源头减量。同时，各产业间有效生态链的建设极为有利于大宗固废的规模化消纳。例如，铝元素是钢厂最常见的脱氧剂，Al_2O_3 是钢厂精炼渣的常见组成，由此铝工业生产的铝屑完全可开发成脱氧剂与精炼剂在钢厂应用。Al_2O_3 工业产生的赤泥含有丰富的 Fe_2O_3、Al_2O_3、Na_2O 组元，近年来，基础研究、中间试验及工业试验均表明赤泥可作为炼钢工艺良好的助熔剂使用，既推动炼钢工艺技术进步，炼钢工业的巨大产能无疑又是消纳赤泥的良好途径[6, 26, 27]。行业生态链建设与多污染协同处理技术是未来固废处理重点考虑的方向之一。

四、未来发展前景及我国的发展策略

（一）未来发展前景

形成多项可规模化处理固体废弃物的集成技术，形成相应的技术和产品标准，初步形成固废建材化产品的市场体系；攻克典型危险固废安全处置技术，形成特种处置方法；初步形成多物料协同利用的技术体系，完成工业化示范；开发多台套固废处置核心装备，并完成工业示范线建设。

（二）我国的发展策略

冶金工业作为国民经济的支柱产业，也是我国在世界上的优势产业，未来几十年必将保持稳定发展。为了保证经济和环境的协同与可持续发展，大宗固废的资源化处理，尤其是高值利用与多种固废间的协同处理，是必须要解决的关键问题。

我们应充分认识自身技术发展的优势和短板，明确大宗固废资源化处理在我国可持续发展能源战略中的重要地位，制定长期、稳定、一致的政策和跨行业发展计划，对大宗固废高值化利用与污染协同处理技术的研发给予持续、稳定的支持，同时配套行业标准的研发与市场准入制度。此外，在科研体制上应当鼓励产学研结合，通过足够的资金投入来强化基地建设。未来几十年，大宗工业固废高值利用与污染协同控制技术的广泛应用将为我国冶金工业发展、继续在国际上保持优势地位做出重要贡献。

参考文献

[1] 李昊. 中国铝土矿资源产业可持续发展研究［D］. 北京：中国地质大学（北京）博士学位论文，2010.

[2] 关少波. 钢渣粉活性与胶凝性及其混凝土性能的研究［D］. 武汉：武汉理工大学博士学位论文，2008.

[3] 王静松，杨慧贤，佘雪峰，等. 转底炉处理冶金粉尘工艺的锌钾钠脱除及烟气形成［J］. 重庆大学学报，2011，34（3）：82-88.

[4] 李小明，贾李锋，邹冲，等. 不锈钢酸洗污泥资源化利用技术进展及趋势［J］. 钢铁，2019，54（10）：1-11.

[5] 王诚翔. 冶金固废综合利用产业化前景及发展模式研究［J］. 冶金管理，2010，（9）：44-49.

[6] 李凤善. 基于赤泥基熔剂的炼钢渣系基础性能及脱磷行为研究［D］. 北京：北京科技大学博士学位论文，2019.

[7]《冶金管理》编辑部. 国内外大型钢铁企业发展战略比较［J］. 冶金管理，2012，（7）：4-15.

[8] 才立昆. 曹妃甸工业园区循环经济发展模式研究［D］. 成都：西南交通大学硕士学位论文，2013.

[9] 彭及. 不锈钢冶炼粉尘形成机理及直接回收基础理论和工艺研究［D］. 南京：中南大学博士学位论文，2007.

[10] 刘颖. 转底炉内冶金粉尘含碳球团直接还原过程数学模型研究［D］. 北京：北京科技大学博士学位论文，2015.

[11] 裴滨，詹光，陈攀泽，等. 由铁矿烧结电除尘灰浸出液制备氯化钾及球形碳酸钙［J］. 过程工程学报，2015，15（1）：137-146.

[12] 张梅，付志刚，吴滨，等. 钢铁冶金烧结机头电除尘灰中氯化钾的回收［J］. 过程工程学报，2014，14（6）：979-983.

[13] Zhang Y L，Li F S，Wang R M，et al. Application of Bayer red mud-based flux in the steelmaking process［DB/OL］. https：//Onlinelibrary.willey.com/doi/abs/10.1002/srin.201600140［2019-03-30］.

[14] Zhang Y，Li F，Wang R. Properties of Bayer red mud based flux and its application in the steelmaking process//Reddy K，Chaubal P，Pistorius P，et al. Advances in Molten Slags，Fluxes，and Salts：Proceedings of the 10th International conference on Molten Slags，Fluxes and Salts 2016［C］. Berlin：Springer，2016.

[15] Zhang S, Zhang Y, Wu T. Effect of Cr_2O_3 on the crystallization behavior of synthetic diopside and characterization of Cr-doped diopside glass ceramics [J]. Ceramics International, 2018, 44 (9): 10119-10129.
[16] Dai W B, Li Y, Cang D Q, et al. Research on a novel modifying furnace for converting hot slag directly into glass-ceramics [J]. Journal of Cleaner Production, 2018, 172: 169-177.
[17] Pei D J, Li Y, Cang D Q. Na^+-solidification behavior of SiO_2-Al_2O_3-CaO-MgO (10wt%) ceramics prepared from red mud [J]. Ceramics International, 2017, 43 (12): 16936-16942.
[18] 廖世焱. 铬渣回收利用及其无害化处理研究 [D]. 武汉：武汉工业学院硕士学位论文，2012.
[19] 杨威. 铬污染土壤特性表征与陶粒制备机制 [D]. 重庆：重庆大学博士学位论文，2012.
[20] 吴拓. 不锈钢工业典型固废中铬的分离回收与还原反应终点控制 [D]. 北京科技大学博士学位论文，2019.
[21] 张以河，王新珂，吕凤柱，等. 赤泥脱碱及功能新材料研究进展 [J]. 环境工程学报，2016，10 (7)：3383-3390.
[22] 赵立华. 利用钢渣制备高钙高铁陶瓷的基础及应用研究 [D]. 北京：北京科技大学博士学位论文，2017.
[23] 裴德健. 利用冶金渣制备硅钙基多元体系陶瓷的机理及应用研究 [D]. 北京：北京科技大学博士学位论文，2019.
[24] Jiang F, Li Y, Zhao L H, et al. Novel ceramics prepared from inferior clay rich in CaO and Fe_2O_3: Properties, crystalline phases evolution and densification process [J]. Applied Clay Science, 2017, 143 (7): 199-204.
[25] Li Y, Zhao L-H, Wang Y-K, et al. Effects of Fe_2O_3 on the properties of ceramics from steel slag [J]. Int J Miner Metall Mater, 2018, 25: 413-419.
[26] Zhang Y, Li F, Yu K. Using red mud-based flux in steelmaking for high phosphorus hot metal [J]. ISIJ International, 2018, 58 (11): 2153-2155.
[27] Li F, Zhang Y, Guo Z. Pilot-scale test of dephosphorization in steelmaking using red mud-based flux [J]. JOM, 2017, 69 (9): 1624-1631.

第十二节　危险废物超洁净协同处置和多位一体监测技术展望

钱　鹏[1]　何发钰[2]　李会泉[1]

（1 中国科学院过程工程研究所；2 中国五矿集团有限公司）

一、发展危险废物超洁净协同处置和多位一体监测技术的重要意义

随着我国经济社会的快速发展，各种资源消耗量加大，产品替代步伐

加快，导致大量危险废物产生。根据《中华人民共和国固体废物污染环境防治法》的规定，危险废物是指列入《国家危险废物名录》或者根据国家规定的危险废物鉴别标准和鉴别方法认定的具有危险特性的固体废物。根据《中国环境统计年报》，2016年工业危险废物处理量共4430万吨，其中资源化处置量2824万吨，无害化处置量1606万吨，综合处置率达82.8%。危险废物具有毒性、易燃性、易反应性、腐蚀性、爆炸性和传染性，对人类健康和生态环境构成严重威胁，亟待发展应用高效安全的规模化处置创新技术。

危险废物的处置技术包括物理、化学、生物处置技术，固化/稳定化处置技术和热处置技术。热处置技术包括焚烧、热解、气化、熔融等，其中焚烧因具有减容、减量、无害化程度高、可回收能量等特点，是危险废物处置最有效的手段之一。目前回转窑焚烧技术因其适应性强，可以焚烧处置不同形状、物态的危险废物，是最主要的焚烧技术，水泥窑协同处置是其重要补充。

危险废物焚烧产生重金属污染、氮氧化物污染、二噁英/呋喃类和焚烧飞灰污染，开展超洁净协同处置和多位一体监测技术研发与产业化，是我国危险废物处置技术发展的重要方向。

二、国内外相关研究进展

（一）国外近年来的研究动向

由于各个国家人口、国土面积、危险废物的种类和产量不同，其处理处置方式区别也很大。美国、加拿大等北美洲国家，因人口密度小，国土面积大，土地处置方式占比较高；英国、丹麦等欧洲国家，焚烧和填埋处置并重；日本等国土面积小的国家，焚烧则是主要处理处置方式。从整体来看，国外很多国家焚烧、填埋和回收综合利用三种处理技术协同应用。例如丹麦，在2001年和2002年采用这三种处理方法处理危险废物占到总量的90%以上，其中焚烧处理分别占总处理量的41%和37%，填埋处理分别占33%和35%，重复利用处理分别占20%和19%。从发展态势来看，这些国家均对危险废物的回收综合利用高度重视，如英国的英格兰和威尔士的回收/再利用比例达60%左右。

早在 20 世纪 70 年代，美国、加拿大、瑞典和日本等国就开始使用水泥窑处理可燃性危险废物。最初，加拿大在 Lawrence 水泥厂进行了危险废物焚烧的工业化试验；其后，美国 Peer Less 水泥厂等十余家欧美企业先后完成实验。水泥回转窑具有燃烧温度高、物料在高温条件下停留时间长、运行稳定等优点，使得废物中的有害物质在窑内焚毁率较高，而且高热值的危险废物可代替部分燃料提供热能，不仅实现了危险废物的无害化处置，而且使废物中含有的能量得到利用，节约了资源，降低了水泥的生产成本，实现了环境和经济的统一，该处置方法的应用日益广泛。

经过 40 余年的发展，焚烧作为危险废物的主要处理技术，其工艺、流程和设备不断创新，烟尘、尾气净化技术持续改进，应用规模不断扩大，日趋完善和现代化，仅美国就运行着超过 150 台通用或专用的回转式危险废物焚烧设备。与此同时，相关的环保处理企业得到快速发展，如日本田熊工业株式会社、德国 GSB 公司、瑞典 SAKAB 公司、奥地利塞勒公司等均成为世界知名的危险废物焚烧处置企业。

整体而言，危险废物集中处理是发达国家危险废物管理的一项普遍原则，欧美和日本等国家和地区都建立了区域性污染物集中处理装置，如美国 2.5%的处理处置企业处理和处置了 84.4%的危险废物；安全填埋处置方法呈下降趋势，如英国的英格兰和威尔士从 1998 年以来下降趋势明显，但是占总处理量的比例仍然较高；等离子技术经过较长时间的发展，技术日渐成熟，已经得到了较为广泛的应用；其他处理处置方式，如物理/化学/生物方法、永久储存等方法在卢森堡、奥地利、意大利和荷兰等国家的应用快速增加；目前欧盟、日本等国家和地区更加重视复杂物料多种高毒特征污染物快速检测、基于互联网的大尺度监控、毒害组分协同固化与转化利用等关键技术应用研究，正在形成精准分类—安全收运—协同处置整体化体系。

（二）我国的研究开发现状

我国利用水泥窑协同处置废物始于 20 世纪 90 年代，在技术、装备、标准、污染控制水平等方面逐步成熟和完善。2006 年，我国发布了《水泥工业产业发展政策》，鼓励水泥厂作为固废处理综合利用企业。2013 年发布的《循环经济发展战略及近期行动计划》明确提出推进水泥窑协同资源化处理废弃物。截至2018年，我国已取得危险废物经营许可证的水泥窑协同处置项目有60个，规模为约368万吨/年。虽然起步较晚，但是通过借鉴国外经验，加上政府重视，我国水泥窑协同处置危险废物的发展已经进入高峰期。

2018年，我国焚烧类危险废物处置合计产能634万吨/年，其中传统焚烧工艺占比55%，水泥窑协同处置占比45%，热处置技术呈快速发展态势。粗略预估，未来若整个水泥行业的危险废物处置能力全部释放，年处置危险废物能力将达到1200万～1800万吨/年。

危险废物焚烧热解、等离子等新技术正在快速发展，热解气化、熔盐技术、电力反应器等应用研究取得明显进步。例如，立式旋转热解气化焚烧炉在工业和信息化部发布的《国家鼓励发展的重大环保技术装备目录（2017年版）》中被列为推广类技术；等离子体气化熔融系统已经实现规模化应用，各项尾气排放参数二氧化硫、氮氧化物、氯化氢、颗粒物、二噁英等达到欧盟2000标准。随着各省市“‘十三五’危险废物设施建设规划”的实施，我国危险废物处置技术和装备水平将大幅度提升。未来，我国应加快开发运行稳定、利用率高的生命周期和全过程处置、鉴别技术和监测技术，逐步建立完整的危险废物特性试验、安全处置和监测分析技术体系。

三、未来待解决的关键技术问题

（一）危险废物超洁净协同处置

危险废物焚烧技术需要重点解决重金属污染、氮氧化物污染、二噁英/呋喃类和焚烧飞灰稳定化等关键技术，并开发危险废物焚烧成套技术与装备，实现利用工业窑炉共处置技术和等离子体等新型危险废物高温处理技术等。主要包括以下几个方面。

（1）在热解焚烧技术方面，该技术能克服焚烧带来的二次污染，因此成为备受关注的新型环保技术。热解焚烧的基本原理为：第一燃烧室废弃物在氧气不足的状态下热裂解为可燃气体并将其导入第二燃烧室；导出的可燃气体在第二燃烧室经空气强制混合、引燃，在充分的空气供应下高温氧化，其最大优势是二噁英的检测值非常低。

（2）在回转窑焚烧方面，需要在焚烧炉的密封、紧急烟囱、废液燃烧器方面加强研发力度。风冷复合端面密封结构、双层紧急烟囱技术，低氮燃烧技术的组合式燃烧器等为发展重点。

（3）在等离子体热解方面，该技术能瞬时将大量能量加入废物中，高温裂解彻底，可减少尾气量且清洁，还能将熔渣制成玻璃体，固化重金属等有害物质，将主要用于处理难处理的危险废物焚烧，如化学武器销毁、低放射性废物处理、焚烧飞灰处理等。

（4）在水泥窑协同处置方面，目前普遍采用的处置工艺为浆渣制备系统（SMP 系统），飞灰协同处置主要采用水洗、干法除氯技术，污染土处置主要采用热脱附技术路线，同时也在探索利用其现有市政垃圾协同处置设施同时处置危险废物、开发离线式综合气化炉等新技术。

（5）在超临界/亚临界协同处置技术方面，该技术可实现危险废物及污泥完全高效转化的技术，但在商业化应用领域还需要加强技术研发和装备研制，形成可以低成本稳定运行的超临界/亚临界协同处置装备。

（二）危险废物多位一体监测分析

未来 20 年，危险废物多位一体监测分析体系的建立需要重点解决基于指纹特征的光谱快速检测技术、物联网全程跟踪识别技术、危险废物全生命周期评价技术等关键技术和危险废物全过程智能管控系统建设，具体如下。

（1）基于指纹特征的光谱快速检测技术。研究典型危险废物的识别与风险评价技术，建立痕量污染物形态分析、同类物识别、异构体分离的分析技术系统与设备，研制适合危险废物环境持久性和生物富集性量化表征的仪器。研究基于指纹特征光谱的有机有毒污染物快速分类监测方法与技术，建立有机有毒污染物指纹光谱库。

（2）物联网全程跟踪识别技术。危险废物物联网监管技术将综合应用射频识别（RFID）、全球定位系统（GPS）、通用分组无线服务（GPRS）、5G 无线网络、视频监控及工况监控等技术，实现危险废物从源头到终端的“两端一线”（产生端、处置端、运输线）全过程、可视化、可溯源管理。

（3）危险废物全生命周期评价技术。根据当前我国危险废物的处理处置状况，从全过程管理和生命周期的角度提出危险废物可持续发展管理的技术路线。基于对管理体系中存在的问题进行剖析，提出相应的对策和建议，为我国循环经济和清洁生产的进一步实施，以及危险废物可持续发展管理体系的进一步完善提供理论支持。

（4）危险废物全过程智能管控系统。加强危险废物基础数据收集能力和源头分类工作，统筹规划危险废物处置设施建设；推进区域协同处理处置危险废物机制，突出区域服务功能，提升现有危险废物综合处置中心的处理能力；建设立体联动精细化、规范化监管体系，实现废物多途径、多层次、协同化利用；依托“互联网+”，建立危险废物信息化监管体系。

四、未来发展前景及我国的应对策略

（一）未来发展前景

（1）预计未来5～10年，我国将在危险废物超洁净协同处置技术研发和装备等方面取得重要进步。预计未来10～20年，我国将全面提高重金属、二噁英类污染防治力度，提高危险废物处置能力，整体达到国际先进水平。

（2）预计未来15年左右，我国将开发出运行稳定、利用率高的生命周期和全过程处置、鉴别技术和监测技术，逐步建立完整的危险废物特性试验、安全处置和监测分析技术体系，并利用“互联网+”、人工智能、物联网等技术，建立立体联动精细化、规范化、智能化的监管体系，为实现产业废物多途径、多层次、协同化利用提供技术基础。

（二）我国的应对策略

我们应充分认识国际、国内两个大市场的相关发展趋势，明确危险废物处置技术在我国生态文明建设和可持续发展战略中的重要地位，针对危险废物“体量大、种类多、投资大、研发周期长、技术集成性强”的特点，制定长期、稳定、一致的政策和跨行业发展计划，对超洁净协同处置和多位一体监测分析技术的研发给予持续、稳定的支持。此外，在科研体制上应当以大企业为主，产学研结合，通过足够的资金投入来强化危险废物集中处置基地建设。未来20年，危险废物超洁净协同处置技术的实际应用和多位一体监测分析体系的不断成熟将为保障我国国民经济健康可持续发展和生态文明建设做出重要贡献。

第十三节　多尺度天气气候模式发展展望

周天军[1]　李　建[2]　邹立维[1]　李普曦[2]
（1 中国科学院大气物理研究所；2 中国气象科学研究院）

一、发展多尺度天气气候模式的重要意义

在大气科学领域，数值模式的发展一直存在天气和气候两条主线。在天气领域，数值天气预报模式直接服务于业务预报，已经成为气象预报业务的核心[1]，数值天气预报模式的研发能力，标志着一个国家的气象科技创新能力。在气候领域，气候系统模式在理解气候系统的变化机理、预估其未来变化等方面发挥着不可替代的作用[2-7]。随着高性能计算机能力的不断提高，全球天气和气候模式的水平分辨率在不断提升。目前，国际上尖端性研究已可实现全球次千米级的大气数值模拟。就大气模式的研发来说，天气和气候模式彼此衔接，从而实现天气和气候模式动力框架的统一是重要的国际态势。

数值天气预报模式因业务预报的需求，其分辨率一直高于气候模式。早期气候模式较粗的水平分辨率，限制了全球模式对复杂地形区及不同尺度的地形强迫过程的模拟能力[8]，制约了模式对中尺度系统和局地极端天气和气候事件的准确描述[9-11]，此类模式称为“大尺度环流模式”（general circulation model）[11-12]。在这种模式中，降水是由网格间可解析的大尺度层云降水和网格内由对流参数化产生的对流降水共同组成的，模式中积云对流对动量和热量的输送仍旧需要参数化方案来描述[6, 11, 13, 14]。参数化过程会带来降水模拟上的偏差，原因是对流参数化方案的触发需要借助人为的判据，这也造成大多数对流参数化方案对对流从浅到深的发展过程以及降水效率的表征较为粗糙[13-18]。因此，对流参数化方案被广泛地认为是降水模拟偏差和降水预报不确定性的主要来源[11, 13, 18-21]。

提升模式水平分辨率、发展对流解析模式是改进气候模式模拟性能的有效途径[11, 12, 22-26]。特别地，当模式的水平分辨率提升至4千米或更精细时，模式即可显式表达深对流过程（即关闭对流参数化方案），从而摆脱模式对于对流参数化方案的依赖，这类超高水平分辨率的模式被称作“对流解析模式”

（convection-permitting model，CPM）[11, 12]。随着高性能计算机的不断发展，发达国家的研究机构开始使用 CPM 来进行天气过程模拟，乃至进行历史气候变化和未来气候预估的相关研究[21, 27-33]。诸多针对北美洲地区和欧洲部分地区[11, 12]开展的区域 CPM 模拟和预估的研究已经证实其优越性。

高分辨率气候模式的进一步发展是全球 CPM[6，11, 12]。当前国际上主要的全球天气-气候数值模拟机构都已开始发展面向下一代的数值模式系统，其主要特点是瞄准全球尺度下的非静力模拟，目标是准确描述大气的多尺度结构特点。相形之下，我国在本领域的布局相对滞后。以 CPM 为目标的天气气候统一的多尺度模式已经成为国际竞争的前沿，发达国家都在通过部署国家级的项目来加强组织协调、抢占制高点。其中最为核心的多尺度动力框架因其数值模式的“发动机”属性，属于当前该领域的“卡脖子”技术，单纯靠引进对于像我国这样的发展中大国不现实，因此，加强国家级的组织部署，推动研发天气气候统一的多尺度模动力框架，支撑 CPM 尺度的模拟和预报预测研究有其时间上的紧迫性。

二、国内外相关研究进展

（一）国外近年来的研究动向

国际各大气象类数值模拟结构都在开展面向下一代的大气模式。欧洲中期天气预报中心（ECMWF）2013～2018 年开展了“PantaRhei ①”研究项目，该项目探索了一种预测全球天气和气候的混合方法，即采用有限体积方法捕捉高分辨率非静力占主导的对流尺度运动，弥补其当前全球谱静力模式的业务预报在非静力方面的不足。英国气象局在 2012 年提出并启动了下一代模式发展十年计划，称为“工合计划”（Globally Uniform Next Generation Highly Optimized，GungHo）。该计划采用准均匀网格和混合有限元方法，研发满足未来 20 年天气–气候数值预报需求的下一代大气环流模式，实现真正意义上的无缝隙数值预报。美国国家环境预报中心在 2015 年开展了面向下一代全球预报系统（Next Generation Global Prediction System，NGGPS）的发展计划。经过

① “PantaRhei”取自古希腊哲学家赫拉克利特（Heraclitus）哲学思想的总体体现“Panta Rhei”，大意为“万物皆是流动变化的”，即“万物皆流”。

第一轮筛选，选择多/跨尺度预报模式（model for prediction across scales，MPAS）和有限体积元模式（finite-volume cubed-sphere dynamical core，FV3）进入第二轮评测。在第二轮评测中，基于计算效率和某些计算性能的考虑，最终选择美国地球物理流体动力学实验室（GFDL）的 FV3 作为未来大气模式的动力框架。能够同时支撑从天气到气候的不同应用需求是新一代动力框架的特点。德国气象局（DWD）与马克斯·普朗克气象研究所（MPI-M）合作制定了发展面向下一代数值天气预报和气候模拟的一体化模式系统的正二十面体非静力模式（Icosahedral Non-hydrostatic Model，ICON）计划，经多年研发形成一套适合天气预报和气候预测的多尺度一体化模拟系统。这些新一代模式中的先行者已经在全球数值天气预报业务中得到应用，如德国的 ICON 的 13 千米数值天气预报版本已配备完整的同化系统，并于 2015 年取代 DWD 原业务模式 GME 进行日常业务运行；美国的基于 FV3 框架的模式系统（GFS-FV3）也在 2019 年中期替代之前全球预报系统（global forecast system，GFS）进行业务化运行。

新一代大气模式动力框架的一个重要应用是超高分辨率的 CPM 模拟。CPM 实现了深对流过程的显式解析，使得 CPM 能够摆脱对对流参数化方案的依赖，显式地处理对流热交换过程。模式水平分辨率高，能更精确地刻画复杂地形区及相应的陆气相互作用[11, 12]。用于气候研究的 CPM，需要能够表征和再现与对流过程相关各要素的总体统计特征（如降水的日循环、强度和持续时间等），以及与对流过程相关的辐射过程、陆表过程和大尺度环流等[11]。

CPM 已经在降水过程的模拟、区域气候模拟和预估等领域展现了明显的优势，特别是在对流过程及复杂地形区降水的模拟上呈现出显著的模拟“增值”。例如，CPM 更好地刻画了地形降水的空间分布和降水强度[34-37]；CPM 在降水日循环、对流发生时间、复杂地形区对流过程等的模拟性能突出[17, 27-28, 31, 34-39]；CPM 在对降水频率、降水强度和降水频谱的模拟上具有明显的优势[21, 35, 39-40]，并且更好地再现了观测中的小雨和极端强降水事件[28, 35, 39-40]。CPM 可以很好地模拟地形复杂区的表层风场及小尺度的局地环流系统[41-43]。在热带地区，CPM 能够更好地再现热带季节内振荡（madden-julian oscillation，MJO）[44-46]，甚至是赤道大西洋无风带这种长期存在的气候模拟难题也得到了解决[47]。

（二）我国的研究开发现状

东亚夏季风降水受复杂地形、不均匀的地表加热和季风环流等多种因素综合影响，成因复杂，特征多样，当前气候模式对东亚夏季风的模拟尚面临诸多问题[6]。因此，使用 CPM 针对东亚地区开展气候模拟研究被广泛地认为是改善当前气候模式对东亚地区模拟偏差的重要途径。但我国对流解析尺度的降水预报和模拟处于起步阶段。在英国牛顿基金会的“面向服务伙伴的气候科学”计划（CSSP China）的支持下，我国学者使用英国气象局统一模式（Met Office unified model）实现了覆盖东亚地区的 4 千米分辨率的对流解析尺度长时间模拟积分，与应用对流参数化的相对较粗分辨率的 13 千米模式进行比较，发现 CPM 对东亚夏季风降水日变化的模拟具有显著的增值[48]。南京大学的科研团队使用中尺度天气预报模式（WRF 4 千米）对我国中东部地区 2013～2014 年夏季降水进行实时预报（每天进行模式的初始化）。试验结果表明，尽管 CPM 对中国南部午后降水存在高估的现象，但是 CPM 对我国降水的空间分布、日循环，特别是对强降水（100.0～150.0 毫米/天）的模拟能力显著高于全球模式的预报结果[49]。中国气象科学研究院对覆盖我国东南部 2015 年夏季的 GRAPES-Meso4.0 模式（3 千米）实时预报结果的分析表明，该模式在日均降水量、降水频率、短时强降水（≥10 毫米/时）和日循环等方面具有较好的模拟能力[50]。

总的来看，我国目前针对东亚地区开展的 CPM 气候模拟研究相对较少，已有研究存在模式积分时间短、模拟区域小等不足。而且，由于我们目前尚没有能够支撑气候研究的自主研发的 CPM 系统，现有的模拟研究多依托国际上的模式系统。因此，研发我国自己的、能够支撑 CPM 尺度模拟的天气气候模式动力框架，开展针对东亚地区的对流解析尺度长时间模拟研究是迫在眉睫的工作，既具有迫切的国家实际应用需求，又涉及该领域的国际话语权问题。

三、未来待解决的关键技术问题

为了促进世界各国进行 CPM 模拟的工作组之间的沟通与合作，世界气候研究计划中的全球能量和水循环试验计划（Global Energy and Water Cycle Experiment，GEWEX）分别于 2016 年和 2018 年在美国国家大气研究中心（The National Center for Atmospheric Research，NCAR）组织了第一次与第二次对流解析气候模拟工作组会议（GEWEX Convection Permitting Climate Model Workshop）。会议的议题包括：①针对现有 CPM 进行系统性评估，从而研究 CPM 针对特定区域气候的模拟增值；②使用 CPM 进行当前的区域气候变化评估；③使用 CPM 研究更加精细化的“陆-气”相互作用；④构建高时空分辨率的观测资料，以评估和研究当前精细化 CPM 的模拟结果；⑤使用 CPM 进行热带地区“对流-辐射”过程研究[51]。研讨会在 *Climate Dynamics* 组织了以“Advances in Convection-Permitting Climate Modeling”为主题的专刊，同时明确未来将加强和世界气候研究计划中联合区域气候降尺度实验计划（Coordinated Regional Climate Downscaling Experiment，CORDEX）的合作。

CPM 模拟的国际发展态势，一是针对区域气候，开展多模式、大样本的 CPM 模拟集合。例如，针对欧洲和地中海区域，超过 20 个模式工作组针对特定的天气事件乃至气候尺度开展了多集合大样本的 CPM 模拟[52]，用以评估 CPM 气候模拟的不确定性。二是开展全球的对流解析尺度的模拟试验。2017 年，德国的 MPI-M 与日本的东京大学联合发起了基于非静力域的大气环流模式动力比较（DYnamics of the Atmospheric General Circulation Modeled on Non-hydrostatic Domains，DYAMOND）研究计划[53]，旨在探究 CPM 对全球大气环流特征和对流过程的模拟增值，比较不同 CPM 的模拟性能，协调和促进当前全球 CPM 模拟的发展。目前，国际上已有 9 个模式工作组参与其中，而目前我国尚没有模式有能力参加。

与多尺度模式统一框架的研发相匹配，还需要构建相应的观测网，目的是为模式研发提供观测事实支持，特别是对云物理和降水过程的描述。例如，德国在 ICON 的研发上，与动力框架的研发相呼应，在德国联邦教研部的资金支持下，由 MPI-M 牵头组织来自全国各大学和 DWD 的研究力量，实施了以推动气候预报为目标的高分辨率云和降水［High definition clouds and precipitation for advancing climate prediction，HD（CP）^{2}］的研究计划。

在本领域，我国目前待解决的关键技术问题包括以下几个方面。

（1）适用于任意形状网格的高灵活性、高精度、高稳定性数值算法。由于准均匀网格的局地不规则性，算法的计算精度和稳定性设计更为重要。同时，算法设计还应考虑到编程实现的便捷性和实际计算效率，特别是在大规模并行计算环境下的高效性。

（2）考虑到我国复杂的地形和下垫面状况，要关注面向陡峭地形时的计算稳定性。在水平分辨率提升后，模式对地形的表征会更精细，模式内部的地形坡度也会随之增加。

（3）更强适应性的动力-物理耦合策略。云尺度模式和传统天气-气候尺度模式不仅对物理过程的需求不同，对动力-物理耦合的需求也不同。为此，需要尽早构建与模式动力框架研发相匹配的观测系统和观测网络。

（4）面向大规模并行计算环境的系统设计和优化。在进行万核级并行计算时，并行通信所占时间比接近甚至超过每个节点计算所占时间比。因此，算法对大规模并行体系的适应能力，直接决定模式在实际开展计算时的性能。

四、我国的发展策略

多尺度天气气候模式的研发需要重点解决适用于天气气候一体化运行的全球高分辨率大气模式动力框架关键技术、高分辨率“海-陆-气-冰”耦合技术、适应无缝隙预报需求的多种资料同化技术、着眼于东亚地形和天气气候特色的关键物理过程等关键技术。未来5～10年，我国将在高性能计算机、气象卫星、大洋观测等方面取得重要进步，可为我国未来开展多尺度天气气候模式研发提供坚实的技术基础。预计未来10～20年，我国将掌握多尺度天气气候模式研发技术，成功构建具备高计算效率、高精度和严格守恒性的大气模式动力框架，大大提升我国无缝隙天气气候预报预测能力。为此，建议我国应该加强以下领域的研究布局。

（1）发展非结构准均匀网格的高效数值算法，满足天气-气候一体化模拟的计算精确性、守恒性等要求。

（2）建立分辨率灵活可调（1～100千米）、可实现区域加密的非结构网格生成系统；发展对多尺度大气物理特征具有良好模拟效果，且具备较高精度的空间和时间离散化方案；建立灵活的三维大气动力框架系统。

（3）尽早针对我国的天气和气候特点，参照美国大气辐射观测（Atmospheric Radiation Measurement，ARM）计划和德国HD（CP）^{2}计划的组织范式，多部门联合，通过分工和协作，构建支撑一体化模式研发的观测基地和观测网。

（4）优化非结构准均匀网格的数据存储结构和并行算法；实现高效的异步通信和读写功能，提升模式的可扩展性；设计并建立适用于非结构网格的并行计算框架；发展配套的模式物理过程及初边值条件；实现基于非结构网格大气模式的工作流程建立。

（5）基于关键技术的研发，最终发展一个具备全球云分辨模拟潜力、天气-气候一体化预测功能的非结构网格大气模式计算模拟系统，可进行灵活的多分辨率模拟预测。在数值天气预报和气候预测领域能够支撑 0～90 天无缝隙预报，在气候领域能够支撑长期气候模拟和预估研究需求，在空间尺度上能够支撑 CPM 模拟研究。

参 考 文 献

[1] Bauer P，Thorpe A，Brunet G. The quiet revolution of numerical weather prediction [J]. Nature，2015，525 (7567)：47-55.

[2] 曾庆存，王会军，林朝晖，等. 气候动力学与气候预测理论的研究 [J]. 大气科学，2003，27 (4)：468-483.

[3] 王会军，徐永福，周天军，等. 大气科学：一个充满活力的前沿科学 [J]. 地球科学进展，2004，19 (4)：525-532.

[4] Taylor K E，Rtouffer S，Meehl G A. An overview of CMIP5 and the experiment design [J]. Bulletin of the American Meteorological Society，2012，93 (4)：485-498.

[5] 周天军，邹立维，吴波，等. 中国地球气候系统模式研究进展：CMIP 计划实施近 20 年回顾 [J]. 气象学报，2014，72 (5)：892-907.

[6] 周天军，吴波，郭准，等. 东亚夏季风变化机理的模拟和未来变化的预估：成绩和问题、机遇和挑战 [J]. 大气科学，2018，42 (4)：902-934.

[7] 周天军，陈梓明，邹立维，等. 我国全球气候系统模式的发展及其模拟和预估 [J]. 气象学报，2020. doi：10.11676/qxxb2020.029.

[8] Yao J C，Zhou T J，Guo Z，et al. Improved performance of high-resolution atmospheric models in simulating the East Asian summer monsoon rain belt [J]. Journal of Climate，2017，30 (21)：8825-8840.

[9] Meehl G A，Covey C，Delworth T，et al. The WCRP CMIP3 multimodel dataset：a new era in climate change research [J]. Bulletin of the American Meteorological Society，2007，88 (9)：1383-1394.

[10] Giorgi F，Jones C，Asrar G R. Addressing climate information needs at the regional level：the CORDEX framework [J]. World Meteorological Organization (WMO) Bulletin，2019，58 (3)：175-183.

[11] Prein A F，Langhans W，Fosser G，et al. A review on regional convection-permitting climate modeling：demonstrations，prospects，and challenges [J]. Reviews of Geophysics，

2015，53（2）：323-361.

[12] Clark P，Roberts N，Lean H，et al. Convection-permitting models：a step-change in rainfall forecasting [J] . Meteorological Applications，2016，23（2）：165-181.

[13] Chen H，Zhou T，Neale R B，et al. Performance of the new NCAR CAM3.5 in East Asian summer monsoon simulations：sensitivity to modifications of the convection scheme [J] . Journal of Climate，2010，23（13）：3657-3675.

[14] Zhang Y，Chen H. Comparing CAM5 and super-parameterized CAM5 simulations of summer precipitation characteristics over continental East Asia：mean state，frequency-intensity relationship，diurnal cycle，and influencing factors [J] . Journal of Climate，2016，29（3）：1067-1089.

[15] Emanuel K A. A scheme for representing cumulus convection in large-scale models [J] . Journal of the Atmospheric Sciences，1991，48（21）：2313-2329.

[16] Rennó N O，Ingersoll A P. Natural convection as a heat engine：a theory for CAPE [J] . Journal of the Atmospheric Sciences，1996，53（4）：572-585.

[17] Guichard F，Petch J C，Redelsperger J L，et al. Modelling the diurnal cycle of deep precipitating convection over land with cloud-resolving models and single-column models [J] . Quarterly Journal of the Royal Meteorological Society，2004，130（604）：3139-3172.

[18] Leung L R，Qian Y，Bian X，et al. Mid-century ensemble regional climate change scenarios for the western United States [J] . Climatic Change，2004，62（1-3）：75-113.

[19] Wang Y，Zhou L，Hamilton K. Effect of convective entrainment/detrainment on the simulation of the tropical precipitation diurnal cycle [J] . Monthly Weather Review，2007，135（2）：567-585.

[20] Rooy W C，Bechtold P，Fröhlich K，et al. Entrainment and detrainment in cumulus convection：an overview [J] . Quarterly Journal of the Royal Meteorological Society，2013，139（670）：1-19.

[21] Dai A，Rasmussen R M，Liu C，et al. A new mechanism for warm-season precipitation response to global warming based on convection-permitting simulations [J] . Climate Dynamics，2017：1-26.

[22] Gao X，Xu Y，Zhao Z，et al. On the role of resolution and topography in the simulation of East Asia precipitation [J] . Theoretical and Applied Climatology，2006，86（1）：173-185.

[23] Murakami H，Wang Y，Yoshimura H，et al. Future changes in tropical cyclone activity projected by the new high-resolution MRI-AGCM [J] . Journal of Climate，2012，25（9）：3237-3260.

[24] Li J，Yu R，Yuan W，et al. Precipitation over East Asia simulated by NCAR CAM5 at different horizontal resolutions [J] . Journal of Advances in Modeling Earth Systems，2015，7（2）：774-790.

[25] Haarsma R J, Roberts M J, Vidale P L, et al. High Resolution Model Intercomparison Project (HighResMIP v1. 0) for CMIP6 [J] . Geoscientific Model Development, 2016, 9 (11): 4185-4208.

[26] Kendon E J, Roberts N M, Senior C A, et al. Realism of rainfall in a very high-resolution regional climate model [J] . Journal of Climate, 2012, 25 (17): 5791-5806.

[27] Grell G A, Schade L, Knoche R, et al. Nonhydrostatic climate simulations of precipitation over complex terrain [J] . Journal of Geophysical Research: Atmospheres, 2000, 105 (D24): 29595-29608.

[28] Ban N, Schmidli J, Schär C. Evaluation of the convection-resolving regional climate modeling approach in decade-long simulations [J] . Journal of Geophysical Research: Atmospheres, 2014, 119 (13): 7889-7907.

[29] Ban N, Schmidli J, Schär C. Heavy precipitation in a changing climate: does short-term summer precipitation increase faster? [J] Geophysical Research Letters, 2015, 42 (4): 1165-1172.

[30] Kendon E J, Ban N, Roberts N M, et al. Do convection-permitting regional climate models improve projections of future precipitation change? [J] Bulletin of the American Meteorological Society, 2017, 98 (1): 79-93.

[31] Liu C, Ikeda K, Rasmussen R, et al. Continental-scale convection-permitting modeling of the current and future climate of North America [J] . Climate Dynamics, 2017, 49 (1-2): 71-95.

[32] Prein A F, Liu C, Ikeda K, et al. Increased rainfall volume from future convective storms in the US [J] . Nature Climate Change, 2017, 7 (12): 880-884.

[33] Prein A F, Rasmussen R M, Ikeda K, et al. The future intensification of hourly precipitation extremes [J] . Nature Climate Change, 2017, 7 (1): 48-52.

[34] Roberts N M, Cole S J, Forbes R M, et al. Use of high-resolution NWP rainfall and river flow forecasts for advance warning of the Carlisle flood, north-west England [J] . Meteorological Applications, 2009, 16 (1): 23-34.

[35] Prein A F, Gobiet A, Suklitsch M, et al. Added value of convection permitting seasonal simulations [J] . Climate Dynamics, 2013, 41 (9-10): 2655-2677.

[36] Langhans W, Schmidli J, Schär C. Bulk convergence of cloud-resolving simulations of moist convection over complex terrain [J] . Journal of the Atmospheric Sciences, 2012, 69 (7): 2207-2228.

[37] Rasmussen R, Ikeda K, Liu C, et al. Climate change impacts on the water balance of the Colorado headwaters: high-resolution regional climate model simulations [J] . Journal of Hydrometeorology, 2014, 15 (3): 1091-1116.

[38] Pearson K J, Lister G M S, Birch C E, et al. Modelling the diurnal cycle of tropical

convection across the "grey zone" [J] . Quarterly Journal of the Royal Meteorological Society, 2014, 140 (679): 491-499.

[39] Fosser G, Khodayar S, Berg P. Benefit of convection permitting climate model simulations in the representation of convective precipitation [J] . Climate Dynamics, 2015, 44 (1-2): 45-60.

[40] Li F, Rosa D, Collins W D, et al. "Super-parameterization": a better way to simulate regional extreme precipitation? [J] Journal of Advances in Modeling Earth Systems, 2012, 4 (2): M04002.

[41] Schmidli J, Rotunno R. Mechanisms of along-valley winds and heat exchange over mountainous terrain [J] . Journal of the Atmospheric Sciences, 2010, 67 (9): 3033-3047.

[42] Schmidli J, Billings B, Chow F K, et al. Intercomparison of mesoscale model simulations of the daytime valley wind system [J] . Monthly Weather Review, 2011, 139 (5): 1389-1409.

[43] Belušić A, Prtenjak M T, Güttler I, et al. Near-surface wind variability over the broader Adriatic region: insights from an ensemble of regional climate models [J] . Climate Dynamics, 2018, 50 (11-12): 4455-4480.

[44] Miura H, Satoh M, Nasuno T, et al. A Madden-Julian oscillation event realistically simulated by a global cloud-resolving model [J] . Science, 2007, 318 (5857): 1763-1765.

[45] Benedict J J, Randall D A. Structure of the Madden-Julian oscillation in the superparameterized CAM [J] . Journal of the Atmospheric Sciences, 2009, 66 (11): 3277-3296.

[46] Sato T, Miura H, Satoh M, et al. Diurnal cycle of precipitation in the tropics simulated in a global cloud-resolving model [J] . Journal of Climate, 2009, 22 (18): 4809-4826.

[47] Klocke D, Brueck M, Hohenegger C, et al. Rediscovery of the doldrums in storm-resolving simulations over the tropical Atlantic [J] . Nature Geoscience, 2017, 10 (12): 891-896.

[48] Li P, Furtado K, Zhou T, et al. The diurnal cycle of East Asian summer monsoon precipitation simulated by the Met Office Unified Model at convection-permitting scales [J] . Climate Dynamics, 2018: 1-21.

[49] Zhu K, Xue M, Zhou B, et al. Evaluation of real-time convection-permitting precipitation forecasts in China during the 2013-2014 summer season [J] . Journal of Geophysical Research: Atmospheres, 2018, 123 (2): 1037-1064.

[50] 许晨璐，王建捷，黄丽萍. 千米尺度分辨率下 GRAPES-Meso4.0 模式定量降水预报性能评估 [J] . 气象学报，2017，75 (6): 851-876.

[51] Prein A F, Rasmussen R, Stephens G. Challenges and advances in convection-permitting climate modeling [J] . Bulletin of the American Meteorological Society, 2017, 98 (5): 1027-1030.

[52] Coppola E, Sobolowski S, Pichelli E, et al. A first-of-its-kind multi-model convection permitting ensemble for investigating convective phenomena over Europe and the Mediterranean [J] . Climate Dynamics, 2018: 1-32.

[53] Stevens B，Satoh M，Auger L，et al. DYAMOND：the DYnamics of the atmospheric general circulation modeled on non-hydrostatic domains [J]. Progress in Earth and Planetary Science，2019，6 (1)：61.

第十四节　大气复合污染的机理及协同优化调控技术展望

程水源[1]　陆克定[2]
（1 北京工业大学环境与能源工程学院；
2 北京大学环境科学与工程学院）

一、发展大气复合污染的机理及协同优化调控技术的重要意义

雾霾和臭氧污染形成机理是物理化学和大气科学的前沿交叉学科领域，也是二次污染防控的理论支撑。随着国务院印发的《大气污染防治行动计划》的实施，二氧化硫、一氧化碳、$PM_{2.5}$ 等一次污染物浓度较 2013 年有显著下降。不过，随着我国城市化、工业化的高速推进以及大量活性物质的排放，在大气复合污染条件下，臭氧浓度在我国大部分地区不降反升，尤其是在京津冀、长三角地区还呈现快速上升的态势[1]，臭氧已成为继 $PM_{2.5}$ 后影响城市空气质量的另一重要复合污染物[2]。与此同时，高浓度的臭氧还会加速 $PM_{2.5}$ 前体物的转化，进而影响大气重污染过程发生的频率和强度。作为大气复合污染物重要的前体物，氮氧化物与 VOCs 对近地面臭氧以及 $PM_{2.5}$ 中硝酸盐与二次有机气溶胶（SOA）的生成均有着显著的影响[3]。如何有效地遏制区域大气 $PM_{2.5}$ 与臭氧复合污染，提出合理的污染控制措施与方案仍是当今面临的重大挑战之一。

二、国内外相关研究进展

发达国家在其经济发展过程中都遭遇过不同程度的空气污染问题，如酸雨、光化学烟雾等。20 世纪 50 年代初，加州理工学院的 A. Haggen-Smit 教授确定了洛杉矶烟雾事件中的刺激性气体是臭氧，并认为汽车尾气排放的氮氧化物和 VOCs 在紫外线（UV）照射下会发生一系列光化学反应，从而生成臭氧等二次污染物，初步形成光化学烟雾理论。随后，臭氧成为科学界、政治界等各领域的关注点，而有关近地面臭氧的研究也成为环境科学领域的前沿。

从全球尺度上看，受人类活动的影响，臭氧浓度高值主要集中在中高纬度地区，且北半球浓度明显高于南半球。从时间尺度上看，北半球的春季和夏季，其臭氧浓度水平明显高于秋季和冬季。尤其是在中国的部分地区，统计发现 2004～2010 年春季和夏季的臭氧浓度均值大于 140 微克/米^3。大气化学体系的非线性特点，使得臭氧浓度与痕量气体前体物之间的关系十分复杂，在实际条件下，对于以臭氧为代表的二次光化学污染物的控制，只能通过削减一次污染物的排放实现，这就要求我们能够掌握一次污染物和二次污染物之间的关系。

我国早在 20 世纪 70 年代就在甘肃兰州西固地区开展光化学烟雾研究，特别是在近 10 年在京津冀、珠三角、长三角和成渝地区典型季节开展了比较深入的研究，各地臭氧形成机制展现出基本相同的规律，但是也有各自的特征。人为源和植被排放的大量 VOCs 和氮氧化物在太阳紫外线照射下，发生复杂的光化学反应，生成大量的臭氧、过氧乙酰硝酸酯、含氧有机物以及 $PM_{2.5}$，因此臭氧和 $PM_{2.5}$ 具有同源和协同性。即高强度排放的 VOCs 和氮氧化物是内因，一定的气象条件，如强日光、低风速和低湿度等不利气象条件，出现是外因，然后发生光化学反应导致环境空气中臭氧浓度升高并呈现区域污染特征。

目前，国内外学者已围绕大气环境复合污染的生消规律等开展了大量的研究。基于大量的在线与离线观测结果表明，硝酸盐与有机气溶胶是城市大气 $PM_{2.5}$ 的主要组分，对大气污染事件的形成有着重要的贡献[3]。而对流层臭氧是大气中的 VOCs 和氮氧化物在太阳光的辐射作用下，通过进行复杂的光化学反应而生成的二次大气污染物[4]，而根据区域污染源分布的差异，不同前体物对臭氧生成的贡献存在明显差异。理论上，通过控制氮氧化物和 VOCs 等的排放量可以降低大气臭氧的含量，但实际上臭氧生成与前体物浓度之间并不是简单的线性关系。针对臭氧与其前体物之间的响应关系，目前已形成了不同计算臭氧生成潜势的理论体系[5, 6]。进一步根据臭氧形成受何种前体物影响较大，可将其分为 VOCs 控制区与氮氧化物控制区。大气环境观测与数值模拟技术也被广泛应用于臭氧敏感性分析[7]。近年来，围绕大气 $PM_{2.5}$ 污染控制已经取得了显著的成效，但针对 $PM_{2.5}$ 与臭氧复合污染的协同控制，仍有待开展进一步的研究。

三、未来待解决的关键技术问题

近年来，冬季雾霾事件的频发以及夏季的高臭氧事件，为我们敲响了警钟。虽然在光化学烟雾形成机制、二次细颗粒物形成机制的基础上我们对雾霾和臭氧的形成机理有了初步的认识，但是在我国复杂的大气环境下，雾霾和臭氧污染形成机理尚未厘清，这就需要我们在未来 10～20 年中对雾霾和臭氧的形成机理从目前以近地面观测为主过渡到三维立体观测系统，即将我们的观测物种从长寿命痕量气体过渡到对自由基、反应中间体、反应参数和污染生成潜势的直接测量。

（一）大气自由基的精准测量技术

羟基自由基（·OH）能与人类或其他生物排放到大气中的各种还原性气体发生反应，是大气中的“清洁剂”。但是自由基化学的一个重要结果就是造成臭氧的净生成，使臭氧浓度不断积累，同时自由基在化学循环过程中不断氧化一次污染物，促进二次污染物的形成。因此，在大气中对自由基化学的透彻理解能够帮助厘清雾霾和臭氧污染的形成机制。激光诱导荧光技术是当下主流的·OH 的测量技术，能够实现对·OH 浓度的准确测量[8]。但是大气中的自由基不仅仅是·OH，在整个自由基循环过程中过氧自由基的生成与转化决定着臭氧的生成或者 VOCs 的降解，成为二次污染形成的重要决速步骤。因此，对过氧自由基的精准测量是厘清我国雾霾与臭氧污染机理的重要基础[8]。针对近年来细颗粒物中硝酸盐占比显著上升的趋势，为准确定量硝酸盐生成潜势，夜间大气中 NO_3 自由基与 N_2O_5 的准确测量至关重要[9]。

（二）立体观测技术

以往对于大气污染的理论研究多集中于地面观测的结果，但是大气是运动的，人类活动频繁的对流层大气中，不仅是近地面大气的大气化学活动与雾霾和臭氧的生成息息相关，对于垂直方向上的高层大气，其大气化学活动也可以影响到对流层大气的氧化能力，从而影响我们生活的环境。因此，仅局限于地面观测已经不能满足我们对大气二次污染形成机理全面探究的需求，立体观测技术在未来 10～20 年是探究大气污染机理的必备观测技术。可以通过高塔[10]、无人机、系留艇、飞机[11]等工具，搭载涵盖痕量气体、自由基以及 VOCs 等相关参数的仪器，进行大气垂直方向上组分的探索，进而对环境大气氧化性的认识从二维拓展到三维，更加全面、细致地梳理复合污染大气中的化学机理。

（三）大气氧化潜势的定量

一次污染物向二次污染物的转化速率，取决于大气的氧化能力，通过定量臭氧和二次细颗粒物产生速率可以直观地定量大气的氧化潜势。因此，发展臭氧和二次细颗粒物产生速率的在线测量系统，通过构建孪生双箱模拟舱与基于动力学模式的数据分析系统，直接测定臭氧和二次细颗粒物的产生速率，直观表征大气氧化性[12]。

与传统的观测中测量单一物种不同，大气氧化潜势的定量是通过构建平行的烟雾反应舱，通过测量不同反应舱中规定时间内的臭氧和二次细颗粒物的变化量来定量二次污染物的生成速率。这一系统的结果可以与激光诱导荧光系统的定量结果进行比对验证，通过使用联合测量长寿命的痕量气体来定量以往只能使用高端仪器进行定量的大气氧化性，从而能够在全国不同地区的站点进行多点部署，得到更全面的我国大气氧化性情况数据。

（四）大气 $PM_{2.5}/O_3$ 与前体物非线性关系和基于臭氧生成潜势污染源分级研究

大气复合污染中二次组分浓度受到源排放、气象条件等多因素的影响，与相应的气态前体物浓度及其在大气中的转化率有关。VOCs 作为二次有机气溶胶重要前体物，对 $PM_{2.5}$ 浓度贡献可达到 14%，对 PM_1 浓度贡献可达到 21%。为更有针对性地治理大气重污染事件，亟须开展前体物关键物种识别研究。基于大气环境 VOCs 多组分在线与离线加密观测，获取烷烃、烯烃、炔烃、苯系物、醛酮等污染浓度演变特征。采用数值模拟的手段，通过多情景模拟以及源标记识别方法等，针对典型地区 $PM_{2.5}$ 中二次有机气溶胶组分与 VOCs 各物种开展前体物-二次组分浓度变化响应关系，揭示不同 VOCs 前体物存量/排放量增减变化对 $PM_{2.5}$ 特别是对细颗粒物形成的影响，挖掘重污染生消阶段参与反应的关键物质[13]。

基于大气复合污染过程综合观测，应用数值模拟开展目标区域氮氧化物与 VOCs 减排情景分析，研究臭氧与前体物排放变化的响应规律，识别区域高分辨率臭氧前体物控制区的划分。通过设置不同 VOCs 组分（烷烃、烯烃、苯系物等）减排情景，结合高分辨率区域污染源排放清单，筛选得到对区域臭氧浓度贡献较大的 VOCs 前体物敏感物种。利用最大增量反应活性[6]法计算各区域典型

VOCs 排放源单位排放臭氧生成潜势，识别对臭氧浓度贡献较大的排放源与物种，并与数值模拟敏感物种筛选结果进行交互验证。结合目标区域 VOCs 排放清单，开展基于臭氧生成潜势的污染源分级研究，为大气复合污染物协同控制技术研究提供支撑。

（五）大气环境复合污染双敏感因子及 $PM_{2.5}/O_3$ 协同优化控制新技术研究

基于数值模拟的手段，识别各区域不同行业一次污染物（一次细颗粒物、二氧化硫、氮氧化物与 VOCs）单位排放对目标城市 $PM_{2.5}$ 质量浓度贡献，获得一次污染物（$PM_{2.5}$）敏感因子；基于大气环境 $PM_{2.5}/O_3$ 与前体物响应关系研究，识别前体物 VOCs 各组分中对 $PM_{2.5}/O_3$ 污染贡献均较大的物种，获得复合污染敏感因子[14]。双敏感因子研究可为大气 $PM_{2.5}/O_3$ 协同优化控制模型搭建提供支撑。

基于运筹学和线性规划优化控制技术理论，将基于常规污染物以及臭氧生成潜势的污染源分级系数、双敏感因子等参数引入优化模型，优先控制对臭氧生成潜势较大的 VOCs 排放源以及对 $PM_{2.5}$ 贡献较大的污染源。基于区域大气污染源优化控制分级技术原理，建立以治理费用为目标、$PM_{2.5}$ 与臭氧质量浓度分阶段下降为约束目标的优化减排模型，并选取典型区域开展示范应用。

四、未来发展前景及我国的发展策略

（一）未来发展前景

我国目前正处于大气污染机理的重要发展时期，通过已建设的国家环境空气质量监测网以及在一系列重要活动的联防联控措施下，我国探索了大气复合污染下的化学机理，在未来 10～20 年的时间中，有望实现如下发展目标。

（1）清晰明确我国大气复合污染条件下二次污染物——$PM_{2.5}$ 和臭氧的形成机理，完成以 $PM_{2.5}$ 和臭氧为核心的多污染物协同控制。

（2）研究不同排放源、不同化学物种减排对大气 $PM_{2.5}$ 和臭氧的复合敏感性，筛选对 $PM_{2.5}$ 和臭氧贡献较大的双敏感物种，揭示其非线性影响机制，构建大气 $PM_{2.5}/O_3$ 协同优化控制新技术；通过构建减排 VOCs 和氮氧化物的国家方案、区域方案，完成总量控制和监管的技术体系。

（二）我国的发展策略

2018年5月，习近平总书记在全国生态环境保护大会上指出，“要通过加快构建生态文明体系，确保到2035年，生态环境质量实现根本好转，美丽中国目标基本实现”[15]。针对我国特有$PM_{2.5}$和臭氧同时存在的复合污染，这就要求我们对我国大气复合污染条件下的化学生成机理有清晰的认识。因此我们必须明确我国大气环境与欧美发达国家大气环境的异同，针对我国大气环境“强氧化性、多污染物、排放总量大”等特点，厘清我国大气二次污染形成机理。在后续的研究中，结合外场观测、数值模式、烟雾箱模拟等手段，聚焦大气自由基为代表的氧化性测量及其化学机理、$PM_{2.5}$和臭氧的协同控制方案、大气$PM_{2.5}/O_3$协同优化控制技术等方面，进一步提出我国防控$PM_{2.5}$和臭氧污染协同优化调控策略。

参 考 文 献

[1] Zhang Q，Yuan B，Shao M，et al. Variations of ground-level O_3 and its precursors in Beijing in summertime between 2005 and 2011 [J]. Atmospheric Chemistry and Physics，2014，14（12）：6089-6101.

[2] 程念亮，李云婷，张大伟，等. 2014年北京市城区臭氧超标日浓度特征及与气象条件的关系 [J]. 环境科学，2016，37（6）：2041-2051.

[3] Zhang H Y，Cheng S Y，Li J B，et al. Investigating the aerosol mass and chemical components characteristics and feedback effects on the meteorological factors in the Beijing-Tianjin-Hebei region，China [J]. Environmental Pollution，2019，244：495-502.

[4] Wei W，Cheng S Y，Li G H，et al. Characteristics of ozone and ozone precursors（VOCs and NO_x）around a petroleum refinery in Beijing，China [J]. Journal of Environmental Sciences，2014，26：332-342.

[5] 李国昊. 典型VOC排放源分级技术与优化减排方案研究 [D]. 北京：北京工业大学博士学位论文，2014.

[6] 邱婉怡，刘禹含，谭照峰，等. 基于中国四大城市群计算的最大增量反应活性 [J]. 科学通报，2020，65：610-621.

[7] 唐孝炎，张远航，邵敏. 大气环境化学. 2版. 北京：高等教育出版社，2006.

[8] Lu K D，Guo S，Tan Z F，et al. Exploring atmospheric free-radical chemistry in China：the self-cleansing capacity and the formation of secondary air pollution [J]. National Science Review，2019，6：579-594.

[9] Wang H C，Lu K D，Chen X R，et al. High N_2O_5 Concentrations observed in Urban Beijing：

implications of a large nitrate formation pathway [J]. Environmental Science & Technology Letters，2017，4：416-420.
[10] Wang H C，Lu K D，Chen X R，et al. Fast particulate nitrate formation via N_2O_5 uptake aloft in winter in Beijing [J]. Atmos. Chem. Phys.，2018，18：10483-10495.
[11] Xue L，Wang T，Simpson I J，et al. Vertical distributions of non-methane hydrocarbons and halocarbons in the lower troposphere over northeast China [J]. Atmospheric Environment，2011，45：6501-6509.
[12] Kaltsonoudis C，Jorga S D，Louvaris E，et al. A portable dual-smog-chamber system for atmospheric aerosol field studies [J]. Atmos Meas Tech，2019，12：2733-2743.
[13] Lu K，Fuchs H，Hofzumahaus A，et al. Fast Photochemistry in wintertime haze：consequences for pollution mitigation strategies [J]. Environ Sci Technol，2019，53 (18)：10676-10684.
[14] 蒋美青，陆克定，苏榕，等. 我国典型城市群 O_3 污染成因和关键 VOCs 活性解析 [J]. 科学通报，2018，63：1130.
[15] 新华社. 习近平：坚决打好污染防治攻坚战 推动生态文明建设迈上新台阶 [DB/OL]. www.xinhuanet.com/2018-05/19/c_1122857595.htm [2019-09-30].

第十五节　生物安全防控设施与体系发展展望

易　轩[1]　关武祥[1]　任小波[2]　陈新文[1]
（1 中国科学院武汉病毒研究所；2 中国科学院重大科技任务局）

一、发展生物安全防控设施与体系的重要意义

现代科技极大地促进了生产力的发展，推动人类进入历史的新时期，由此带来的非传统安全威胁，既是新时代国家总体安全面临的重大战略挑战，更是大国博弈和对抗的重要制高点。生物安全是非传统安全的重要组成部分，通常包括“五防两保”，即防御生物对抗、防范生物恐怖袭击、防控传染病疫情、防止生物技术滥用误用、防控外来生物入侵，以及保护生物遗传资源与生物多样性、保障实验室生物安全等七个方面[1-3]。

当今社会，我国生物安全面临日趋复杂的形势：一方面，国际化进程使得传染病传播方式和扩散途径呈现全球化、多样化和快速化发展；另一方面，生物恐怖和威胁技术门槛降低，与新发烈性传染病界限模糊；此外，外来物种入侵、全球气候变化、极地和太空探索等各类事件使得生物安全面临的形势越来

越复杂。

近年来，党和国家高度重视生物安全，先后在生物安全领域部署了艾滋病和病毒性肝炎等重大传染病防治专项、国家重点研发计划“生物安全关键技术研发”等各类科技项目，有力地推动了我国生物安全科技支撑能力建设，同时也建立了多部委参与的生物安全协调机制。但是近年来生物安全事件频繁发生，出血热、登革热等疫情传入中国[4]，非洲猪瘟疫情影响巨大，草地贪夜蛾、福寿螺、水葫芦、豚草等入侵动植物危害严重，生物安全已成为严重影响国家安全、民众健康、经济发展、社会稳定的重要因素。

构建生物安全科技防控体系，是应对生物安全威胁，保障国家需求的重要举措。科技支撑体系的构建，应从需求导向、问题导向、目标导向出发，围绕生物风险因子发生、发展、传播等科学规律，构建侦、检、消、防、治等各防控环节的技术手段[5]。同时，以高等级生物安全实验室为核心的综合性平台设施，可为开展生物安全科技防控任务提供生物安全防护保障和重要平台支撑，最终实现全面认识和有力应对生物安全风险和挑战，坚决维护国家生物安全的总体目标。

二、国内外相关研究进展

（一）国外近年来的研究动向

美国自“9·11”事件之后，开始启动生物安全国家战略。从2004年4月时任总统布什签署了《21世纪生物防御》总统令，到2009年12月奥巴马政府发布《应对生物威胁的国家战略》[6]，再到2018年9月特朗普政府发布《国家生物安全防御战略》，美国对生物安全的国家战略已从最初的“预防保护救援”上升到“应对生物威胁”，最后发展为现在的“全面应对各种生物安全威胁的系统性国家级战略”。美国通过整合其国内各部门资源，以巨额经费支持，强化平台设施建设，增加专属机构和人力等，充分保证美国拥有足够的生物威胁应对措施储备。目前，美国已基本建立了多部门协调的网络化生物安全管理体系和国家直接指挥、部门高度协同、军地紧密合作、全民广泛参与的生物安全响应机制和联合科技攻关体系，现有超过1.4万名科学家被批准进行相关研究。在2014年全球埃博拉病毒爆发事件中，美国从西非直接将感染埃博拉病毒的医务人员接回国治疗，体现出其强大的生物安全支撑能力。2019 年，仅美国国防部高级研究计划局（Defense Advanced Research Projects Agency，DARPA）一个部门，生物安全相关经费预算便高达 5.75 亿美元，其中包括 0.54 亿美元的基础医学研究，3.57 亿美元的应用技术研发和 1.64 亿的未来技术开发[7]。

此外，在设施方面，世界各国都将高等级生物安全实验室的建设和发展作为提升国家生物安全能力的重要手段，并开展了系统而全面的建设布局，建立了完善的管理制度。全球已建成和在建的各类生物安全四级（BSL-4）实验室近 60 个，其中美国 15 个、英国 9 个，其他发达国家如法国、德国、加拿大等均建有 2 个或 2 个以上。我国周边国家中，印度有 4 个，日本有 2 个，韩国、俄罗斯各有 1 个[8]。

（二）我国的研究开发现状

2003 年爆发的严重急性呼吸综合征（SARS），波及全球几十个国家和地区，造成我国 5000 多人感染，数百人死亡，对我国人民健康、国家经济和社会造成了巨大影响。该事件凸显了我国传染病防控体系在科学研究、应对策略、临床救治及设施建设上的诸多问题。随后，我国在艾滋病和病毒性肝炎等重大传染病防治专项等的支持下，持续加强平台能力建设和突发事件处置体系建设，开展了病原溯源、流行病学、药物和疫苗等研究，同时启动包括生物安全四级实验室在内的国家高等级生物安全实验室体系建设。“十三五”期间，我国部署启动了国家重点研发计划“生物安全关键技术研发”重点专项等一批重大项目，从生物安全防控科技链出发，持续加强基础研究、关键技术产品研发、典型应用示范等多个方面的科技支撑力度，保障关键生物安全技术的研发和储备。同时，我国先后制定了《国家高级别生物安全实验室建设规划》（2004 年发布）和《高级别生物安全实验室体系建设规划（2016—2025 年）》（2016 年发布）等一系列高等级生物安全实验室规划。在这些国家顶层规划的指导下，我国已基本形成高等级生物安全实验室网络体系，建成了包括中国科学院武汉国家生物安全实验室在内的数个生物安全四级实验室，同时一批生物安全三级实验室也陆续投入运行，为我国烈性与重大传染病防控、生物防范和医药健康产业发展做出了重要贡献[8]。但是从此次新型冠状病毒肺炎疫情来看，目前我国生物安全防控技术在生物威胁侦检技术、药物疫苗研发技术、生物安全实验室智能技术以及临床救治技术等多个方面还存在突出短板。

三、未来待解决的关键技术问题

生物安全关键技术是生物安全科技支撑体系的重要组成部分，是保障我国生物安全的重要技术支撑，是应对未来生物威胁、提升我国防御能力的重要保障。

高致病性病原资源是生物安全防控技术研究开展的前置条件之一，主要有分离、合成、引进三种获取途径，涉及高致病性病原分离、鉴定、保藏、合成等多项关键技术。欧美等主要大国均已通过多种手段从全球各个地区获取及合成了几乎所有的病毒，发展了较为完备的高致病性病原资源技术体系。相比之下，一方面，现阶段我国高致病性病原资源严重匮乏，仅保存有本土分离到的克里米亚-刚果出血热病毒（Crimean-Congo hemorrhagic fever virus，CCHFV）等少量种类；另一方面，我国在高致病性病原资源技术方面也刚刚起步。此外，还有以下四个方面的生物安全关键技术亟待加强和解决。

（一）快速侦测技术

生物威胁的侦检是及早发现和处置生物安全问题与事件的关键环节。传统的检测手段，主要是对病原体进行分离鉴定，以及对病原体和宿主本身的标志物（如特定的核酸、病原和抗体等）进行检测。该类技术经过多年发展，目前已经日臻完善。但面对当前形势下的各种新型生物威胁，在响应时间以及操作编写智能、小型化、现场化等方面，无法满足目前未知病原的鉴定与分析、生物威胁态势的实时感知、生物危险因子的快速识别、生物安全事件预警和病原体快速变异预测等方面的需求。随着合成生物学、纳米生物学、生物信息学、材料科学、电子科学等学科的交叉融合和迅速发展，生物威胁侦测技术逐渐向智能化、自动化和集成化发展，这使得对生物威胁因子的响应速度、对未知生物威胁因子的预测能力以及对环境生物威胁因子的感知能力大幅提升。

未来，我国主要面向生物安全检测预警体系的建设需求，针对海关边检现场检测、生物安全综合感知、国土环境全面监控、未知威胁探测和生物反恐等的具体需求，进一步研发新一代生物安全传感技术与技术装备，最终建立面向未来生物安全威胁的综合传感能力，实现对各类生物安全事件的即时侦检、实时监控与快速响应。

（二）疫苗药物研发技术

新发、突发和烈性病原大多数都无疫苗药物等解决方案。在过去的几十年中，小分子药物、中和性抗体、疫苗、蛋白酶等技术已经取得了长足发展，在针对高致病性病原的防控中扮演着越来越重要的角色。然而，新问题、新要求也在不断出现，比如，病原体自然变异呈加速趋势，人工改造与合成技术可能被滥用，复杂严酷的储存与使用环境可能对药物效果产生不利影响。我国目前缺乏高致病性病原的特异性防治手段，仅有埃博拉病毒等少数病原已获得抗体。同时现有疫苗技术研发周期长，且仅针对单个或数个病原，急需发展新技术寻求更佳的疫苗药物解决方案。一方面，可通过研发靶向病毒基因组转录复制的广谱或宽谱高效小分子药物，以及开发用于细菌防控的裂解酶药物；另一方面，可研制阻断病毒进入的新型广谱高效治疗性中和抗体，制备针对病毒的新型疫苗，最终形成适应不同应急需求的生物安全防治常规及战略储备能力。

（三）高等级生物安全实验室技术

实验室生物安全装备是高等级生物安全实验室的关键防护屏障。我国实验室生物安全装备虽起步较晚，但从 21 世纪开始，国家逐步加大相关科技投入。目前在污水处理设备、化淋设备、高效过滤器设备等实验室装备方面，已基本形成或正在形成国产化替代的能力。在灭菌器、气密门、正压防护服等部分关键核心技术和装备上，与国际先进产品存在技术差距。未来，我国还需在全套实验室装备的国产化生产替代、装备评价和体系建设、核心控制系统等方面进一步增加研究开发投入，以解决“卡脖子”问题，最终实现“人无我有，人有我优”。

（四）临床救治设施和技术

在高致病性病原防控方面，高等级的传染病救治设备设施作用巨大。我国虽然目前已经建立了疾病预防与控制网络，但缺少综合性的高致病性病原救治设施和个人防护设备。例如，我国仅有少数传染病医院设有负压病房，无法满足临床救治的需求，而目前已经建成的负压病房也存在着功能单一、技术有待更新等问题。一方面，积极发展高等级的传染病救治设备设施相关核心技术，部署和建设区域分布的高等级生物安全救治隔离单元体系（包括负压病房、辅助检测和生活设施等），建立符合国情的建设标准，完善相关运行管理体系。另一方面，积极布局移动、智能化的高等级传染病救治设备的研制工作，形成可快速响应的处置和救治能力，最终实现我国高致病性病原的临床救治综合保障能力。

四、未来发展前景及我国的发展策略

（一）未来发展前景

面向生物安全防控技术支撑的国家重大需求，加强全国“一盘棋”的生物安全管理体系建设，继续围绕生物安全“侦、检、消、防、治”等关键防控环节，开展基础研究和关键核心技术攻关，加强防控基础设施的国产化建设，突破我国生物威胁监测预警、应急处置、科技储备严重落后、核心技术受制于人的局面，有望形成快速和现场的生物安全检测能力、快速响应的疫苗药物制备能力、国产自主可控的高等级生物安全设施保障能力，有望构筑完善的生物安全管理体系和条件平台，抢占生物安全及生物防御领域的技术制高点，引领国家生物安全、传染病防控、医药健康、设备智造等诸多领域的科技发展。

（二）我国的发展策略

生物安全防控技术体系已超越单个部门及行业范畴，体现的是国家战略布局和整体意志。我们应进一步贯彻落实党和国家关于总体国家安全观的重要部署，强化生物安全意识，认真研判国际生物安全发展态势，仔细分析我国目前生物安全防控短板，进一步建立权威高效的国家生物安全管理体系；进一步推进生物安全领域军民融合统筹发展；进一步完善生物安全任务组织和委派模式，在已有国家重大科技项目布局中加大对生物安全方向的支持力度；进一步打造基础研究、技术产品研发、应用示范全链条稳定布局；进一步鼓励和支持企业参与生物安全防控技术体系建设，最终为提升我国生物安全整体防控能力、保障国家经济持续健康发展和社会大局稳定做出重要贡献。

致谢：感谢中国科学院武汉病毒研究所童骁、周溪、门冬等研究员的宝贵建议。

参 考 文 献

[1] 郑涛，黄培堂，沈倍奋. 认清形势解决问题，加快我国生物安全能力建设步伐[J]. 军事医学，2014，(2)：83-85.

[2] 关武祥，陈新文. 新发和烈性传染病的防控与生物安全[J]. 中国科学院院刊，2016，31(4)：423-431.

[3] 刘杰，任小波，姚远，等. 我国生物安全问题的现状分析及对策[J]. 中国科学院院刊，2016，31(4)：387-393.

[4] 中华人民共和国国家卫生健康委员会疾病预防控制局. 2018年全国法定传染病疫情概况[DB/OL]. http：//www.nhc.gov.cn/jkj/s3578/201904/050427ff32704a5db64f4ae1f6d57c6c.shtml[2019-05-30].

[5] 刘杰，任小波，陈新文，等. 中国科学院生物安全科技支撑体系建设的战略思考[J]. 中国科学院院刊，2016，31(4)：394-399.

[6] 王小理. 美国国家生物安全战略走向[N]. 学习时报，2017-11-22(A7).

[7] 蔡文君，魏俊峰. 2020财年DARPA预算及发展动向解析[DB/OL]. https：//mp.weixin.qq.com/s/3O63bHP66qQhYr4LgSgWLw[2020-05-30].

[8] 梁慧刚，黄翠，马海霞，等. 高等级生物安全实验室与生物安全[J]. 中国科学院院刊，2016，31(4)：452-456.

第十六节　高级氧化技术展望

赵　旭

（中国科学院生态环境研究中心）

一、发展高级氧化技术的重要意义

根据《中国统计年鉴（2019）》的数据，我国2017年废水排放总量约为700亿吨[1]。其中，工业废水排放量约为180亿吨，约占总废水排放量的25.7%。根据初步统计，我国规模以上污水处理企业数量为300多家，这些企业构成了工业废水处理行业的供给主体。我国工业废水处理行业的企业数量较多，从事工程设计和施工的企业占大多数，但大部分企业的规模偏小，集中度较低。当前研发高效、低耗的废水处理技术和装备一直是工业废水处理发展的重点和方向。此外，为确保水质的安全健康，在水处理过程中需要对水进行消毒处理。

高级氧化技术（advanced oxidation technologies，AOTs）采用紫外线、γ射

线、催化臭氧、芬顿反应、电化学、光催化、超声、微波等手段，活化氧气、水、过氧化氢、过硫酸盐等原位产生高活性氧化性物种（如 $\cdot OH$、$O_2 \cdot^-$、$SO_4 \cdot^-$等），以其高氧化性分解转化难降解有机物，具有活性高、反应彻底、无二次污染等优点。高级氧化技术包括光催化、湿式空气氧化、电化学氧化、催化臭氧氧化、芬顿反应等技术，对工业废水中难降解污水的处理及污水消毒过程有重大意义[2, 3]。其中，紫外线消毒技术与臭氧氧化技术在饮用水和污水处理中具有广泛应用前景；湿式空气氧化技术和等离子体技术在高浓度难降解有机废水处理中具有较好的推广应用空间与前景。

二、国内外相关研究进展

（一）紫外线消毒技术

紫外线消毒是一种绿色杀菌技术，具有高效、广谱、无消毒副产物（DBPs）生成、操作安全简便、占地少等优点。早在 2000 年，上海闵行区污水处理厂就已选用紫外线作为消毒工艺，之后国内兴建的市政污水处理厂中，超过半数均选用紫外线消毒。典型应用为 2010 年投入运行的上海竹园污水处理厂，其由六条紫外线消毒渠道构成，日处理量达 170 万吨。而在消毒要求更高的给水领域，我国已有北京、上海、济南等城市十数家水厂选用紫外线消毒工艺。我国颁布了《城市给排水紫外线消毒设备》（GB/T 19837—2005）等标准，促进了紫外线消毒技术的推广应用。紫外线消毒的效果取决于紫外线辐射剂量。但紫外辐射剂量受反应器光学场和流态场影响很大，且长期运行中灯管寿命和石英套管污染等因素也会导致辐射剂量下降。近年来，通过模型计算和实验验证，人们已可较为准确地模拟各种复杂反应器的光学场，并与流场模拟技术（如流体动力学计算软件）相结合，准确评估反应器剂量并设计开发高效节能消毒设备[4]。此外，在紫外线消毒工艺的杀菌效果对比、消毒机理解析、抗性基因削减、微量污染物去除以及DBPs生成等方面，我国学者也开展了大量研究[5,6]。然而，作为一项新兴的消毒工艺，紫外线核心技术，如优化设计、剂量验证和运行监控均被国外机构所垄断，我国目前还缺少自主研发的核心技术和运行经验。

（二）臭氧氧化技术

臭氧氧化技术也是利用·OH 去除废水中难降解有机物。臭氧在被发现之后的 100 多年里主要用于水体消毒。1998 年，日本首个臭氧深度处理污水厂示范工程开始运行。由于臭氧氧化技术具有清洁无污染、氧化效率高、操作简单等优点，已经成为去除废水中高稳定性、难降解有机物的关键技术之一，在污水处理厂提标改造废水深度处理过程中获得了越来越多的青睐。2002 年，德国 WEDECO 提供的 3 台产量为 175 千克/时的臭氧发生器在巴西 VCP 纸厂用于纸浆漂白，成为当时世界上单机产量最大的臭氧发生器。随着臭氧技术的不断进步，其在新的应用领域不断得到突破[7]。目前以瑞士 Ozoni 和德国 WEDECO 为代表的国际臭氧行业知名企业国际化发展扩张迅速。

我国臭氧技术起步较晚。20 世纪 70 年代中期，国内开始进行臭氧技术的研究开发；90 年代，随着矿泉水、纯净水臭氧消毒技术的推广应用，医药行业采用臭氧进行空气杀菌处理，以及应用小型家用臭氧发生器，促进了我国臭氧行业的发展。经过多年的发展，我国的臭氧系统设备制造技术水平和市场规模有了很大提高，并在市政给水、市政污水、工业废水、烟气脱硝、精细化工、泳池消毒、空间消毒、饮料食品等行业得到广泛应用[8-10]。但是，单独臭氧氧化过程中臭氧利用效率较低，且酸性溶液中氧化较为低效。国内外研究者针对上述问题开展一系列催化臭氧氧化的工作，进一步提升了臭氧氧化效率[11, 12]。

（三）湿式空气氧化技术

最早研制开发湿式空气氧化（wet air oxidation，WAO）技术并实现工业化的是美国的 Zimpro 公司，该公司将湿式空气氧化技术应用于烯烃生产废洗涤液、丙烯腈生产废水及农药生产废水等有毒有害工业废水的处理。湿式空气氧化技术是在高温（125～320℃）高压（0.5～20 兆帕）条件下通入空气，使废水中的高分子有机物直接氧化降解为无机物或小分子有机物的方法。Zimpro 公司的湿式空气氧化技术处理效率高、反应时间短，但由于该技术要求高温高压，所需设备投资较大，运转条件苛刻，难于被一般企业所接受，因而配合使用催化剂从而降低反应温度和压力或缩短反应停留时间的湿式空气催化氧化技术近年来受到更多的重视与研究。在催化剂作用下，反应可以在较为温和的条件下进行，不仅可以大幅提高废水处理效率，还可以大大降低设备投资和日常操作费用。其研究重点在于，开发高活性催化剂，以降低反应温度和压力，提高氧化效率。国外如美国、日本、法国、德国等国家在此方面研究较多；国内目前此方面研究主要集中在部分科研单位和高校。目前，中国科学院大连化学物理研究所研发的湿式空气催化氧化技术已经在大港油田、胜利油田、辽河油田、青岛恒昌化工股份有限公司等项目中取得了一定应用[13, 14]。

（四）等离子体水处理技术

水溶液中的直接脉冲放电可以在常温常压下操作，整个放电过程中无须加入催化剂就可以在水溶液中产生原位的化学氧化性物种氧化降解有机物，该项技术对低浓度有机物的处理经济且有效。此外，应用脉冲放电等离子体水处理技术的反应器形式可以灵活调整，操作过程简单，相应的维护费用也较低。受放电设备的限制，该工艺降解有机物的能量利用率较低，等离子体技术在水处理中的应用还处在研发阶段[15, 16]。

三、未来待解决的关键技术问题

紫外线消毒的效果由辐射剂量所决定，《城市给排水紫外线消毒设备》（GB/T 19837—2005）中规定了不同水中所需要的消毒剂量。在实际运行过程中，紫外辐射剂量受紫外灯的老化衰减、石英套管的污染情况、水质（以紫外线穿透率来表征）以及流量的影响。因此，在缺乏实际辐射剂量监控的情况下，紫外线消毒系统需要在设计时设定很高的保守系数，导致大量能源浪费且存在一定消毒风险。未来需要在紫外辐射剂量监控技术上取得进步，针对实时水质在线监测紫外辐射剂量，并通过调节紫外线消毒系统的输入功率使辐射剂量达到要求，从而有效降低能耗并保证消毒安全性。

催化臭氧氧化技术得到实际应用需要重点寻找高活性、高稳定性、高耐酸碱性的催化剂，寻找合理的反应器类型及解决由三相反应带来的传质问题。湿式空气氧化技术由于受化工生产领域工艺限制，废水中不仅有机物含量高，盐含量也高，对湿式空气氧化技术提出了新的技术要求。未来，该技术需重点解决设备腐蚀、催化剂中毒等关键技术问题。等离子体水处理技术研发需要重点解决不同目标污染物的处理效果和影响因素评估、低能耗并适于规模化应用的反应器开发、等离子体与污染物分子的作用机理、等离子体氧化用于污染物降解的机理以及中间产物的鉴定和毒性评估、实际水处理中的应用效果评估以及基于等离子体氧化处理的水处理工艺等关键技术。

四、我国高级氧化技术发展展望

一是发展基于水质响应与剂量监控的高效紫外线消毒技术。饮用水、污水、尾水、再生水的化学消毒过程中均不可避免地产生消毒副产物，导致新的水质风险。紫外线作为新兴消毒工艺可有效避免消毒副产物生成而被广泛采用。预计未来 5～10 年，我国将在紫外线剂量智能监测调控、高效紫外线消毒器优化设计的工程化应用上取得重要进步。预计未来 10～20 年，我国将全面掌握基于水质响应与剂量监控的高效紫外线消毒技术，成功实现保证消毒安全的前提下，紫外线消毒系统能耗降低 30%、消毒副产物生成量明显削减，并将在 2025 年建成紫外线消毒剂量智能监控系统和新型高效紫外线消毒系统，为我国未来实现饮用水、污水和再生水的安全节能消毒提供坚实的技术基础。

二是在工业废水处理中发展催化臭氧氧化技术。臭氧在水中具有较高的氧化还原电位。与单独臭氧氧化相比，催化臭氧氧化技术是一种绿色低碳技术，可以有效避免臭氧单独氧化时存在的缺陷，为难降解有机污染物的处理提供了一条可行途径。目前，臭氧氧化技术在国内外已经得到广泛应用，但是催化臭氧氧化技术集中在实验室研究，重点在催化剂的研发及机理研究上，工程上因成本问题而局限于处理中低浓度有机废水。预计未来 15 年左右，我国将通过开发新型高效催化剂、优化工艺路线，并结合其他组合技术工艺，从提高效率和降低成本上加大工业化的可行性，推动水处理尤其是工业废水处理的技术进步。

三是发展废水处理的湿式空气氧化技术。湿式空气氧化技术是一种去除高浓度有机废水的高效绿色技术，该技术工业化应用广泛，可以用来处理制浆废水、印染废水、炼油废水、食品工业废水、市政废物等。国外在 20 世纪 60 年代实现该技术的工业化应用，国内从 20 世纪 80 年代开始进行该技术的研发和推广。预计未来 10～15 年，我国需要突破湿式空气氧化的设备材质耐腐蚀技术瓶颈、开发耐盐催化剂、攻关湿式电氧化技术、拓展湿式氧化耦合多效蒸发等其他技术，以扩展湿式空气氧化技术在高盐废水领域的实际应用范围，同时采用富产蒸气回收技术扩大 COD 适用范围。

四是在水处理中发展等离子体水处理技术。等离子体技术是一种新型的环境友好型高级氧化技术。预计未来 5～10 年，我国将在等离子体水处理技术原理、高效反应器研发和应用等方面取得重要进步，研发形成具有一定自主知识产权的系列化产品，并在焦化废水等行业废水的处理和回用方面取得一定应用。预计未来 10～20 年，我国将系统掌握等离子体水处理技术，实现其在行业废水以及饮用水处理等方面的规模化应用，进一步推动我国水处理行业的跨越式发展。

总之，作为传统消毒技术和生化技术的补充，高级氧化技术在水的深度处理以及处理难生化污水方面有其独特的难以取代的优势。虽然目前仍存在诸如能耗和成本较高、适用范围有限、设备复杂等问题，但随着技术的不断进步，高级氧化技术必定会在水处理行业中占据越来越重要的地位。

参考文献

[1] 国家统计局. 中国统计年鉴（2019）[R]. 北京：中国统计出版社，2019.

[2] Ma X Y，Wang Y K，Dong K，et al. The treatability of trace organic pollutants in WWTP effluent and associated biotoxicity reduction by advanced treatment processes for effluent quality improvement [J]. Water Research，2019，159：423-433.

[3] Miklos D B，Remy C，Jekel M，et al. Evaluation of advanced oxidation processes for water and wastewater treatment—a critical review [J]. Water Research，2018，139：118-131.

[4] 李梦凯，强志民，史彦伟，等. 紫外消毒系统有效辐射剂量测试方法研究进展 [J]. 环境科学学报，2012，32（3）：513-520.

[5] 张明露，徐梦瑶，王礼，等. 紫外消毒对管网多相界面中抗性基因的影响 [J]. 给水排水，2018，44（5）：42-46.

[6] 徐鹏，李忠群，程战利，等. 水源水消毒副产物生成势与 UV_{254}/DOC 的相关性研究 [J]. 环境科学学报，2018，38（8）：3021-3026.

[7] Loeb B L. Forty years of advances in ozone technology. A review of ozone：Science & engineering [J]. Ozone：Science & Engineering，2018，40（1）：3-20.

[8] 卢浩，常莎，陈思莉，等. 微米臭氧曝气深度处理工艺的最优曝气孔径研究 [J]. 中国给水排水，2018，34（9）：47-50.

[9] 刘梦，戚秀芝，张科亭，等. 非均相催化臭氧氧化法深度处理染料废水 [J]. 环境污染与防治，2018，40（5）：572-576，615.

[10] 纪瑞军，徐文青，王健，等. 臭氧氧化脱硝技术研究进展 [J]. 化工学报，2018，69（6）：2353-2363.

[11] 邢林林，张景志，姜安平，等. 焦化废水臭氧催化氧化过程的污染物降解特征 [J]. 环

境工程学报，2017，11（4）：2001-2006.
[12] Xiao J，Xie Y，Cao H，et al. Towards effective design of active nanocarbon materials for integrating visible-light photocatalysis with ozonation [J]. Carbon，2016，107：658-666.
[13] 孙文静，卫皇曌，李先如，等. 催化湿式氧化处理助剂废水工程及过程模拟 [J]. 环境工程学报，2018，(8)：2421-2428.
[14] 赵颖，孙承林，王亚旻，等. 酸化破乳-萃取-蒸氨预处理用于催化湿式过氧化氢氧化处理煤气化废水 [J]. 环境工程学报，2017，11（9）：5049-5056.
[15] 田一平，周新颖，袁晓莉，等. 强电离放电等离子体在应急净化饮用水中的应用 [J]. 高电压技术，2017，43（6）：1792-1799.
[16] 汪超，王铁成，屈广周，等. 脉冲电晕放电等离子体耦合土壤颗粒去除废水中盐酸四环素 [J]. 高电压技术，2018，44（9）：3076-3082.

第十七节 关键地区气候变化适应技术展望

许端阳
（中国科学院地理科学与资源研究所）

一、发展关键地区气候变化适应技术的重要意义

根据联合国 IPCC 的五次评估报告和我国发布的三次气候变化国家评估报告，气候变暖已是不争的事实。由气候变化引发的暴雨洪灾、干旱热浪、海平面上升等极端事件日益频发，以及由此引发的对粮食产量、能源供应、基础设施和生态系统等的巨大压力，对全球经济、社会和生态环境已构成严重威胁[1]。同时，国际社会也意识到，今后数十年里即使采取最为严格的碳减排措施，也难以避免气候变暖所带来的负面影响，因此推行适应气候变化措施十分紧要。特别是《巴黎协定》提出了将 21 世纪全球平均气温上升幅度控制在 2℃以内，并将全球气温上升控制在前工业化时期水平之上 1.5℃以内的目标，进一步凸显了适应气候变化的紧迫形势。

中国是世界上受气候变化影响最为严重的国家之一。《第三次气候变化国家评估报告》显示，近百年来，中国陆地区域平均增温高于全球水平，暴雨、强风暴潮、大范围干旱等极端天气气候事件发生的频次和强度也呈上升趋势[2]；气候变化对青藏铁路、南水北调、电网等重大工程和基础设施的不利影响也愈发

明显；中国每年因极端天气气候事件造成的直接经济损失达2700多亿元，人员死亡约2400人；对未来时段气候变化的预估显示，持续增暖将进一步对中国造成不利影响。适应气候变化是通过调整自然和人类系统以应对实际发生或预估的气候变化或影响，是针对气候变化影响趋利避害的基本对策。与减缓温室气体排放相比，适应更加强调气候变化的迫切性，即要求人类及时应对气候变化对社会经济、资源环境等可能造成的严重负面影响。

提高适应气候变化能力，关键在于科技创新。然而，与我国适应气候变化的巨大需求相比，我国目前所取得的成果及其应用仍显薄弱，在一些重大科研问题上缺乏话语权，如极端天气预报预警、气候风险管理等方面。与此同时，适应气候变化的专门化政策与相关制度的缺乏，致使适应气候变化技术未能融入国民经济和社会发展规划，适应技术的应用性不足。面对日益增加的气候风险，我们应认识到适应气候变化的现实意义和重要作用。进一步加强适应气候变化在国家应对气候变化战略中的总体地位，持续推进适应气候变化技术研发与应用，对提升我国适应气候变化能力，支撑经济社会绿色转型与区域可持续发展具有十分重要的意义。

二、国内外相关研究进展

（一）国外近年来的研究动向

近年来，世界各国对适应气候变化的关注程度与日俱增。一方面，发达国家及国际组织通过专项科研计划支持对气候变化领域的科技创新。例如，美国2013年出台《总统气候行动规划》，部署了碳减排、适应气候变化以及引领国际社会应对气候变化等三项核心任务。欧盟2013年发布的《欧盟适应气候变化战略》，把更好的知情决策作为三大战略目标之一，并确立了填补知识空白和进一步完善“欧洲气候适应平台”（Climate-ADAPT）两项行动[3]，该平台是欧洲适应气候变化信息的重要来源。英国2013年发布的《国家适应规划：使国家适应变化中的气候》，部署了建筑环境、基础设施、健康的适应型社区、农业和林业、自然环境、商业、地方政府等领域适应气候变化的具体目标、行动方案、责任部门和进度安排[4]。另一方面，气候变化与极端气候事件预测预警、风险评估技术与适应技术的集成与创新愈发受到重视。例如，欧盟的Imprints项目开发出了早期预警平台，可把针对骤发洪水的响应时间缩短到两个小时或更短，以便人们有更多的逃生时间。美国的“气候变化科学计划”（CCSP）的 5 项研究目标中就包括减少未来地球气候和相关系统变化预测的不确定性，这些预警技术的部署逐步完善了适应气候变化的技术支撑体系[5]。

此外，IPCC 第六次评估报告在规划时，特别关注重点领域在减缓、适应气候变化上面临的特殊机遇与挑战，强调适应气候变化的紧迫性和必要性。具体而言，在土地利用方面，关注气候变化和沙漠化、气候变化与食物安全、气候变化和土地退化等内容。在海洋与冰冻圈方面，关注气候变化对冰冻圈的影响、冰冻世界变化对全球和区域的影响、海平面上升和冰川融化等内容。在排放路径方面，关注脱碳和低碳发展、减缓，气候稳定的情况和可持续性、1.5℃全球警告的影响和相关的排放路径等内容[6]。同时也将形成《全球升温 1.5℃》《气候变化中的海洋和冰冻圈》《气候变化与土地》等特别报告，这些必将提升对适应气候变化的科学认知，推动相关科学研究的发展，促进气候变化科技创新。

（二）我国的研究开发现状

我国高度重视气候变化适应以及相关领域的技术创新工作。2007 年以来，我国相继出台了《中国应对气候变化国家方案》《中国应对气候变化科技专项行动》《中国应对气候变化的政策与行动》等气候变化领域宏观战略文件，对适应气候变化科技创新做出了相应部署。2011 年发布的《适应气候变化国家战略研究》和 2013 年制定的《国家适应气候变化战略》进一步强化了适应气候变化的战略地位及科技创新方向。与此同时，我国通过 973 计划、国家科技支撑计划以及国家重点研发计划等，围绕适应气候变化国家需求持续部署重大科研项目，取得了一批重要成果。

（1）在气候变化影响评估方面，构建了气候变化对农业、森林、草地、水资源、海岸带等重点领域的影响检测技术，研发了气候与非气候因素影响的定量分离技术，定量评估了过去 50 年气候变化对各领域的影响程度[7]。同时，不断完善区域生物地球化学模型（CENTURY、SIB2）、动态植被模型（IBIS、LPJ）、农业作物模型（DSSAT、CERES、SUBSTOR）、分布式水文水资源模型（VIC、SWAT）等并应用于气候变化的影响评估，进一步阐释影响机理。

（2）在气候变化风险预估方面，开发了 BCC_CSM2、FGOALS-g2.0 数值预报系统，使我国自主研发的气候模式进入世界先进行列；构建了气候变化风险预估技术，完成未来30年不同情景气候变化对各领域的风险预估。同时，基于不同气候情景，完成了中国综合气候变化风险区划，构建了综合气候变化风险区划方案，综合表征了未来气候变化风险的时空格局[8]。此外，在区域气候模式对我国和世界其他地区未来气候变化情景集成预测结果的基础上，建立具国际可比性的我国主要脆弱领域影响阈值的评价方法，分析气候变化对我国主要脆弱领域影响的危险水平的阈值，进行综合评估。

（3）在适应气候变化技术研发方面，针对气候变化的突出影响，农业、林业、海洋、水资源、城市、基础设施与重大工程、人体健康等领域优选或研发关键气候变化适应技术，组装集成配套技术，形成完整的技术体系[9]，如农业灾害监测预警和防控减灾关键技术，抗旱稳产型新品种选育技术，极端气候事件、森林火灾、病虫害对植被及生物群落的影响评估技术，海洋生态环境监测与修复技术，流域适应气候变化的水资源调配系统，青藏铁路冻土保护技术等。

三、未来待解决的关键技术问题

（一）高精度气候模式研发与风险预估

在突破地球各圈层关键要素实时动态观（监）测、数据同化、大数据集成分析等关键技术基础上，研制高时空分辨率陆地、海洋和极地等区域的全球变化关键过程重要参数数据产品，奠定适应气候变化的数据基础。发展集成全球高分辨率大气模式动力框架、高分辨率海陆气冰耦合、多种资料同化，着眼于东亚地形和天气气候特色的关键物理过程和数值计算方案等关键技术的多尺度天气气候模式，提升未来气候变化及极端气候事件的预估精度。基于已有的观测调查数据、统计模型和机理模型，发展定量化的气候变化影响评估技术；通过对不同领域承载力与脆弱性诊断、阈值识别以及气候变化风险模型研发，提升风险预估能力[10]。

（二）不同领域适应气候变化关键技术研发

立足多领域适应技术挖掘、研发和应用示范，厘清重点领域适应气候变化技术清单，增强适应技术研发及其领域可用性、适用性。

（1）针对自然生态系统，构建基于定点观测、遥感监测、统计调查等在内的基础数据监测网络，发展土、水、气、生物系统化的观测系统，完善并细化生态站通量观测的指标，建立自然生态系统各要素对气候变化响应的定位连续观测技术；系统评估气候变化对农业、草地、森林、荒漠、湿地、海岸带等典型生态系统的影响，识别影响阈值，在此基础上研发适应变化关键技术并评估其应用效果[11]。

（2）针对社会经济系统，增强领域间的协同和区域间的联动，重点融合生物技术与信息技术，研发农业与生态灾害链风险防控技术；发展资源统一调度技术与高效利用技术，推动实现水-粮食-生态集成适应气候变化技术体系；开展气候变化对我国城镇群区域社会经济系统的影响机制研究，典型城镇群响应极端天气气候灾害的时空特征；经济一体化区域灾害风险产生机制研究与示范等。

（3）针对基础设施及重大工程，需要在考虑气候变化影响的前提下，改进和提高适应气候变化的工程技术，如海岸防护系统技术考虑海平面上升的风险等；妥善处理未来气候预估、人口增长、人的行为方式等方面的不确定性，加强对工程技术的检验；考虑工程寿命和成本可能影响工程措施的灵活性问题，实时更新工程技术。

（三）关键区域适应气候变化技术集成与示范

突破一批适应气候变化的资源优化配置与综合减灾关键技术，研发重点区域风险规避与防御技术，集成适应气候变化的实用技术与决策支持系统；推动青藏高原、黄土高原、西南喀斯特地区、海岸带等生态脆弱区适应气候变化技术体系构建、应用示范及保障能力建设，同时在京津冀、长三角、黄三角、珠三角以及粤港澳大湾区等经济一体化区域进行示范，并增强适应气候变化制度建设；加强典型脆弱区、边缘过渡区适应技术示范，重点开展气候变化条件下多尺度水资源高效利用技术示范、典型资源高效利用技术示范、重大工程建设与安全运行风险评估技术示范、资源高效开发利用技术示范、重点减灾技术示范等。

四、未来发展前景及我国的发展策略

（一）未来发展前景

从目前到 2030 年是我国发展关键地区气候变化适应技术的重要时期。在当前气候变化领域创新成果的基础上，关键地区气候变化适应技术重点解决区域脆弱人群、行业与优先适应事项识别，适应技术研发与区域可用性辨识，适应技术综合集成与决策，适应成果监测与认证等技术。预计未来5～10年，我国将在青藏高原、黄土高原、西南喀斯特地区、海岸带等生态脆弱区，京津冀、长三角、珠三角以及粤港澳大湾区等城市群，“一带一路”沿线等关键区域气候变化适应技术研发、区域适用性应用与效果评估以及区域综合集成应用等方面取得重要进展。预计未来10～20年，我国将系统掌握关键地区气候变化适应技术，显著提升关键区域适应气候变化能力，为我国推动生态文明建设和参与全球气候治理提供重要支撑。

（二）我国的发展策略

预计未来5～10年，我国适应气候变化科技工作应面向国家区域可持续发展和提升全球气候治理能力的重大需求，重点从以下四个方面协同推进。

（1）发挥政府作为气候变化科技投入主渠道的作用，加强国家各科技计划对气候变化科学研究和技术开发的支持力度，同时引导各部门、行业和地方加大对气候变化科技工作的投入；不断优化适应气候变化领域科研布局，注重基础研究-能力建设-国际履约-应用示范的协调推进；持续推进重点领域、重点区域适应气候变化技术创新；针对基础设施及重大工程，开展南水北调工程、西气东输工程、特大水利水电枢纽群、沿海地区防护工程等的建设、运行和维护期对气候变化和极端事件的适应性及风险防范关键技术，提出规避和应对策略。

（2）充分发挥行业部门、地方在适应气候变化技术研发与应用中的重要作用，引导它们根据行业、区域特点制定差异化的适应气候变化行动方案，并将科技创新作为支撑行动方案落实的重要手段，通过重大项目、重大工程予以落实；建立相应的监督与评估机制，确保适应气候变化取得实质成效。

（3）加强适应气候变化技术清单编制，并定期发布适应行动指南和工具手册，逐步构建适应技术体系；加强行业与区域科研能力建设，建立基础数据库，构建跨学科、跨行业、跨区域的适应技术协作网络；鼓励适应技术研发与推广，选择典型区域开展适应气候变化技术集成示范。

（4）开展全国性的气候变化预测与风险评估，预测预估气候变化对我国各地区及重点产业的潜在影响和风险，对国民经济与社会发展区域布局进行趋利避害的调整；将适应气候变化纳入重大工程的规划和论证，进行可行性论证，重点对与气候条件密切相关的规划和建设项目进行气候适宜性、风险性以及可能对局地气候产生影响的分析、评估。

参考文献

[1] 许端阳，王子玉，丁雪，等. 促进适应气候变化科技创新的政策环境研究 [J]. 科技管理研究，2018，(2)：14-18.

[2]《第三次气候变化国家评估报告》编写委员会. 第三次气候变化国家评估报告 [M]. 北京：科学出版社，2015.

[3] 曾静静，曲建升. 欧盟气候变化适应政策行动及其启示 [J]. 世界地理研究，2013，22 (4)：117-126.

[4] 孙傅，何霄嘉. 国际气候变化适应政策发展动态及其对中国的启示 [J]. 中国人口·资源与环境，2014，24 (5)：1-9.

[5] 陈一斌，陈和平. 美国应对全球气候变化的科技计划 [J]. 全球科技经济瞭望，2009，24 (3)：11-15.

[6] Yamagata Y，Hanasaki N，Ito A，et al. Estimating water-food-ecosystem trade-offs for the global negative emission scenario (IPCC-RCP2.6) [J]. Sustainability Science，2018，(13)：301-313.

[7] 廖苏亮，石杨辉，丁小健，等. 应对气候变化的科技综合定量评价方法 [J]. 科技管理研究，2017，37 (24)：75-80.

[8] Li Y，Ren T，Kinney P L，et al. Projecting future climate change impacts on heat-related mortality in large urban areas in China [J]. Environmental Research，2018，163：171-185.

[9] 潘韬，刘玉洁，张九天，等. 适应气候变化技术体系的集成创新机制 [J]. 中国人口·资源与环境，2012，22 (11)：1-5.

[10] 刘燕华，钱凤魁，王文涛，等. 应对气候变化的适应技术框架研究 [J]. 中国人口·资源与环境，2013，23 (5)：1-6.

[11] Kiparsky M，Milman A，Vicuna S. Climate and water：knowledge of impacts to action on adaptation [J]. Annual Review of Environment and Resources，2012，37 (1)：163-194.

第十八节　室内空气微量污染物监测与净化技术展望

韩　宁[1]　朱天乐[2]　陈运法[1]

(1 中国科学院过程工程研究所；2 北京航空航天大学)

一、发展室内空气微量污染物监测与净化技术的重要意义

室内空气污染是全世界共同面临的问题。虽然欧美发达国家大气污染治理

较早，室外空气质量相对较好，但是为了节约能耗，建筑通常采用封闭式，大部分情况要通过低功耗的进风系统将室外空气送入室内，只有在室内外环境条件相差不大的情况下才可以自然通风。同时，针对私人住宅，美国环境保护署近几年也推出了室内空气质量认证计划（Indoor airPLUS）[1]，其中明确要求认证室内空气质量的同时要达到能效标准。因此，室内建材挥发的污染物以及人类活动产生的动态污染，均会在室内积蓄，甚至造成比室外更严重的污染，对室内空气质量产生严重影响。因此，即使是在欧美国家，空气污染依然是人们第一关注的环境问题，远超过水、垃圾等其他污染问题。

目前，国内外共同关注的典型室内空气污染物包括甲醛、苯等VOCs和一氧化碳。它们分别来自装饰装修材料的释放以及气炉、煤炉的尾气排放，造成空气质量恶化，是需首要控制的威胁人类生命安全的污染物。除此之外，在密闭建筑中，发达国家更多地关注高湿度下滋生的霉菌与螨虫，打印机、负离子发生器等电器设备产生的臭氧，建筑、防火等材料中的石棉，塑料制品产生的半挥发性有机污染物（SVOCs），呼吸与燃烧产生的二氧化碳，以及建筑地基中渗入的放射性氡等微量污染物。它们虽然浓度较低，但是在长期暴露下对人们的学习、工作效率，以及人体的健康产生严重影响，是需要重点控制的影响人类健康舒适的污染物。美国多家医疗机构实验表明，空气净化器的使用对减缓过敏、哮喘等症状具有积极作用[2-4]。

我国近几年大气污染虽然治理成效显著，但是在目前的工农业生产水平下，污染还可能持续一段时间。这导致自然通风时，室外污染物对室内空气质量的影响不容忽视。例如，室外的氮氧化物、硫氧化物、VOCs、臭氧、$PM_{2.5}$等均会造成室内空气污染，影响人体健康。值得注意的是，2019年1月，中国住房和城乡建设部发布了国家标准《近零能耗建筑技术标准》（GB/T 51350—2019），自2019年9月1日起实施。该标准旨在降低建筑的能耗，在夏季制冷、冬季供热的时间里，建议减少自然通风，采取新风系统维持室内空气质量。因此，未来我国的室内空气质量也将面临同发达国家类似的问题。而且，在建材绿色化程度较低的情况下，我国的室内空气污染问题甚至会更加突出，急需开发快速检测、高效治理，以及智能化、低能耗的空气污染检测与治理技术。

二、研究进展

室内空气中污染物浓度的准确检测是评价空气质量及采取治理措施的前提

和依据。通过现场采样-预处理-仪器分析的手段检测污染物浓度是世界各国的标准方法，也是唯一具有法律效力的检测手段。但是此方法程序烦琐、专业化程度高、时间长、成本高，需要开发现场原位实时检测的传感器技术，包括测试颗粒物的激光散射式传感器、测试气体浓度的电化学传感器与半导体传感器等。但是此类传感器的检测结果准确性较差，传感器之间的一致性较差，特别是抗干扰能力差，是世界各国都在着力解决的关键问题。目前，现场传感器技术应用的逻辑还是在于检测“空气质量合格”，而如果检测出不合格之后，究竟是何种污染物超标，还需要专业的仪器分析进行解析。为此，欧盟成立了欧洲传感器系统联盟（European Sensor Systems Cluster，ESSC），负责协助制定“地平线 2020”（Horizon 2020）中与传感器相关的战略与技术研发，包括：环境传感器、室内空气质量传感器、健康与舒适传感器、工业监控传感器和传感器的商业化，与工业 4.0、物联网和大数据等战略同步实施。其中，VOCs 检测以微机电系统（MEMS）工艺兼容的半导体氧化物型气敏传感器为发展趋势[5]。

室内空气治理分为两类，分别是内循环模式的空气净化器和外循环模式的供热通风与空调系统（heating，ventilation，and air-conditioning systems，HVAC）。其中，无机颗粒物的去除多采用纤维过滤和静电除尘技术，而细菌等有机颗粒物的去除在过滤的基础上增加紫外线杀菌技术。VOCs 的去除主要有活性炭等吸附剂的吸收、光催化降解、等离子体降解以及臭氧催化氧化等技术。然而，各种技术均有其优劣。颗粒过滤与气体吸附虽然高效，但是过滤与吸附介质却容易饱和，需要定期更换；光催化氧化 VOCs、等离子体去除 VOCs、臭氧氧化 VOCs 及静电除尘等高能设备具有较好的去除污染物的效果，但是运行过程中会产生大量臭氧，以及醛类、氮氧化物及一氧化碳等二次污染物，因此需要在认证不产生二次污染的前提下才可以使用[5]。目前，中国的污染治理技术取得了部分突破，如过滤、抗菌、催化氧化等，与国际共同面临的问题是高效吸附介质的再生利用，以及高效去除污染物技术应用中的二次污染物治理问题。

湿度虽然不是污染，但是极大地影响了人体的舒适度与细菌的滋生。目前常用的湿度调控技术为超声雾化加湿器与冷凝除湿机。其问题在于加湿器水中的杂质可能会增加空气中颗粒物的浓度，而除湿机则具有较高能耗，影响室内温度。目前的杀菌剂多为高效有机杀菌剂，其问题在于有机物的释放增加了室内气态污染物浓度。至今，尚无高效手段去除放射性氡，美国环境保护署建议做好建筑地基管理，减少氡气从地基裂缝进入室内[6]。

三、未来待解决的关键技术问题

（一）微污染物传感器

颗粒物传感器以光散射传感器为主，目前硬件技术较成熟，需要在使用过程中通过软件算法消除产品的一致性与零点漂移误差。二氧化碳检测以红外传感器为主，但是传感器体积较大，难以进行小型化封装。未来面向移动终端、物联网等消费电子产品市场的二氧化碳传感器以固体电解质型为主，通过固体电解质材料的设计与 MEMS 的结合，实现小型化、低功耗。VOCs 检测目前以电化学和光离子化传感器为主，但是寿命短、体积大，未来也是以 MEMS 工艺兼容的半导体氧化物型气敏传感器为发展趋势。全 MEMS 化学传感器面临的关键问题是：MEMS 工艺（热蒸镀、磁控溅射等）制作的气敏薄膜致密性很高，很难与检测气体发生充分的接触反应。因此，相比于传统化学法合成的多孔气敏材料，检测信号非常弱，这也是目前全世界 MEMS 气体传感器研究所面临的共同难题。

（二）VOCs 与臭氧

等离子体技术利用电弧放电将气体分子打断，可以高效去除有机污染物，并可同时杀菌。臭氧氧化技术利用臭氧的强氧化性将有机污染物氧化分解，且可以杀菌。但是二者的关键问题是臭氧的二次污染问题，导致其难以大规模使用。同时，室外大气中的臭氧进入室内以及室内电器运行过程中产生的臭氧也需要高效治理手段。因此，臭氧的高效分解技术是未来高效去除 VOCs 的技术瓶颈，是提高室内空气质量的重要手段。

（三）颗粒物

静电除尘使颗粒物带电并在电场中高效分离，但也存在臭氧二次污染问题，湿式电除尘技术有望可以在较低电压产生较少臭氧的情况下高效去除颗粒物。同时，吸附过滤是低能耗、高效率去除颗粒物的重要手段。其未来技术发展趋势在于进一步提高过滤效率、提高使用寿命以及重复循环利用。其中静电驻极空气过滤材料将极性带电无机物与常规有机过滤介质结合，除了具有静电过滤功能外，还可以水洗再生，是未来过滤材料发展的趋势。此外，放射性气体氡多以氡子体微细颗粒存在，需要开发高效去除材料与技术。

（四）湿度与霉菌

针对雾化加湿与冷凝除湿的问题，开发高效膜法湿度调节材料与技术具有一定的优势。同时，杀菌材料以兼具高效杀菌与缓慢释放的有机-无机复合杀菌剂开发为主，兼顾不产生二次污染的臭氧、紫外线等主动杀菌材料与技术的开发。

（五）技术集成

在近零能耗建筑的前提下，污染物高效治理技术的高能耗是需要重点解决的问题。需要将原位快速检测的传感器技术与新风系统中的通风、催化、过滤等模块有机结合，通过算法逻辑的优化，实现新风系统的高效、节能与智能化。

四、未来发展前景及我国的发展策略

（一）未来发展前景

未来物联网与大数据时代，传感器除了作为智能化的前端之外，还肩负着数据共享的任务。欧洲传感器系统联盟预计 2020 年之后 MEMS 半导体气体传感器技术趋于成熟，各厂商开始大规模生产，年产量可达数亿个，并以超过 50%的年增长率增长。其中具有代表性的传感器生产厂家包括英国 CITY 公司、瑞士 SGX 公司、日本 FIGARO 公司等，它们均大力投入开发 MEMS 半导体气体传感器技术。

同时，污染物的高效治理是室内空气质量提高的关键所在。我国室内空气同时面临着室外大气污染物进入与室内静态、动态污染物释放双重压力，乃至二者的相互作用产生的第三重压力。因此，未来 20 年，我国除了要打赢蓝天保卫战之外，还面临着打赢室内污染物治理这一项重大战役的艰巨任务。

（二）我国的发展策略

中国目前建有许多超净实验室进行芯片研发，同时还拥有像河南汉威电子股份有限公司一样许多家专营气体传感器生产加工的企业，已掌握 MEMS 气敏传感器基底与封装的技术，与国外先进技术处于同一水平。我国应进一步加强芯片研发，走传感器芯片自主化、国产化、高端化之路。

我国空气污染严重，这对各项技术提出了严峻的考验。在制定相关政策时，在借鉴国外先进技术经验的同时，也要充分考虑国内现状。例如，加强建材的绿色化标准与管理，从源头减轻 VOCs、石棉、氡等污染物。同时，瞄准污染物治理技术中遇到的各种瓶颈问题，集中攻关，走产学研结合的道路，为室内空气质量的提高做出贡献。

参考文献

[1] Environmental Protection Agency. Indoor airPLUS Construction Specifications [DB/OL]. https://www. epa.gov/sites/production/files/2015-10/documents/construction_specification_rev_3_508.pdf [2019-05-29].

[2] American Lung Association，Environmental Protection Agency，Consumer Product Safety Commission，et al. Indoor air pollution：an introduction for health professionals [DB/OL]. https：//www.epa.gov/sites/production/files/2015-01/documents/indoor_air_pollution.pdf [2019-05-29].

[3] World Health Organization. WHO guidelines for indoor air quality：selected pollutants [DB/OL]. Copenhagen：WHO Regional Office for Europe，2010.

[4] Ohura T，Amagai T，Shen X，et al. Comparative study on indoor air quality in Japan and China：characteristics of residential indoor and outdoor VOCs [J]. Atmospheric Environment，2009，43 (40)：6352-6359.

[5] The European Sensor Systems Cluster. Roadmap towards European leadership in sensor systems [DB/OL]. http：//www.cluster-essc.eu/documenti/ESSC_Roadmap_Towards_European_Leadership_in_Sensor_Systems.pdf [2018-11-08].

[6] Environmental Protection Agency. Residential Air Cleaners—a Technical Summary. 3rd Edition [DB/OL]. https://www.epa.gov/sites/production/files/2018-07/documents/residential_air_cleaners_-_a_technical_ summary_3rd_edition.pdf [2019-06-06].

第十九节　大气环境自适应模拟预测技术展望

王自发

（中国科学院大气物理研究所大气边界层物理和大气化学国家重点实验室）

一、发展大气环境自适应模拟预测技术的重要意义

区域空气质量模式普遍采用的是结构（规则）网格，一旦分辨率指定，整

个区域网格将被完全固定，无法精细刻画我国污染源的分散式局地强排放特征（尤其是工业、电厂点源），难以模拟大气复合污染的多尺度相互作用以及跨介质输送[1]。受计算资源限制，为提高对特定区域（或者城市）的模拟精度，规则网格模式只能采用嵌套网格技术，通过全球-区域-城市多尺度递进的模拟方式，从最外层的低分辨率（粗）网格开始，逐层嵌套到内侧的高分辨率（细）网格，开展针对性的模拟预报。并需要分别对各重点区域（如京津冀、长三角、珠三角等），构建不同的区域嵌套网格，独立开展嵌套模拟。为实现对各城市的高精度模拟预报，需在区域嵌套的基础上，针对不同城市再分别构建嵌套网格进行各自模拟，这样既浪费计算资源，又不能充分考虑重要污染区域间的相互作用和影响。

京津冀、长三角、成渝、汾渭平原等重点区域，大气污染物排放高度集中，城市间多污染物相互影响，区域污染特征呈现高度的趋同性，具有明显的跨尺度（区域）输送污染特征：由工业、电厂等高架点源排放直接造成局地尺度（middle scale，10^{-1}～10 千米）污染；与城市复杂多样的点、线、面源的混合、扩散及化学转化造成城市尺度（urban scale，10～10^2 千米）复合污染；经城市和城市之间污染物的相互传输、转化形成复杂的区域尺度（regional scale，10^2～10^3 千米）复合污染；在长距离传输和跨界输送后进一步导致大陆尺度（continental scale，10^3～10^4 千米）及全球尺度（global scale，>10^4 千米）污染[2, 3]。通过嵌套网格设置，能在一定程度上更好地刻画特定区域的实际污染排放，但无法精细地模拟出周边区域的污染特征及其影响。

为了实现真正意义上的跨（多）尺度大气污染模拟，理应精确锁定工业、电厂点源位置，在人口密集、局地强排放地区进行针对性的加密优化网格，精准定位各主要污染源头，通过计算网格的自适应调整，实现污染物长时间、远距离的高精度追踪模拟，而这正是经典嵌套网格模式无法实现和解决的。因此，自适应网格技术是未来发展的必然选择，它能有效地解决传统嵌套网格模式带来的诸多问题，可根据污染源、人口、地形等分布特征在全国或者特定模拟区域构建一个统一且更为客观合理的自适应非结构网格，不再需要嵌套，能自动地在人口和排放源密集地区、污染梯度大的区域逐步调整加密网格，而在其他地区可适当降低网格分辨率。未来可在一个模式网格框架实现全国乃至世界范围内各类城镇的同步模拟预报，不需要再对各城市建立各自的嵌套网格模拟系统进行分别模拟。

二、国外近年来的研究动向

随着大气污染数值模拟研究的深入，空气质量模式从第一代高斯扩散模型，过渡到第二代欧拉网格模型，现属于第三代模式的发展阶段。在“一个大气”概念的指引下，模式不再以单一污染问题为研究重点，而将整个大气作为研究对象，既充分考虑多污染物多空间尺度上的大气物理和化学过程，以及这些复杂过程的相互叠加、耦合作用，又研究局地、城市和区域污染相互影响、转化等跨尺度大气复合污染问题。基于此，模式一般采取两种处理方式：第一种是嵌套网格技术，这是目前空气质量模式所普遍采用的方法，但其局限性已在上面详细介绍；第二种是自适应网格方法。Garcia-Menendez 和 Odman[1]的研究报告指出，自适应网格方法是未来模拟多尺度大气复合污染以及点源局地小尺度污染特征的关键技术，是发展新一代空气质量模式的最主要方向之一。过去的 10 年里，一系列自适应网格方法相继提出，并被应用在不同空气质量模式中开展相关模拟研究。

Tomlin 等[4]首次使用非结构自适应网格方法对大气污染问题进行了模拟测试与应用，该方法属于 H-自适应方法：根据浓度梯度和误差界限，自动判断是否对三角网格单元进行拆分或者合并，但无法通过最大、最小网格边长和最大网格节点数对所构造的自适应网格进行有效限制。Tomlin 等提出的自适应网格方法先后被用于模拟核污染扩散过程[5]以及欧洲中心的大气污染形成过程[6]。

Constantinescu 等[7]根据嵌套网格设计思路提出了基于块状结构网格的自适应算法：整个模拟区域被分割成了不同大小级别的块状单元，而每个块单元实际又由相同数量（NXB×NYB）的网格单元所构成，根据浓度曲率误差估计，对每个块状单元进行判断处理，逐级降低（或提高）块状单元大小直至满足误差界限要求，但该方法无法实现垂直方向上的网格调整。Constantinescu 等[7]也将此自适应算法嵌入 STEM（Sulfur Transport and Deposition Model）模式中，对东亚地区的臭氧生成过程进行了为期一周的对比模拟，结果显示该自适应网格算法能有效地提高模拟精度。

Odman 和 Russell 提出了在多尺度空气质量模式中进行有限元加密网格的方法[8]，可以提高精度，减少扩散误差。基于此，Srivastava 等[9]提出了另一种自适应网格方法（属于R-自适应方法）：根据浓度曲率变化以及所设插值误差，通过网格节点的位置变动以确保局地误差得到有效控制，但整个网格的几何拓扑结构保持不变，无法灵活地根据实际模拟需求增加计算网格节点。基于这一方法，Srivastava 等[10]对电厂点源排放的污染物化学输送过程进行了对比模拟，结果发现该方法不仅能模拟出点源附近的小尺度细长烟流结构，还能较好地刻画出下游区域的高浓度臭氧烟流分布。Garcia-Menendez 等[11]将该自适应算法加入通用多尺度空气质量模式（CMAQ）中，初步构建了对应的自适应网格模式AG-CMAQ，并对实际的一次生物质燃烧事件进行了对比模拟。相比于 CMAQ 结果，AG-CMAQ 能更有效地降低数值扩散，更好地刻画出污染输送过程的烟流结构，而且模拟结果与观测结果也更为接近[11]。

Pain 等[12]设计了基于有限元的各向异性自适应网格方法（属于 HR-自适应方法）：通过研究变量的有限元分析得到最优度量张量，以表征研究变量在各方向上的梯度变化，可在最大、最小网格边长和最大网格节点数限定下，构造出对应的各向异性网格单元以确保局地误差界限。Zheng 等[13]利用该方法精确定位京津冀电厂点源位置，并根据二氧化硫实时浓度对网格进行动态优化调整，不仅成功模拟出各电厂点源的局地强排放特征，而且能较好地追踪模拟出点源排放后的细长烟流结构，实现了对单物种二氧化硫的多尺度输送追踪模拟。

三、未来待解决的关键技术问题

如何构建发展可感知污染源强的自适应最优网格生成技术，是自适应网格技术发展和投入业务发展的前提。污染源排放主要表现为分散式的局地强排放特征，尤其是大型工业、电厂点源（其局地强排放特征最为明显），污染强排放地区通常位于人口密集的城市周边。感知污染源强变化并构建的自适应最优网格，反映实际污染源分布特征，是实现对各城市的高效率高精度同步模拟预报的关键。亟须解决跨尺度动态自适应追踪模拟技术，以精确锁定工业、电厂点源位置，并对其排放污染物进行动态自适应追踪，实现对工业、电厂点源的跨（多）尺度大气复合污染模拟。此外，解决并提高计算机众核架构下自适应网格模拟的并行算法问题，是突破自适应网格模式的模拟预报效率的关键。其成功构建，是业务化的保障，可针对性地预报分析评估各工业、电厂对周边城市的污染影响，为真正做到“一厂一策”，有效实现大气环境预警及精准控制，对我国大气污染治理的科学决策、精准施策具有重要意义。

四、对于我国发展该技术课题的建议

自适应网格大气环境建模能够有效实现大气环境预警及精准控制，对我国大气污染治理的科学决策、精准施策具有重要意义。目前国内外已开展相关探索性研究，基于国内外现有技术和模型成果，可望实现技术突破。研发采用自适应网格技术的空气质量模式，是下一代空气质量模式的发展方向，在模式发展中具有重要的先导意义。自适应网格技术与我国实际大气污染状况相结合，可以有效提高对实际大气污染的模拟效果，完善现有嵌套网格模式的不足，为我国的大气污染数值模拟研究提供全新的思路和技术支撑。

预计未来15～20年，我国通过研发环境空气质量预报预测建模新技术，建立自适应网格的大气污染物和其他有毒有害污染物的扩散、传输和沉降模式，大气污染物对水圈、生物圈和土壤影响的跨圈层跨介质环境风险系统评估自适应网格模型，自适应网格立体监测资料同化和急性风险评估模型，污染精准控制方法和技术，环境容量和承载力和排污许可评估模型，实现自适应网格大气环境建模预测污染和精准控制，并在2030年左右得到广泛应用，实现系统并定量模拟预测和评估我国污染控制效果。建议研发目标如下。

（1）研发自适应网格空气质量建模新技术，实现对各城市的高效率高精度同步模拟预测和评估。

（2）研发集成自适应网格模拟、大数据同化、人工智能学习等先进技术和数理建模理论的新一代大气环境自适应模拟预测系统。

（3）建立大气污染物高精度自适应网格的环境风险系统评估模型、环境承载力和排污许可评估模型，支撑大气环境污染的精准控制。

参 考 文 献

[1] Garcia-Menendez F，Odman M T. Adaptive grid use in air quality modeling [J]. Atmosphere，2011，2 (3)：484-509.

[2] Behrens J. Adaptive atmospheric modeling：key techniques in grid generation，data structures，and numerical operations with applications//Behrens J. Adaptive Atmospheric Modeling：Key Techniques in Grid Generation，Data Structures，and Numerical Operations with Applications (Lecture Notes in Computational Science and Engineering) [C]. New York：Springer-

Verlag，2006.
[3] Kuhnlein C. Solution-adaptive moving mesh solver for geophysical flows [D] . PhD thesis, Ludwig-Maximilians-Universitat，Munchen，2011：1-14.
[4] Tomlin A，Berzins M，Ware J，et al. On the use of adaptive gridding methods for modelling chemical transport from multi-scale sources [J] . Atmospheric Environment，1997，31（18）：2945-2959.
[5] Lagzi I. Simulation of the dispersion of nuclear contamination using an adaptive Eulerian grid model. Journal of Environmental Radioactivity [J]，2004，75（1）：59-82.
[6] Lagzi I，Turanyi T，Tomlin A S，et al. Modelling photochemical air pollutant formation in Hungary using an adaptive grid technique [J] . International Journal of Environment and Pollution，2009，36：44-58.
[7] Constantinescu E M，Sandu A，Carmichael G R. Modeling atmospheric chemistry and transport with dynamic adaptive resolution [J] . Computational Geosciences，2008，12（2）：133-151.
[8] Odman M T，Russell A G. On local finite element refinements in multiscale air quality modeling [J] . Environmental Software，1994，9（1）：61-66.
[9] Srivastava R K，Mcrae D S，Odman M T. An adaptive grid algorithm for air-quality modeling [J] . Journal of Computational Physics，2000，165（2）：437-472.
[10] Srivastava R K，Mcrae D S，Odman M T. Simulation of dispersion of a power plant plume using an adaptive grid algorithm [J] . Atmospheric Environment，2001，35（28）：4801-4818.
[11] Garcia-Menendez F，Yano A，Hu Y，et al. An adaptive grid version of CMAQ for improving the resolution of plumes [J] . Atmospheric Pollution Research，2010，1（4）：239-249.
[12] Pain C C，Piggott M D，Goddard A J H，et al. Three-dimensional unstructured mesh ocean modelling [J] . Ocean Modelling，2005，10（1）：5-33.
[13] Zheng J，Zhu J，Wang Z，et al. Towards a new multiscale air quality transport model using the fully unstructured anisotropic adaptive mesh technology of fluidity（version 4.1.9）[J] . Geoscientific Model Development，2015，8（10）：3421-3440.

第二十节　大气环境立体监测技术展望

谢品华　李　昂　吴丰成　桂华桥
（中国科学院安徽光学精密机械研究所）

一、发展大气环境立体监测技术的重要意义

随着人类工业文明的不断发展，从近地面的边界层到平流层的大气成分

（包括痕量污染气体、温室气体、气溶胶等）均在不断发生变化，这些变化对全球环境、气候变化产生了深远的影响。人类活动或者自然排放的各类大气污染成分，其物理化学变化主要发生在边界层内对流层底，如光化学反应以及污染的扩散、传输等。因此，大气中污染成分的浓度随着源排放特征、大气氧化性、气象条件和地形地貌等影响因素而呈现明显的时空变化。由于大气环境污染的复杂性、区域性和综合性，仅仅进行近地面环境参数的监测是远远不够的，还需要对大气环境参数进行立体监测，从而准确、全面地掌握大气环境状况，认识其演变和发展规律，为揭示污染形成机制和预测预报提供重要的一手监测数据。国内外都非常重视大气立体监测技术的研究，并着重研发基于空-天-地的大气环境立体监测技术，以及发展空-天-地一体化的监测网络，向着实现大气环境参数高时空分辨率网格化立体监测的目标努力。大气立体监测技术的实现，不仅将极大地促进环境监测技术的进步，而且将促进大气环境科学的发展以及大气污染防治技术水平的显著提升。

二、国内外相关研究进展

（一）国外近年来的研究动向

为了适应全球气候和环境变化研究对大气成分和环境要素空间分布和时间演变信息的迫切需求，欧美等发达国家先后发展了一系列先进的地基、机/球载、星载的大气成分主被动、多波段的大气立体观测技术和仪器，包括激光雷达探测技术、紫外/红外光谱遥测技术、基于机载的原位及遥测技术，以及星载探测技术系统等。光学/光谱学技术以其高灵敏、高分辨率、高选择性、现场快速以及遥感遥测等特点在环境监测中得到广泛应用，通过构建地基高塔观测、地基遥测、机/球载遥感以及卫星遥感来形成空-天-地立体监测网。

国际上利用地基光学遥感技术来获取大气的时空分布信息，如太阳光度计、激光雷达技术[1]、傅里叶变换红外光谱[2]、多轴紫外-可见差分吸收光谱技术[3, 4]等，对包括温室气体（二氧化碳、甲烷）、痕量反应性气体（二氧化硫、二氧化氮、臭氧等）以及大气气溶胶等大气成分的柱垂直总量、廓线分布信息探测，以及大气参数温度、湿度、水汽等参数的廓线探测。应用于大气环境研究的地基观测网主要有美国能源部大气辐射观测（Atmospheric Radiation

Measurement，ARM）、大气成分变化监测网络（Network for the Detection of Atmospheric Compostion Change，NDACC）、全球温室气体观测网（Total Carbon Column Observing Network，TCCON）、全球气溶胶监测网络（Aerosol Robotic NETwork，AERONET）、欧洲气溶胶雷达观测网（European Aerosol Research Lidar Network，EARLINET），以及近年来发展的基于地基多轴差分吸收光谱仪监测网（如德国的 BREDOM、日本的 MADRAS 以及欧盟建立的 NOVAC 观测网）。

国外在机载平台的环境监测技术方面开展了大量的工作，如监测空气质量、温室气体排放、污染源识别，为环境质量监测以及模式提供了技术和科学数据。美国国家航空航天局（NASA）朗利研究中心（Langley Research Center）发展了机载激光雷达 MILAGRO，测量对流层气溶胶。德国阿尔弗雷德·韦格纳极地与海洋研究所（Alfred Wegener Institute for Polar and Marine Research）发展了 AMALi 机载激光雷达[5]，用以研究北极地区大气气溶胶、云的特性和演化。德国研制的机载多轴差分吸收光谱系统（AMAX-DOAS）[6]以及红外测量系统多次搭载 Falcon 飞机以及汉莎航班，覆盖紫外、可见波段，可对大气中的二氧化氮、二氧化硫等进行监测，红外波段测量二氧化碳、甲烷。

卫星遥感技术具有独特的全球覆盖、快速、多光谱、大信息量的特点，其在环境领域中应用的必要性和迫切性也越来越广泛地被世界各国所认识。从欧美等发达国家的星载大气成分光学遥感载荷发展过程来看，非常有代表性的大气痕量成分探测载荷 GOME（Global Ozone Monitoring Experiment）[7]是真正意义上的连续光谱探测设备，实现了对大气中多种污染痕量成分（二氧化硫、二氧化氮、臭氧等）探测。在此基础上，欧洲空间局又发展了大气层制图扫描成像吸收光谱仪（the scanning imaging absorption spectrometer for atmospheric CHartographY，SCIAMACHY）[8]，美国国家航空航天局发展了大气臭氧监测载荷（Ozone Monitoring Instrument，OMI）[9]，不断提高探测的空间分辨率。目前，大气痕量成分探测的最新载荷是欧洲航天局 2017 年发射 Sentinel-5P 卫星[10]搭载的对流层监测仪（TROPOspheric Monitoring Instrument，TROPOMI），地面分辨率达到了 7 千米×7 千米的新高度，可以直接识别地面重要工业排放源。当前极轨卫星资料在大气成分分布监测方面得到了广泛的应用，不足之处是仅能获得卫星过境时的数据，还难以获得污染过程的日变化数据。美国、韩国都已计划在未来5～10年发射高轨卫星，实现对所关注地区的连续过程监测。

（二）我国的研究开发现状

近年来，伴随着我国经济的高速发展，区域环境空气污染的问题极为突出，需要利用已建的气象塔或电视塔对环境空气中的气态污染物和颗粒物进行垂直监测。利用铁塔进行垂直监测，可以提供有限高度的污染物的垂直分布，但是以铁塔垂直监测为主体的单点监测要求建立多个高塔，这在实际应用中受到限制。与此同时，与铁塔配套的环境空气立体监测网络建设还在探索中。

近年来，开始发展地基光学遥感技术和激光雷达技术[11]用于颗粒物、臭氧、水汽、温度、湿度、风场等探测，地基多轴差分吸收光谱仪技术实现对二氧化氮、二氧化硫等痕量气体的探测，地基傅里叶变换红外光谱技术用于对一氧化碳、二氧化碳等成分探测。国内部分地区初步建立了颗粒物激光雷达网、基于地基多轴差分吸收光谱仪的大气成分研究网络，并辅以走航观测，形成对颗粒物、痕量气体、风场的区域立体监测网[12-14]。主要用于大气环境污染形成过程研究，其监测要素还相对较少，技术成熟度距离业务应用尚有较大差距。

我国也在机载大气探测方面做了一些探索，研发了机载激光雷达、成像差分吸收光谱仪以及多角度偏振光谱仪来对大气中的颗粒物、痕量污染气体、温室气体进行探测。在无人机方面开始了非常初步的探索，主要是基于固定翼平台的成像光谱探测系统（探测大气二氧化氮、二氧化硫等），目前主要还是受平台对体积重量的限制。在卫星平台上，国内应用于大气相关参数反演的载荷主要有臭氧总量探测的“风云三号”和“高分五号”卫星。2018年发射的“高分五号”卫星[15]，搭载了我国自主研发的大气痕量气体差分吸收光谱仪、大气主要温室气体监测仪、大气气溶胶多角度偏振探测仪等载荷，实现了对大气层各种痕量气体（包括污染组分、温室气体和气溶胶）的探测。我国的光学遥感载荷刚刚起步，在时间、空间分辨率及探测组分上有待进一步提升。

三、未来待解决的关键技术问题

构建空-天-地一体化区域污染立体监测体系是实现区域大气污染联防联控的有效途径。以现有地面监测站为基础，根据区域地理、气象条件以及污染源分布的特点，构建区域大气立体监测网络，包括常规地面监测站点、地基遥感监测站点、移动走航监测车以及机载/卫星遥感，形成多平台、全方位的大气复合污染立体监测体系。

（1）大气环境要素立体监测网络。需要突破以下关键技术：①光化学污染关键成分的时空分辨探测技术。目前能够通过地基遥感探测的痕量成分还比较有限，为阐明我国大气边界层光化学污染的时空分布演变特征，应结合基于多平台现场测量技术或主被动遥测技术，解决光化学关键成分（自由基、前体物、产物）等垂直分布信息获取问题。②气象要素垂直结构的多要素光学遥测技术。③适用于业务化组网运行的光学立体监测系统及相关技术规范体系。

（2）满足大气环境和污染源监控（污染气体、VOCs、颗粒物）的微型化、智能化环境监测传感器，可以通过传感互联或移动平台（车载、无人机载）构建立体网格化监测。重点要解决核心传感器技术、网格化监测的质控标准化技术，并建立环境大数据分析与服务平台，实现数据融合分析。

（3）大气多参数高时空分辨卫星探测关键技术，通过突破高轨卫星载荷探测技术来获得对每日污染过程的时间分辨观测，通过研发高光谱探测系统和改进反演算法来提升太阳同步轨道卫星观测的空间分辨率，实现千米级污染气体分布监测。

（4）基于立体监测的多源数据融合分析技术，突破多源大气污染大数据融合与挖掘技术，并建立标准化的合作沟通机制和标准体系。解决基于光学遥测的高分辨污染源清单快速核算技术、排放通量估算技术、污染传输影响评估技术、污染快速溯源技术等，使立体监测数据直接服务于环境管理，提高管理部门的科学决策能力。

四、未来发展前景及我国的发展策略

（一）未来发展前景

未来 15～20 年是我国实现生态环境根本好转和建设美丽中国的关键时期，在大气环境参数立体监测领域，有望实现如下发展目标。

大气环境和气象要素立体监测网络得到应用。涵盖主要环境要素（$PM_{2.5}$/PM_{10}、臭氧、氮氧化物、二氧化硫等）和气象要素（风、温、湿等）的激光雷达、地基多轴差分吸收光谱仪等的光学立体监测网络、基于传感器的互联网络将逐步成熟，基于机/球载平台的光化学关键成分（自由基、前体物、产物）探测技术将初步得到实现，大气监测网的探测能力将由目前的二维平面推向三维立体。

千米级污染气体分布卫星监测以及大气多参数高轨卫星监测得到实际应用。实现卫星观测资料对雾霾和臭氧及其前体物高时空分辨观测，模式精度显著提升，我国大气污染防治和预测预警的能力大大提高。

基于光学遥测的高分辨污染源清单快速核算技术、污染传输影响评估技术、污染快速溯源技术等数据融合分析技术得到广泛应用。我国将成功实现以小时为单位、布网区域百米空间分辨的污染源排放清单快速核算，污染源排放数据的实时性与准确性大幅提高。

（二）我国的发展策略

我国经济可持续发展面临的环境压力依然严峻，保护环境资源、加强环境监管的任务十分艰巨。建议面向生态环境多要素监测、密集网传感监测、工业园区/突发应急监测以及区域时空立体监测等方面，提高生态环境监测立体化、自动化、智能化水平，实现生态环境监测和监管有效联动，为科技创新引领科学治污、精准施策提供技术保证。

在保障举措方面，建议充分认识国家对环境监测技术的需求，以及监测技术向高时空分辨网络化立体监测的发展趋势，制定长期、稳定、一致的政策和发展计划，对大气环境要素立体探测技术的研发给予持续、稳定的支持。此外，建议加强政产学研合作，吸引更多的资金投入技术的示范应用和推广中。

参 考 文 献

[1] Chu D A，Tsai T C，Chen J P，et al. Interpreting aerosol lidar profiles to better estimate surface $PM_{2.5}$ for columnar AOD measurements [J]. Atmospheric Environment，2013，79：172-187.

[2] Burling I R，Yokelson R J，Griffith D W T，et al. Laboratory measurements of trace gas emissions from biomass burning of fuel types from the southeastern and southwestern United States [J]. Atmospheric Chemistry and Physics，2010，10（7）：11115-11130.

[3] Platt U，Stutz J. Differential Optical Absorption Spectroscopy [M]. Berlin，Heidelberg：Springer，2008：135-174.

[4] Frieß U，Strawbridge K B，Aggarwaal M，et al. Validation of MAX-DOAS retrievals of aerosol extinction，SO_2，and NO_2 through comparison with lidar，sun photometer，active DOAS，and aircraft measurements in the Athabasca oil sands region [J]. Atmospheric Measurement Techniques，2020，13（3）：1129.

[5] Stachlewska I S，Neuber R，Lampert A，et al. AMALi the Airborne Mobile Aerosol Lidar for Arctic research [J]. Atmos Chem Phys，2010，10：2947-2963.

[6] Wang P，Richter A，Bruns M，et al. Measurements of tropospheric NO_2 with an airborne multi-axis DOAS instrument [J]. Atmos Chem Phys，2005，5：337-343.
[7] Richter A，Burrows J P. Retrieval of tropospheric NO_2 from GOME measurements [J]. Advances in Space Research，2002，29（11）：1673-1683.
[8] Bogumil K，Orphal J，Homann T，et al. Measurements of molecular absorption spectra with the SCIAMACHY pre-flight model：instrument characterization and reference data for atmospheric remote-sensing in the 230-2380nm region [J]. Journal of Photochemistry & Photobiology a Chemistry，2003，157（2）：167-184.
[9] Levelt P F，van den Oord G H J，Dobber M R，et al. The ozone monitoring instrument [J]. IEEE Transactions on Geoscience and Remote Sensing，2006，44（5）：1093-1101.
[10] van Geffen J，Boersma K F，Eskes H，et al. S5P TROPOMI NO_2 slant column retrieval：method，stability，uncertainties and comparisons with OMI [J]. Atmospheric Measurement Techniques，2020，13（3）1315-1335.
[11] 刘文清，陈臻懿，刘建国，等，环境监测领域中光谱学技术进展 [J]. 光学学报，2020，40（5）：0500001.
[12] Lv L H，Liu W Q，Zhang T S，et al. Observations of particle extinction，$PM_{2.5}$ mass concentration profile and flux in north China based on mobile lidar technique [J]. Atmospheric Environment，2017，164：360-369.
[13] Li A，Zhang J，Xie P H，et al. Variation of temporal and spatial patterns of NO_2 in Beijing using OMI and mobile DOAS [J]. 中国科学，2015，（9）：1367-1376.
[14] Wang Y，et al. Ground-based MAX-DOAS observations of tropospheric aerosols，NO_2，SO_2 and HCHO in Wuxi，China，from 2011 to 2014 [J]. Atmos Chem Phys，2017，17（3）：2189-2215.
[15] Cheng L X，Tao J H，Valks P，et al. NO_2 retrieval from the Environmental Trace Gases Monitoring Instrument（EMI）：preliminary results and intercomparison with OMI and TROPOMI [J]. Remote Sensing，2019，11（24）：3017.

第二十一节　高风险化学品的环境暴露风险评估技术展望

王亚韡
（中国科学院生态环境研究中心）

一、发展高风险化学品的环境暴露风险评估技术的重要意义

环境暴露是化学品产生有害效应的前提条件。高风险化学品在特定的暴露

条件下，可在其生产、使用、运输及存储等过程中导致不同性质、对象、程度和范围的危害性问题。目前，人类对化学品的环境及健康危害性认识尚处在发展阶段。暴露科学的发展，有助于预防和减缓有害暴露。而对于化学品进行风险评价，则有助于化学品管理，通过风险评价可得知应当用何种管理方法将风险控制在容许范围之内，最终实现保护人体健康的目的[1]。

化学品全生命周期环境风险防控不仅是保障生态安全和人群健康的关键环节，也是突破发达国家绿色贸易壁垒、发展经济的重大支撑。面对高风险化学品不断被国际组织、机构和协议所禁用的严峻现实，缺乏环境友好替代品的科学设计和快速筛查甚至可成为制约行业乃至国家经济发展的瓶颈。即使是美国等发达国家亦不断在产品替代实践中碰到替代物风险实际并未下降的难题，真正的安全替代需要化学理论创新和技术突破。高风险化学品的全生命周期环境风险分析需要重点解决优控化学品环境友好替代品快速筛查，高风险化学品生产、堆存、运输、使用、排放和处理处置，全生命周期风险分析、预警与削减，适合不同科学确信度需求的全生命周期风险源识别和分类排序等整合的管理体系等问题。可见，高风险化学品的全生命周期环境风险分析及环境友好替代品的设计筛查不仅仅是涉及环境化学、有机化学等化学学科需要解答的科学难题，还同时将推动毒理学、分子生物学等相关学科的进步。此外，这一问题的探索既有望对何为安全有效化学结构这一前沿科学问题给出答案，又能与国家经济发展的实际需求相结合，将最先进的理论与方法落地，形成自主知识产权。事实上，鉴于国际市场的压力，我国未来必须在环境友好替代品设计方法学和高风险化学品的全生命周期环境风险分析等方面取得跨越式发展，为高风险化学品的全生命周期环境风险分析及环境友好替代品的筛查提供相应的理论准备、方法基础、技术支撑和应用空间。

二、国内外相关研究进展

（一）国外近年来的研究动向

20 世纪 70 年代以来，化学品引发的一系列环境问题进一步促进了人类对化学品危害性的认识，环境保护领域也开始重视化学品的管理问题。发达国家率先认识到化学品给环境带来的危害。在工业化学品多氯联苯引发的“米糠油事件”这一重大公害后，日本于 1973 年颁布了《化学物质控制法》。该法反映了公众对持久性有毒污染物物质（如多氯联苯类物质）的关注。该法根据化学品的危害性制定了相应的管理措施，根据化学品的持久性、生物蓄积性和对人体的长期毒性，来决定其（在日本的）生产、进口及使用。随后，加拿大、挪威、美国等发达国家相继颁布化学品管理相关法规。

美国于 1976 年颁布的《有毒物质控制法》，建立了一系列应对已有化学品风险的方法和对新化学品投放市场前进行评价的系统审查过程原则，旨在防止新的危害人体和环境化学品的生产和使用，在现有化学品生命周期的各个环节上保护人体和生态健康。2016 年 6 月，美国总统正式签署《弗兰克劳滕伯格 21 世纪化学物质安全法案》，对有 40 年历史的《有毒物质控制法》进行了修订，旨在从严管理美国商用化学品，提升化学品信息的公众透明度，并在数据不足以进行风险评价时要求企业增补测试，最后根据风险评价结果相应地采用标签、通报、限制、禁止等方式管控化学品风险。

加拿大颁布的《加拿大环境保护法（1999）》（Canadian Environmental Protection Act，1999，CEPA 1999）对化学品管理提出了“优先顺序设立规定”，对已引入加拿大的约 23 000 种已有商业物质需及时、系统地确定评价和管理优先顺序，对准备进口或生产的新物质，企业或个人必须向政府通报，以便评价物质对环境和人类健康的可能影响，且必须提供法规要求的某些信息。

欧盟于 2001 年 2 月出台了《未来化学品政策战略》白皮书，规定欧盟化学品政策必须为当代人及未来几代人确保对人类健康和环境的高水平保护，同时确保欧盟内部市场有效运作及化学品工业的竞争力。在白皮书中，欧盟委员会提出了化学品管理新策略，即 REACH。REACH 建立在确保人类健康和环境健康的基础上，致力于填补现有化学品危害性和风险方面信息的空白，通过单一的法规，运用一致的方法控制风险。REACH 规定，对于生产或进口量每年大于 1 吨的物质，制造商和进口商需向欧盟化学品管理机构申报，并由主管机构和成员国进行特定的风险评价审查。对于高关注化学物质，采取限制或禁止性风险管理措施，在特别许可后方可生产、进口和使用[2]。

在化学品贸易全球化的驱动下，化学品的环境污染不仅仅局限于某个国家或区域，而呈现出全球化的特征，这使得化学品环境问题也成为国际社会关注的焦点，化学品的管理也逐渐呈现全球统一化特征。联合国环境规划署主持拟定的国际化学品管理战略方针（Strategic Approach to International Chemicals Management，SAICM）于 2006 年 2 月在阿联酋首都迪拜举行的首次国际化学品管理大会上通过。SAICM 以具有时限性的全球化学品管理战略为目标[3]，期望“到 2020 年，通过透明和科学的风险评价与风险管理程序，考虑预先防范措施原则以及向发展中国家提供技术和资金等能力支援，实现化学品生产、使用以及危险废物符合可持续发展原则的良好管理，以最大限度地减少化学品对人体健康和环境的不利影响”[4]。

（二）我国的研究开发现状

相比于发达国家，包括我国在内的发展中国家对化学品的管理水平较低[5]。我国化工产业总体上技术水平落后、产业结构不合理、环境污染控制水平和风险控制能力低，这进一步加剧了化学品污染造成的环境问题，给人体和生态健康带来了更大的风险。我国于 1987 年发布了国家化学品管理首部专项法规——《化学危险品安全管理条例》，该条例管理的化学品局限于易燃、易爆和具有急性毒性的少数危险化学品，尚未涉及化学品的环境管理。国家环境保护总局于 2003 年颁布的《新化学物质环境管理办法》则在中国建立了新化学品申报登记制度这一基础性的化学品环境管理制度。2009 年，环境保护部对该办法进行了修订。随着我国对化学品环境和健康风险认识的提高，化学品管理相关的政策、法规、行政管理体系等都在不断发展，正朝着实现化学品管理可持续发展的目标迈进。

三、未来待解决的关键技术问题

随着科技水平的不断进步，与日俱增的合成化学品数量、低剂量化学物质长期暴露所致生态环境和健康风险的发现以及化学物质混合毒性作用的确认给化学品环境与环境风险研究方法学提出了更高要求和挑战，何种化学结构既能实现确定的产品性能，又能做到环境剂量长期暴露无环境威胁与健康风险仍是环境化学目前亟待解答的关键科学问题。依赖现有的环境化学理论与方法学对现存化学品乃至优先控制工业试剂进行环境风险或安全性评价既不现实，亦不可行，这一困境在替代产品的研发和推出中更显突出。Zimmerman 和 Anastas[6] 于 2015 年在《科学》上刊文，以双酚 S 替代双酚 A 等失败案例分析指出如何做到安全替代是化学工作者必须面对的科学挑战。全球环境化学工作者已经为研究化学品的环境影响与健康风险投入了极大的努力，同时已开始将目光投向诸如人工合成纳米材料等新兴的化学污染物上。但是，环境友好替代品的科学高效筛查和高风险化学品的全生命周期环境风险分析仍遇到了技术瓶颈，需要环境化学学科在现有理论和方法学上有所突破。

四、我国的发展策略

当前，推广高风险化学品的环境暴露风险评估技术面临两方面的挑战：一方面是法律法规不健全，目前还没有一部专门的法律或者法规，来规范化学品的环境暴露风险评估与管控的事项；另一方面是工作基础和能力薄弱，目前我国已有的制度仅有新化学物质登记和有毒化学品进出口管理登记两种，管理制度仍旧不完善、不系统，与发达国家相比还有非常大的差距。

（1）针对管理层，一是加快推动制定化学物质环境风险评估与管控条例，填补我国在化学品环境管理当中的法律空白，建立化学物质环境风险评估和风险管控的基本制度框架，做好顶层设计。二是评估有毒有害化学品在生态环境中的风险状况，严格限制高风险化学品的生产使用和进出口，并逐步淘汰替代。修订完善高风险化学品的环境暴露风险评估和风险管控的标准法规，有助于刺激该评估技术领域的投资，并通过政府实施相应的产业政策、环境友好型产品认证、舆论宣传引导等方式鼓励和支持高风险化学品替代技术的研发和推广。同时将促使相关部门加大技术创新和推广力度，研究出更加友好、更加安全的新一代化学替代品和材料，使相关产业可以在环境和经济利益双重目标下同时达到最优化。

（2）针对现有的环境化学理论与方法学存在的瓶颈问题，建议从以下两方面着手解决：一方面是积极引进国外高风险化学品环境暴露风险评估的新技术、新思路，补充扩展现有的高风险化学品的环境化学理论，完善国内环境友好替代品的设计筛查体系；另一方面是建立推进跨学科领域合作计划。支持科研工作人员、大学与企业之间的合作，实现实验室内研发和技术的相互转换，多学科不同领域专业学生的教育和培训，特别是需要推动环境科学、材料学、生物技术、毒理学等学科科技工作者的联合攻关。同时，密切关注人工合成纳米材料等新型化学污染物，积极利用纳米技术“正效应”的同时，努力避免或消除其潜在的不利影响。

（3）目前，高风险化学品危害的对象主要为从事化学品生产、加工或运输的职业人员，化学品管理表现为职业安全管理。随着高风险化学品使用量增加和使用范围的扩大，其造成的公共健康危害逐渐为人们所知，其管理扩大到公共健康领域。高风险化学品环境暴露风险评估专业性极强，科学界需要加强这方面的宣传，媒体应加强科普，让公众了解化学品环境管理的基本内涵，增强公众对化学品环境相关风险的防范意识。

参考文献

[1] National Research Council. Exposure Science in the 21st Century：A Vision and a Strategy [R] . Washington D C：The National Academies Press，2012.

[2] EU. Regulation（EC）No.1907/2006 of the European Parliament and of the Council of 18 December 2006，concerning the Registeration，Evaluation，Authorization，and Restriction of Chemicals（REACH）[J] . Official Journal of the EU：EU，Brussels，2006.

[3] UNEP. Strategic Approach to International Chemicals Management [R] . Geneva：United Nations Environment Programme，2006.

[4] WSSD. Plan of Implementation of the World Summit on Sustainable Development. Johannesburg，2002 [OL/DB] . https：//www.intussen.info/OldSite/Planbureau%20DO/pdf/wssd_e.pdf [2020-03-30] .

[5] United Nations Environment Programme. Global Chemicals Outlook：Towards Sound Management of Chemicals [OL/DB] . https：//vegyianyag.kormany.hu/download/a/90/50000/Global%20Chemicals% 20Outlook%202012.pdf [2020-03-30] .

[6] Zimmerman J B，Anastas P T. Toward substitution with no regrets. Science，2015，347：1198-1199.

第二十二节　工业窑炉多污染物及持久性有机污染物控制技术和装备展望

刘海弟　朱廷钰　曹宏斌

（中国科学院过程工程研究所）

一、发展工业窑炉多污染物及持久性有机污染物控制技术和装备的重要意义

POPs 是指通过各种环境介质（如大气、水、生物体等）能够长距离迁移并

长期存在于环境中，对人类健康和环境具有严重危害的天然或人工合成的有机污染物质[1]。该类化合物进入环境后，可发生一系列的物理、化学和生物反应，对环境造成污染，严重富集在生物体内和人体内，导致生物体内分泌紊乱、生殖及免疫机能失调、神经行为和发育紊乱，严重威胁着人类生存繁衍和社会可持续发展。2001 年 5 月通过的《关于持久性有机污染物的斯德哥尔摩公约》（*Stockholm Convention on Persistent Organic Pollutants*，简称 POPs 公约）最初规定削减和淘汰 12 种（类）物质，包括：①杀虫剂类，主要是艾氏剂（aldrin）、氯丹（chlordane）、DDT、狄氏剂（dieldrin）、异狄氏剂（endrin）、七氯（heptachlor）、灭蚁灵（mirex）、毒杀芬（toxaphene）；②工业化学品，主要是六氯苯（HCBs）、多氯联苯；③副产物类，主要是多氯代二苯并-对-二噁英（PCDDs）、多氯二苯并呋喃（PCDFs）（PCDDs/Fs：下文中有时用二噁英表达）。另外，目前 DDT 的替代品三氯杀螨醇［1，1-二（对氯苯基）-2，2，2-三氯乙醇］、PAHs、硝基多环芳烃（N-PAHs）也是比较常见的 POPs[2]，可以预见国外禁止使用的 POPs 清单条目将不断增加。

目前我国农药类 POPs 在长三角[3]、珠三角[4]等区域的水体、悬浮物、底泥和土壤均有普遍发现。国家已经废止了 DDT 等多种农药的使用和销售，然而由于 DDT 和 HCHs 的高度稳定性，这些农药类 POPs 的完全环境净化仍需时日，当务之急是严格禁止相关类型农药的施用。随着我国新型高效、低毒、低残留农药品种的开发和应用，农药类 POPs 对环境的大面积污染情况有望得到改观。

人工合成的 POPs 主要有 PAHs、N-PAHs 和 PCBs 等[5]，这些产品主要是石油化工、煤化工、精细化工和阻燃剂工业的产品或者排放污染物。针对这一类污染物必须坚持工业绿色化的思路，尽量从源头上减少其合成和应用，利用开发绿色无毒的无机阻燃材料代替目前常用的十溴联苯醚等阻燃剂。同时，应当严格控制含有相关物质的污染物排放，对于无法避免的相关固废、废液和废气，应当开发高效的消解和治理技术，杜绝这类物质的环境负荷进一步增大。

在所有的 POPs 当中，作为工业生产副产物的 PCDDs 和 PCDFs 类物质具有最大的生物毒性和极大的降解难度，是 POPs 污染治理的重点和难点[6]。目前钢铁工业的烧结、电炉炼钢、工业窑炉中的垃圾焚烧等均会产生 PCDDs 和 PCDFs。我国产业结构中钢铁、水泥、建材等行业占比很高、产能巨大，导致相应的 PCDDs 和 PCDFs 排放量相当大，急需开发相关的高效控制和治理的新技术，这极大地关系到我国生态安全和国计民生，必须立足我国工业和环境治理产业现状，大力开展相关技术探索，这将成为我国未来20年重要的环保产业方向和市场需求。同时，由于PCDDs和PCDFs具有高度易冷凝的特征，很多工业烟气中的这两种污染物都是沉积在飞灰和颗粒物中排放到大气中的，这对工业废气深度除尘也提出了更高的要求。此外，传统选择性催化还原（SCR）技术被发现对PCDDs具有较好的催化降解能力，因此工业窑炉中PCDDs和PCDFs的治理必将对工业烟气传统的除尘、脱硝等技术方案带来全面提升。

二、国内外相关研究进展

（一）国外近年来研究动向

对于高毒、高稳定性的农药类POPs，国外已经通过签署国际公约的方法建议在全世界范围内禁限使用。目前，美国、加拿大、澳大利亚和欧盟均通过相关部门对农药品种的重新审查、登记的工作，实现高毒、高稳定性三致类农药的淘汰、废止和禁限用。因此，总体而言农药类POPs对环境的污染风险是可控的。

对于人工合成的POPs，主要有两种技术途径加以治理。第一，通过更加环保绿色的产品淘汰POPs工业品。例如，20世纪80年代，Thoma[7]、Weber和Kuch[8]等的研究发现：多种典型的溴代阻燃剂进行焚烧热解时产生剧毒的多溴代二苯并-对-二噁英及多溴代二苯并呋喃（PBDDs/Fs），且在氧化锑、水和其他金属氧化物（如Fe_2O_3）存在时，PBDDs/Fs的生成量增多，基于这些研究，无卤的绿色阻燃材料成为阻燃科学研究重点。第二，通过合理设计和开发难降解污染物的新型治理技术对业已产生POPs进行消除。以焦化废水为例，其中高度稳定的PAHs含量较高，难以使用生物手段处理，常常需要采用膜分离、吸附/混凝、电絮凝、微波处理、高级氧化等手段协助生物法实现废水治理。随着近些年西方国家产业结构的变化，焦化废水处理的新技术并没有十分旺盛的市场需求。

国外对于作为工业过程副产物的PCDDs和PCDFs的研究工作已经开展多年，针对这两个系列化合物的毒理、扩散行为、生态破坏性、有机体危害性和食物链收放特性均有系统研究。在避免这两类化合物形成方面也积累了很多技术手段和工艺改造方案。对于焚烧炉而言，PCDDs/Fs 的防治分烧前防治、烧中防治和烧后防治。烧前防治主要指焚烧物（如垃圾）分类法，对焚烧物进行分类对降低 PCDDs/Fs 产生量具有重要意义。例如，必须严格控制烧结飞灰和含氯塑料的配入量，否则会产生大量PCDDs/Fs。烧中防治包括炉内喷钙法、3T+E法等。3T+E 法是基于 PCDDs/Fs 形成的化学机理提出的一种燃烧过程综合治理法，其含义是足够的温度（temperature）＋足够的停留时间（time）＋适当湍流（turbulence）＋过量空气（excessive air）。焚烧系统内铜的存在则显著促进了 PCDDs/Fs 的产生，其原理在于铜不但催化了芳环化反应，还通过催化 HCl 形成 Cl_2 的途径增加了焚烧气氛中的氯负荷，所以应当严格控制焚烧体系中的铜元素含量，而烟气中含有少量 SO_2 则可以毒化铜元素催化 PCDDs/Fs 合成的反应。

对于已经产生的 PCDDs/Fs，通常采用烧后防治的方法加以治理，活性炭吸附是常见的处理方式。不过对于废活性炭必须加以适当处置，以避免 PCDDs/Fs 二次扩散，同时 V-W-Ti 系列 SCR 催化剂也被证明可以在较低温度下对 PCDDs/Fs 加以降解，此外利用碳纳米管吸附 PCDDs/Fs 和利用特殊氧化法消解 PCDDs/Fs 也有报道，由于高沸点的 PCDDs/Fs 在排烟温度下常常以颗粒态形式吸附在飞灰表面，因此对焚烧烟气的深度除尘也是去除烟气 PCDDs/Fs 的有效方式之一。

（二）我国的研究开发现状

我国作为《关于持久性有机污染物的斯德哥尔摩公约》的正式缔约方，是 2001 年 5 月 23 日首批签署公约的国家之一。在农药类 POPs 的禁限用方面取得了长足的进步，目前 DDT 和 HCHs 等类农药的生产和使用在我国已经废止，总体而言我国农药类 POPs 的防控将不断深入。

鉴于我国能源工业、冶金工业及煤化工等重工业规模庞大，同时随着“十二五”、“十三五”时期大气治理专项的开展及工业废气中硫、硝、尘治理的不断深化，这些行业通过气、液、固等形式排放的 POPs 逐渐受到广泛的重视。根据目前我国的实际产业情况，PCDDs/Fs 的主要排放源为钢铁工业（烧结机和电炉炼钢）、垃圾焚烧、焦化和煤化工等，同时焦化和煤化工也是 PAHs 和 PCBs 的主要排放源。在这些污染物治理方面，我国科研工作者进行了大量细致的研究工作。

就钢铁行业而言，烧结操作和电炉炼钢排放的 PCDDs/Fs 分别占行业排放的 95%和 2.5%[9]，因此烧结机的 PCDDs/Fs 减排是治理工作的重中之重。目前烧结机 PCDDs/Fs 减排主要包括原料控制、烧结过程控制和烟气治理三种技术方案。原料控制步骤要限制烧结原料的氯含量，减少高氯原料的添加，尤其当烧结机协同处理城市垃圾时，必须严控聚氯乙烯（PVC）和其他含氯垃圾的供给量。同时，由于烧结飞灰含氯很高，要严格控制其添加量。烧结过程控制方案包括适当投入烧结添加剂（如石灰和白云石）、精细控制台车进动速度和炉床均匀性等，保证控制烧结过程稳定可靠进行。目前最有效的烧结控制技术方案是烟气循环工艺，将靠近环冷机受料点处（PCDDs/Fs 生成量较大部位）300～600℃的高温废气，经多管除尘器除尘后，由高温风机引至点火保温炉进行热风点火保温，并引于热风罩内进行热风烧结。这样不仅能充分利用热能、降低固体燃料消耗、提高表层烧结矿质量，而且大大提高了废气中粉尘、气态污染物的脱除效率、减少废气量排放。同时，还提高了脱硫、脱硝及颗粒物效率，降低了 SO_x、PCDDs/Fs 和 NO_x 的生成量。废气的循环利用，可减少约 70%的 PCDDs/Fs 排放量、近 45%的颗粒物和 NO_x 排放量[10]。对于已经产生的 PCDDs/Fs 则采用烟气治理的方法进行减排。目前太原钢铁（集团）有限公司采用日本的活性炭吸附工艺达到硫、硝、重金属和 PCDDs/Fs 的协同化去除，而就其他钢铁企业而言，活性炭吸附仍是烟气 PCDDs/Fs 去除的最常见和最可靠的手段。

由于大量 PCDDs/Fs 会以颗粒物或沉积于飞灰上的形式随烟气排出，因此对烟气进行深度除尘也是降低烟气 PCDDs/Fs 含量的有效方法之一。目前钢铁企业最常见的除尘方式为电除尘、袋式收尘或电袋复合收尘。电除尘在能耗正常的情况下对 2 微米及更小的粉尘去除率不高，而袋式收尘在使用一段时间后也常常难以保证出口粉尘浓度低于超净排放限值，因此开发更加可靠且过滤精度更高的粉尘去除技术是非常必要的。

电炉炼钢也对 PCDDs/Fs 的排放有一定贡献。结合我国实际情况的研究表明，电炉炼钢必须严控炼钢原料的氯含量和铜含量，同时对温度进行控制，缩短废气在 PCDDs/Fs 易生成温度区间的停留时间。对高温烟气采用机力冷却急冷措施减少 PCDDs/Fs 产生量，对于已生成的 PCDDs/Fs 同样采用高效过滤、物理吸附来实施减排，这和烧结烟气的 PCDDs/Fs 减排类似。垃圾焚烧作为

PCDDs/Fs 排放的另一个重要源头也存在燃烧前、中、后减排的技术类型。目前基于 3T+E 理念的控制方案在我国焚烧炉 PCDDs/Fs 减排方面已经有广泛应用，而对于已经产生的 PCDDs/Fs 而言，采用 SCR 催化剂脱硝的同时降解 PCDDs/Fs，或者使用活性炭吸附是最常见的两种治理工艺。

三、未来待解决的关键技术问题

（一）钢铁工业 PCDDs/Fs 减排

前文述及钢铁工业 PCDDs/Fs 的治理重点在于烧结过程的减排控制，主要包括烟气梯级分割及热量回用技术和烟气深度除尘技术两个关键技术问题。

（1）关于烟气梯级分割及热量回用技术。中国科学院过程工程研究所与河钢集团有限公司合作的关于烧结烟气余热梯级处理和节能减排的现场技术示范已经取得重大进展。该研究深刻揭示了随烧结机烧结面不同位置的温度分布和污染物浓度分布，发现烧结机头及中段部位烟气由于被尚未烧结球团层和铺底料层的冷却和吸收，其温度较低，NO_x、SO_x 和 PCDDs/Fs 浓度均不高，而在烧结机尾部，由于烧结完成，其温度较高、NO_x、SO_x 和 PCDDs/Fs 浓度均急剧增大。对于不同规模和原料配比的烧结机而言，各污染浓度的细节有所差异，但宏观特征均符合上述描述。因此，完全可以按照污染物浓度和温度特征对烧结机不同位置抽出的烟气进行梯级分割及热量回用，机头烟气由于 NO_x、SO_x 和 PCDDs/Fs 浓度低，且温度低，可以在除尘后直接排放，而烧结机头排出的高温烟气可通过除尘和配风调氧后用高温风机返回烧结机的烟气密封罩进行二次燃烧，这样可以在充分利用余热的同时大大降低其中污染物的排放，这将是环保领域为数不多的能同时实现污染减排和节能降耗的关键技术。

（2）关于烟气深度除尘技术。上文所述烧结机机尾附近抽出的高温烟气在返回烟气密封罩二次燃烧前必须经过可靠的深度除尘。由于该循环烟气中含有能对烧结和后端炼钢造成不利影响的锌元素，必须通过深度除尘实现锌元素的开路，否则这部分回用烟气将造成锌元素在烧结和炼钢大循环中积累，进而导致装置损害，因此回用烟气的高温除尘技术也是关系到烟气梯级分割及热量回用技术成败的关键因素。目前中国科学院过程工程研究所和江苏宜兴非金属化工机械厂已经开发出适合高温除尘的陶瓷管过滤介质和荷电耦合外场强化技术，有望在解决回用烟气高温深度除尘问题的同时，保证烟气梯级分割及热量回用对 PCDDs/Fs 实现有效减排，此外，该烟气深度除尘技术颗粒过滤精度极高（<2 毫克/米^3），还有望对以颗粒态赋存于最终烟气中的 PCDDs/Fs 加以去除。

（二）垃圾焚烧等工业窑炉的 PDCC/Fs 减排

垃圾焚烧作为PCDDs/Fs的重要来源之一也引起了学术界的广泛关注。3T+E的焚烧炉操作方式已被我国广泛接受，然而由于我国垃圾分类的工作近乎空白，而且很难在短期内有任何改善，因此通过垃圾焚烧前分类的方法消减 PCDDs/Fs 难度极大，这促使我国科研工作者有必要针对目前复杂的焚烧原料进行焚烧中和焚烧后的 PCDD/Fs 减排研究。目前，我国亟待将 SO_x、NO_x、颗粒物和 PCDDs/Fs 这一系列污染物的排放加以协同考虑，技术研发过程中应当避免片面考虑其中某种污染物的排放达标而为其他污染物的协同处理造成困难。就垃圾焚烧的 PCDDs/Fs 减排而言，应当从以下两个关键技术入手。

（1）PCDDs/Fs 和 NO_x 的协同控制。前人研究发现，钒系 SCR 催化剂在低于 300℃时对 PCDDs/Fs 具有明显的催化分解能力。然而这低于该类催化剂正常的起活温度，而一般垃圾焚烧烟气常常在脱硫操作之后将烟气再热至 200℃左右进行低温脱硝，因此研究兼具低温脱硝性能和 PCDDs/Fs 催化降解性能的催化剂非常必要。

（2）外场强化的垃圾焚烧烟气深度除尘。粉尘和飞灰是 PCDDs/Fs 重要的赋存载体，因此垃圾焚烧烟气的深度除尘同样对 PCDDs/Fs 的减排具有重要意义。通过外场强化实现烟气低气阻、高通量、高精度除尘是实现该目标的关键技术所在。研究发现，粉尘的预荷电对降低后端过滤介质表面粉饼气阻、提高过滤风速、提高过滤精度具有重要贡献。同时，开发过滤精度高、孔隙丰富、不易堵塞的新型过滤介质也是该技术方向的重要内容。

四、未来发展前景及我国的发展战略

（一）未来发展前景

预计未来 20 年，我国针对 POPs 的环保产业将不断在相关领域取得实际业绩，随着我国政府、产业和民众对 POPs 减排的迫切需求的不断认识，我们有望实现如下发展目标。

（1）钢铁企业通过应用推广烟气梯级分割及热量回收的技术实现二噁英60%以上的减排量，并且完成该技术及相关协同工艺的自主知识产权部署，并同时对相关 SO_x、NO_x、颗粒物等污染物的减排实现带动作用。

（2）垃圾焚烧领域将通过低温 SCR 技术和烟气深度除尘技术的推广实现二噁英 50%以上的减排量，并通过这些新技术的实施，在实现我国焚烧炉烟气常规污染物超净排放的同时达到二噁英排放 0.1 纳克毒性当量值每标准立方米的排放限值。

五、我国的发展战略

未来 20 年，我国应当深刻总结“十一五”至“十三五”期间重点行业多种污染物单纯依赖国家标准驱动、各种治理技术之间衔接不良的教训，力争将 POPs 减排和治理纳入重点行业多种污染物消减的综合考虑范围内，努力开发多污染协同治理的新技术，缩短工艺流程和运行维护费用，提高技术科技含量，以期满足国家生态环境安全对环保产业新技术的迫切需求。

我们应当充分认识到国内相关 POPs 排放源量大、面广、技术支撑薄弱的现实问题，在充分借鉴国外基础和应用研究成果的前提下，制定合理的技术方案和发展规划路线图，重点培育针对具有代表性排放源的综合治理技术，并做好支持和推广工作。此外，应当选择由大型环保企业牵头的产学研合作道路，通过足够的资金投入加快新技术的成熟优化和推广。力争到 2040 年，我国民众不再谈二噁英而色变，我国水体、土壤和大气中 POPs 含量大幅度降低。

参考文献

[1] 谢武明，胡勇有，刘焕彬，等. 持久性有机污染物（POPs）的环境问题与研究进展[J]. 中国环境监测，2004，(2)：58-61.

[2] 沈平.《斯德哥尔摩公约》与持久性有机污染物（POPs）[J]. 化学教育，2005，26(6)：6-10.

[3] 王斌捷，高超. 长江三角洲地区环境中的持久性有机污染物[J]. 江西科学，2007，(1)：112-118.

[4] 向彩红，罗孝俊，余梅，等. 珠江河口水生生物中多溴联苯醚的分布[J]. 环境科学，2006，(9)：1732-1737.

[5] 余刚，牛军峰，黄俊. 持久性有机污染物[M]. 北京：科学出版社，2005.

[6] 徐旭，严建华，池涌，等. 二恶英的理化特性及其分析方法 [J]. 能源工程，2003，(6)：24-28.
[7] Thoma H，Hauschulz G，Knorr E，et al. Polybrominated dibenzofurans (PBDF) and dibenzodioxins (PBDD) from the pyrolysis of neat brominated diphenylethers，biphenyls and plastic mixtures of these compounds [J]. Chemosphere，1987，16 (1)：277-285.
[8] Weber R，Kuch B. Relevance of BFRs and thermal conditions on the formation pathways of brominated and brominated-chlorinated dibenzodioxins and dibenzofurans [J]. Environment International，2003，29 (6)：699-710.
[9] 张苏，董慧芹，王文利. 钢铁行业二恶英减排技术分析 [J]. 能源与环境，2015，(6)：70-71，73.
[10] 贾建廷. 钢铁生产二噁英减排技术探讨 [J]. 山西化工，2018，38 (2)：179-181.

第二十三节　我国湖沼湿地生态修复技术展望

杨　薇　赵彦伟　崔保山
（北京师范大学环境学院）

一、发展我国湖沼湿地生态修复技术的重要意义

全球湖泊湿地面积约 1000 万千米^2，占全球陆地总面积的 8%，提供了重要的淡水资源和生态系统服务功能。据统计，2014 年全国湿地总面积 53.6 万千米^2，湿地面积占国土面积的比率（即湿地率）为 5.58%，其中，湖泊湿地 8.59 万千米^2（约 1/3 为淡水湖泊）、沼泽湿地 21.7 万千米^2，占全国湿地总面积的 56.58%，主要分布在东部沿海、西南与长江中下游地区[1]。湖沼湿地生态系统在物质生产、调节气候、涵养水源、净化水质和维持淡水生物多样性等方面发挥了不可替代的作用[2]。据估算，湖沼湿地提供的生态系统服务价值占全球生态系统服务价值总量的 23.2%，造就了物种极为丰富的自然生态景观，并对社会经济的发展与生态环境的稳定发挥了重要作用。

然而，湖沼湿地生态系统易受外界因素的干扰，且自我修复能力较差，加之近年人口急剧增长与资源无节制开发，以及现行的湿地保护法律体系尚不健全，造成了我国湖沼湿地陷入面积锐减、生态效益下降的窘境，进一步威胁了

社会经济的可持续发展。据统计，自 20 世纪 50 年代以来，中国湿地面积减少了 50%以上，全国湖泊围垦面积已超过五大淡水湖现有面积之和。如太湖围湖已损失湿地面积 200 千米^2 左右；东北三江平原地区沼泽湿地的开垦，使得 300 万公顷湿地变为农田，只剩下 104 万公顷沼泽湿地，如果不加以控制，这些沼泽湿地将丧失殆尽。因此，对湖沼湿地的保护及退化湖沼湿地的生态修复工作刻不容缓。

我国已明确把“湿地面积不低于 8 亿亩①”列为 2020 年生态文明建设的主要目标之一，并纳入《全国湿地保护“十三五”实施规划》。近几十年来，我国开展了大规模的以富营养化治理为中心的湖沼湿地生态环境建设[3]，取得了较好的成绩，如太湖、巢湖和滇池富营养化治理已经初见成效。此外，20 世纪 90 年代初国内开始了通过水生植物恢复来改善水环境的试验工作，在鄱阳湖、洞庭湖和南四湖等湖沼湿地都实施了生态工程来改善水质[4]。然而，受湖沼湿地生态系统的高度复杂性、特殊性及研究手段局限性等多方面条件限制，湖沼湿地生态修复技术及其管理决策等方面的研究和应用尚处在发展阶段。

目前，我国多处湖沼湿地已实施了退耕还湖、大型水生植物修复、生物操纵等生态恢复措施，取得了良好的效果。但这些传统的湖沼湿地生态修复技术仍存在诸多弊端，已不能适应新时代生态环境建设。局部、片面的人工生态修复措施及其工程不仅收效缓慢，而且受到物价和人力资源的影响，湖泊治理工作的成本也难以控制。在这种情况下，研发湖沼湿地生态修复过程模拟、生态格局优化调控、湿地稳定性维持等系统综合的生态修复手段，并突破相应的技术要点就显得尤其重要[5]。现有的太湖、洞庭湖和鄱阳湖生态修复案例已证明，湖沼湿地的生态修复措施在提升湖泊水质水量、恢复湖沼自然生态系统、富营养化预警等方面起到了良好的效果，系统性生态修复也将成为未来提升湖沼湿地生态效益的主要途径。

二、国内外相关研究进展

（一）国外近年来的研究动向

保护及合理利用湖沼湿地是全球共同努力的目标。在生态恢复与重建方面，国外开展相关研究较早，1971 年在美国召开的“受损生态系统的恢复”国际会

① 1 亩≈666.7 米^2。

议，标志着恢复生态学的兴起。同年，《拉姆萨尔湿地公约》的签订，标志着湿地保护运动的开始。全球范围内，以美国和德国最为领先，生态修复技术被广泛应用于河流和湖泊的富营养化、地下水系污染等环境修复工程中，在大面积污染治理领域，被普遍认为是最有效、最经济、最具有生态性的治理技术。

目前，湖沼湿地生态修复的相关技术已成为水利工程、流域管理和农业生产等产业的重要组成部分。发达国家通过制定相关的法规理顺湖沼湿地生态修复的管理体制、监督和评价等制度措施来保证生态修复的成效。21 世纪初，发达国家的湖沼湿地修复技术成效显著，如湖沼湿地水体氮磷降低率达 80%，因此积累了丰富的经验，形成了一大批经典的、成熟的生态修复案例。

经过几十年的研究，美国、欧洲等国家已经陆续开展以截污为代表的外源性营养盐及污染控制、以清淤为代表的内源性营养盐及污染控制、直接除藻、大型高等水生植物修复等技术开发。生物操纵技术方面的主要措施包括：以浮游动物、鱼类控制浮游植物的生物调控技术，包含食物网的“加环”与“解链”，利用鱼类种群的下行调控，如增加食鱼性鱼类或减少食浮游动物或食底栖动物鱼类，以保证有充分的浮游动物等来控制藻类[6]。在澳大利亚及越南等东南亚国家，针对湖沼湿地结构功能特征，通过污水分流及调整大型水生植物群落结构对湖沼湿地进行修复得到了较好的案例应用[7]，但受制于成本及技术本地化的局限性，应用的深度与广度有待提高。

针对特定生态关键带和湖沼类型，发达国家开展了较多的科研与探索。在人类活动高热点地区，针对藻型湖沼湿地，开展包括生态格局优化、稳态过程模拟、典型物种生态修复等技术体系的研发，已成功创建了湖泊现代过程物理、化学、生物多学科协同的野外原位研究方法[8]。针对草型浅水湖沼湿地的富营养化预警，美国、澳大利亚、加拿大等国家也将陆续研发针对草型湖泊的水-陆-空一体化蓝藻水华精准模拟预警、流域水质水量调控等技术。目前，生态修复已经从单纯的水质修复阶段发展到整体、系统生态修复的阶段，同时也显现了很多新型的生态修复技术，如利用生态格局优化调控、生态系统稳定性维持等技术来修复已退化湖沼湿地，保证了湖沼湿地生态系统的健康稳定发展，因此得到了广泛的推广和应用。

（二）我国的研究开发现状

和国外相比，我国在湖沼湿地生态修复技术的研究领域起步相对较晚。随着我国经济的发展，水环境污染不断加剧，生态环境质量逐渐恶化，导致国内对水生态环境改善的需求不断高涨。我国在 20 世纪 80 年代开展了水生生态系统对污水净化作用的研究，进入 90 年代以后，这方面的研究持续深入。90 年代后期，对湖沼湿地的生态修复正成为我国城市生态建设中热点问题，也成为水生态领域专家学者关注的焦点。

从近年的研究成果来看，我国生态修复研究主要集中在湖周湿地的修复、湖滨带的修复、利用水生生物的修复等方面，侧重于修复与重建技术方法、物种筛选以及修复与重建过程中的生态效应等方面的研究，形成了以生态演替理论和生物多样性修复为核心的湖沼湿地修复技术体系。对于传统湖沼湿地生态技术来说，中国和目前发达国家的技术体系相似，比如对于湖沼湿地的富营养化预警、湖沼水质水动力学过程模拟、湿地水生植被修复等。

中国环境科学研究院、中国科学院南京地理与湖泊研究所等对太湖流域开展了大量的研究，模拟了湖泊科学环境要素过程，揭示了人类活动和气候变化对湖泊关键生态过程的驱动作用，阐明了湖泊生态系统响应环境变化的特征、反馈机制，以及生态系统退化的环境作用机理[9, 10]。中国科学院南京地理与湖泊研究所、清华大学等开展了滇池湖滨带生态环境和水生高等植物（挺水植物、浮叶植物和沉水植物）的生态修复工程，用以恢复滇池水陆交错带生态系统，抑制蓝藻生长，改善水质和岸带景观[11]。北京师范大学、中国科学院地理科学与资源研究所等单位在对河北省白洋淀生态系统特征进行深入、细致的研究基础上，提出了白洋淀区域水污染控制、长效生态补水等技术方案[12, 13]。但是，在这些研究中，仍多集中于探讨湖沼湿地的自然生态问题，较难就湿地生态过程模拟、生态格局空间优化及湿地稳定性维持技术进行深层次的探讨。而从宏观角度采用复杂系统论的观点来评价湖沼湿地的生态修复效应，将有助于更好地解决上述问题[14]。

总体上，在基于湖沼湿地的生态修复技术方面，发达国家的研究和实践仍较中国先进。我国湖沼湿地的生态修复率依然远低于发达国家，而且生态恢复工作还处于分散、小范围、不成熟的阶段。尽管我国湖沼湿地的工程修复措施投入逐年增加，但是生态修复和功能提升的系统性关键技术仍相对缺乏深入研究。从综合实践来看，针对湖沼湿地水-陆-空一体化蓝藻预警方面的研究仍需加强；从山水林田湖草系统修复来看，湖沼湿地生态格局优化调控技术和湿地稳定性维持技术等综合研究，仍需开展深入的技术研发。

三、未来待解决的关键技术问题

（一）湖沼湿地生态过程模拟预警技术

有必要进一步针对湖沼湿地沼泽化、湖沼湿地富营养化问题开展湖沼湿地生态过程模拟预警技术，通过湖沼生态系统过程解析，恢复湖泊生态系统功能，使湖泊生态系统趋于健康稳定。预计未来 5～10 年，我国将在富营养化模拟预警技术、草藻稳态转换模拟技术、生物过程修复技术、碳氮磷要素循环过程评估等方面取得重要进步，为我国湖沼湿地生态修复全面实施提供坚实的基础。预计未来 10～20 年，我国将进一步建立不同湖沼湿地生态系统的整体、全要素修复理念，发展草型、藻型湖沼湿地生态过程模拟及预警成套技术，提升其多功能性，推动我国湖沼湿地生态修复技术领域实现从片面性修复到系统性修复的提升[15]。

（二）湖沼湿地生态格局优化调控技术

湖沼湿地生态格局优化是为了使区域生态结构更加合理，功能更加稳定，通过调整、优化景观组分的数量和空间配置，以维持生态系统健康[16]。其关键技术包括典型植被群落格局保护、植被-水面-土壤空间格局优化技术，以及考虑水文连通、生物连通的河流-湖沼湿地生态格局修复与调控等[17, 18]。预计未来 5～10 年，我国将在湖沼湿地生态保护红线范围综合典型植被群落格局、湖沼湿地植被-水面-土壤格局优化、河湖沼系统水文连通及生物连通修复技术等方面开展大范围的研发与示范工作，在湖沼生态失衡区域实现上述技术的广泛应用。

（三）湖沼湿地生态系统稳定性维持技术

湖泊富营养化对湖沼生态系统的多样性与稳定性的影响尚未引起人们足够的关注，湖沼湿地生态修复的主要目标就是保障生态系统健康稳定和韧性安全。其关键技术包括湖沼湿地关键生境修复技术、食物网结构稳定性维持技术，以及生态系统弹性/恢复力模拟技术等。预计未来 5～10 年，我国将主要在重点草型湖沼湿地，开展湖沼湿地典型水生植物的群落演变、生态系统食物网稳定性模型构建、湖沼湿地生态系统服务精准评估研究等方面的系列工作。并进一步针对区域特色，对不同湖沼湿地的生态系统稳定性维持技术进行集成。

四、未来发展前景及我国的应对策略

（一）未来发展前景

从目前到 2030 年，是我国生态文明建设的关键期，伴随我国山水林田湖草工程的实施和美丽中国建设，我国湖沼湿地的生态修复技术有望实现如下发展目标。

（1）预计未来 5～10 年，我国将主要在典型湖沼湿地系统开展生态过程模拟预警、生态格局优化调控、生态系统稳定性维持技术等方面开展系列工作。

（2）预计未来 10～20 年，我国将开发出不同湖沼湿地生态修复的集成技术，并广泛应用到生态修复的工作实践中，并在湖沼富营养化防治的技术方面，实现空-天-地一体化的生态监测、预警、生态修复与保护技术体系，进一步推动湖沼湿地的生态修复成效与区域生态系统服务功能提升。

（二）我国的应对策略

目前，我国受损湖沼湿地面积接近 3.4 万千米^2，湖沼湿地恢复的任务艰巨，生态修复具有重要的意义。湖沼湿地的生态修复技术的目标就是控制各种新的湖沼湿地退化现象的产生，遏制富营养化的发展趋势，建立起较完善的湖沼湿地过程模拟预警体系、生态系统格局优化调控和稳定性维持技术集成体系，为经济和社会的可持续发展创造一个良好的生态环境。

要实施湖沼湿地的生态修复技术的广泛应用，应该有如下的发展策略。

（1）长远规划，分步实施。从可持续发展的战略高度，制定切合实际的治理目标。

（2）坚持生活生产生态协调发展的理念，以区域为基本单位，以小流域为治理单元，开展系统性生态修复技术研发及实践。

（3）湖沼湿地的生态修复需要和社会经济发展，特别是区域可持续发展相结合，强调生态经济协调发展，生态优先的策略。

参考文献

[1] 许凤娇，周德民，张翼然，等. 中国湖泊、沼泽湿地的空间分布特征及其变化［J］. 生态学杂志，2014，33（6）：1606-1614.

[2] 徐昔保，杨桂山，江波. 湖泊湿地生态系统服务研究进展［J］. 生态学报，2018，38（20）：7149-7158.

[3] 崔保山，谢湉，王青，等. 大规模围填海对滨海湿地的影响与对策［J］. 中国科学院院刊，2017，32（4）：418-425.

[4] 宋长青，杨桂山，冷疏影. 湖泊及流域科学研究进展与展望［J］. 湖泊科学，2002，14（4）：289-300.

[5] 秦伯强，杨柳燕，陈非洲，等. 湖泊富营养化发生机制与控制技术及其应用［J］. 科学通报，2006，51（16）：1857-1866.

[6] McCrackin M L，Jones H P，Jones P C，et al. Recovery of lakes and coastal marine ecosystems from eutrophication：a global meta-analysis［J］. Limnology and Oceanography，2016，62（2）：507-518.

[7] Finlay J C，Small G E，Sterner R W. Human influences on nitrogen removal in lakes［J］. Science，2013，342（6155）：247-250.

[8] 许木启，黄玉瑶. 受损水域生态系统恢复与重建研究［J］. 生态学报，1998，18（5）：547-558.

[9] 叶春，李春华，陈小刚，等. 太湖湖滨带类型划分及生态修复模式研究［J］. 湖泊科学，2012，24（6）：822-828.

[10] 秦伯强，朱广伟，杨宏伟，等. 新方法、新理论为太湖环境治理和生态修复提供科技支撑［J］. 中国科学院院刊，2017，32（6）：654-660.

[11] 李文朝，潘继征，陈开宁，等. 滇池东北部沿岸带生态修复技术研究及工程示范——生态修复目标的确定及其可行性分析［J］. 湖泊科学，2005，17（4）：317-321.

[12] Yang W，Yang Z F. Evaluation of sustainable environmental flows based on the valuation of ecosystem services：a case study for the Baiyangdian Wetland，China［J］. Journal of Environmental Informatics，2014，24（2）：90-100.

[13] 张永泽. 自然湿地生态恢复研究综述［J］. 生态学报，2000，21（2）：309-314.

[14] 秦伯强，高光，朱广伟，等. 湖泊富营养化及其生态系统响应［J］. 科学通报，2013，58（10）：855-864.

[15] 阿斯卡尔江·司迪克，楚新正，艾里西尔·库尔班. 新疆艾里克湖滨绿洲景观空间格局动态变化［J］. 湖泊科学，2010，22（5）：793-798.

[16] 崔保山，蔡燕子，谢湉，等. 湿地水文连通的生态效应研究进展及发展趋势［J］. 北京

师范大学学报（自然科学版），2016，52（6）：738-746.
[17] 王中根，李宗礼，刘昌明，等. 河湖水系连通的理论探讨[J]. 自然资源学报，2011，26（3）：523-529.
[18] 张仲胜，于小娟，宋晓林，等. 水文连通对湿地生态系统关键过程及功能影响研究进展[J]. 湿地科学，2019，17（1）：1-8.

第二十四节　废水零排放与资源化技术展望

侯得印
（中国科学院生态环境研究中心）

一、发展废水零排放与资源化技术的重要意义

随着《水污染防治行动计划》、新修订的《中华人民共和国环境保护法》等一系列政策法规的出台与实施，高盐工业废水零排放处理已成为新的要求与发展趋势[1]。无论采用何种处理工艺，高盐废水零排放处理的最后步骤都是将高浓度废水送至结晶器进行再蒸发，形成结晶盐，从而实现废水零排放。然而这种方式只是将污染从水转嫁到结晶杂盐中，同时产生了大量固体废物，这并非零排放的初衷。水分离后剩下的结晶杂盐属于危险废物，处置方式十分麻烦，焚烧无效，而填埋处置在遇水后会形成新的污染源。目前按照危险废弃物处理，每吨结晶杂盐的处理费用超过3000元。以年产杂盐30 000吨的煤化工企业为例，每年用于杂盐处理的费用便占到企业废水总处理费用的60%，处理费用极高[2]。因此，对于结晶盐的处理应采用分质结晶方式，实现资源化利用。高盐废水分盐结晶工艺是实现废水零排放结晶盐资源化的技术基础。国家能源局于2017年发布的《煤炭深加工产业示范“十三五”规划》也明确要求，无纳污水体的新建示范项目需利用结晶分盐等技术，将高盐废水资源化利用。积极发展包括高盐废水分盐结晶在内的废水零排放与资源化技术，可有效实现废水和盐资源化，减少废水排放量，节约水资源，避免水体和地下水污染，具有良好的经济效益和环境效益，对推动我国生态环境改善有着重要的现实意义。

二、国内外相关技术进展

近年来，基于废水深度处理后排放仍然存在的一系列问题，废水零排放和资源化技术受到越来越广泛的关注。国内外学者开展了一系列新型处理方法研究，如水处理高性能膜材料及装备、高盐工业废水零排放技术及装备、高盐废水分盐结晶工艺、膜蒸馏技术、高效低能选择性电驱动膜分离技术及机械蒸汽再压缩（mechanical vapor recompression，MVR）蒸发技术等。

（一）水处理高性能膜材料及装备

国内膜科学的发展从1958年研究离子交换膜开始，1965年开始反渗透的探索研究。20世纪70年代，电渗析、反渗透、超滤、微滤等各种膜材料及装备都展开了全面的研究和开发。20世纪80年代初，进入市场最早的分离膜材料是纤维素及其衍生物。而后采用耐热、耐化学溶剂、抗菌、机械强度优良的特种工程高分子材料作为膜材料，克服了用纤维素类材料所制膜材料不适合酸碱清洗、不耐高温和机械强度较差等弱点，诸如聚砜（PS）、聚丙烯腈（PAN）、聚偏氟乙烯（PVDF）、聚醚酮（PEK）、聚醚砜（PES）、聚四氟乙烯等高分子材料的出现使膜品种与应用范围大大增加。上述有机膜虽然耐高温、耐酸碱、耐细菌，但膜孔径不均一，很难达到截留分子量小、透水速度高的要求；此外，上述高分子材料具有较强的疏水性，用这些材料制成的膜表面亲水性差，在实际使用中，易被分离物质吸附在疏水表面，造成膜污染，导致膜通量明显下降、膜使用寿命缩短等一系列问题，这也是膜技术进一步推广应用的主要阻碍。若要保持特种工程高分子材料耐热性、耐化学稳定性、耐菌性和较高的机械强度等优点，又要克服其疏水、易造成膜污染的缺点，就必须对膜材料进行改性。近年来，各种高性能纤维素及高分子有机聚合物膜材料的开发层出不穷，也出现了新型的陶瓷膜、多孔玻璃膜、金属膜等无机膜以及有机-无机杂化膜[3]。

（二）高盐工业废水零排放技术与装备

高盐工业废水零排放的投资、运行成本较高，而决定成本的关键因素是蒸发结晶系统的废水处理量，若能在废水进入蒸发结晶前进行高倍浓缩，高盐工业废水零排放的成本将大大降低。高盐工业废水浓缩工艺种类众多，根据处理对象及适用范围的不同，可将高盐工业废水浓缩工艺分为热浓缩和膜浓缩技术；当然，二者关系并非彼此对立，实际工程中常将两种浓缩技术耦合协同，以实现高盐工业废水零排放。

热浓缩是采用加热的方式进行浓缩，主要包括多级闪蒸、多效蒸发和机械式蒸汽再压缩技术等。热浓缩主要适于处理高总溶解性固体（total dissolved solids，TDS）和高浓度有机废水，这类废水的COD通常高达数万到数十万毫克每升。将纳滤和反渗透（nanofiltration-reverse osmosis-multiple effect distillation，NF-RO-MED）系统用于海水淡化上，可实现高达78.2%的产水率，而成本可低至0.5美元/米^3 [4]。

膜浓缩是以压力差、浓度差及电势差等为驱动力，通过溶质、溶剂和膜之间的尺寸排阻、电荷排斥及物理化学作用实现的分离技术。近年来，由于膜浓缩技术的操作和投资成本较低，基于膜脱盐过程的膜浓缩技术使用已经超过了基于热过程的热浓缩技术。膜浓缩技术主要包括分离浓缩离子的纳滤、处理含较高TDS和COD高盐废水的反渗透、盐水浓缩的电渗析、超高TDS和COD废水浓缩减量的膜蒸馏及正渗透技术。国内神华亿利能源有限责任公司采用高效反渗透技术处理电厂废水，废水回收率可达到90%以上，脱盐率稳定在94.5%左右[5]；采用该技术，电厂的综合发电水耗由原来的0.38千克/千瓦时降至0.17千克/千瓦时，年节约新鲜水约92.4万米^3，发电用水量减少55%，每年节约成本800多万元。

（三）高盐废水分盐结晶工艺

高盐废水分盐结晶工艺是实现废水零排放结晶盐资源化的技术基础。由于高盐废水分盐结晶的技术需求近年来才逐渐明朗，其工业应用技术更是处于起步阶段，具有针对性的研究还不充分。目前，分盐结晶工艺主要有两种思路：一是直接利用废水中不同无机盐的浓度差异和溶解度差异，通过在结晶过程中控制合适的运行温度和浓缩倍数等来实现盐的分离，即通常所说的热法分盐结晶工艺；二是利用氯离子和硫酸根离子的离子半径或电荷特性等的差异，通过膜分离过程在结晶之前实现不同盐之间的分离或富集，再用热法分盐结晶过程得到固体，即膜法分盐结晶工艺。高盐废水的热法分盐结晶工艺主要包括直接蒸发结晶工艺、盐硝联产分盐结晶工艺和低温结晶工艺，膜法分盐结晶工艺包括纳滤分盐工艺和单价选择性离子交换膜电渗析分盐工艺。由于膜过程仅将无机盐分离在两股溶液中，无法使无机盐结晶析出，所以通常要与热法分盐结晶过程联用来实现分盐结晶目的。

（四）膜蒸馏技术

高盐废水具有成分与物化性质复杂、难处理等特点，如何将其减量、浓缩进而实现资源化是一个重要挑战。膜蒸馏技术是一种热驱动的膜分离技术，将传统的蒸馏与膜分离相结合，以疏水性多孔膜两侧的蒸汽压差为推动力，使热侧的蒸汽分子穿过膜孔后在冷侧冷凝，从而实现水与非挥发性物质的分离。由于微孔膜作为蒸发界面可极大地增加蒸发面积、提高热效率，膜材料本身的化学惰性和机械强度，与纳滤和反渗透相比，其对废水的预处理要求不高，可直接处理高盐废水。

膜蒸馏作为膜分离技术的一个重要分支，具有稳定性高、效率高、常压操作、条件温和、对盐浓度不敏感等优点，可以实现高盐废水低成本浓缩，尤其适用于处理其他技术较难处理的高盐高有机废水。若能够充分利用工业余热、废热能等廉价热源，则会大大降低膜蒸馏的能耗与技术成本，实现高盐废水经济高效地浓缩与减量。因此，膜蒸馏技术在高盐废水零排放处理中的应用前景非常广阔。

（五）高效低能选择性电驱动膜分离技术

电驱动膜分离技术在外加电场的作用下，以电位差为推动力，利用电驱动膜的选择透过性，把溶质从溶液中分离出来，从而实现溶液的淡化、浓缩、精制、纯化等目的。电驱动膜可用于高盐废水、重金属废水等废水的处理方法，分离提纯金属离子等，既可回收利用金属、淡水，又减少了污染物的排放。采用连续电去离子技术处理压水堆核电站蒸汽反应器排污水，氨去除率高达99.6%，浓缩倍数可达到30～40倍[6]。

目前电驱动膜已在以下几个方面得到应用：①化肥工业废水中氨回收，不但消除污染，而且还有一定的经济效益；②电镀行业漂洗废水处理，保障重金属达标排放；③电驱动膜还可用于脱盐处理。

（六）MVR蒸发技术

MVR是目前高盐工业废水处理过程较受关注的浓缩技术之一。其主要原理是将原水蒸发产生的二次蒸汽通过机械再压缩方式提高蒸汽的温度、压力和热焓，然后进入蒸发器与原水进行冷凝换热，加热后原水得以蒸发浓缩，同时又产生二次蒸汽再次压缩，达到充分利用系统内蒸汽潜热的目的。MVR 既能有效去除废水中的高盐度，也能去除部分 COD，保障废水达标排放。采用 MVR 蒸发技术处理冶金工业废水，经反渗透膜浓缩后，采用 MVR 技术浓缩液进行蒸发、浓缩、结晶，可实现水和无机盐分离，最终达到废水零排放[7]；应用 MVR 蒸发技术处理反渗透浓水，不仅可有效提高浓缩倍数，且产水完全符合回用水要求，经济优势明显。目前，MVR 蒸发技术在国内发展迅速，已应用到包括海水淡化、废水处理、中药浓缩、固体干燥等不同技术领域内。MVR 作为新型的蒸发技术，高效利用了二次蒸汽的潜热，提高了热效率，大大降低了生蒸汽的消耗量；与传统多效蒸发技术相比，其经济优势明显，应用前景十分广阔。

三、未来待解决的关键技术问题

膜分离技术是解决我国缺水危机、提高饮用水水质、实现污废水达标排放及资源回收的有力保障，是改造传统产业、推进相关行业技术进步的高效技术。近年来，分离膜材料不仅自身以每年10%～30%的速度发展，而且有力地带动了相关行业的科技进步，成为保障经济可持续发展的重要支撑。膜分离技术作为主要的新型水处理技术，协同其他水处理技术的耦合工艺，能够实现废水零排放与资源化。因此，目前膜分离技术所存在的问题正是废水零排放技术和资源化技术所面临的关键技术问题。结晶盐的资源化回收和利用无疑是高盐废水零排放处理技术的发展趋势，而分盐结晶工艺则是实现这一目标的技术基础。热法分盐结晶工艺相对成熟，但结晶盐产品的品质及回收率略低；膜法分盐结晶工艺对原水组分波动的适应性更强，与热法分盐结晶工艺联用后可以有效提升结晶盐产品的品质和回收率。

膜分离技术的推广还须在以下几个方面做出努力：①继续加强膜材料、膜制备的基础研究；②鼓励产学研协同创新，加强原创技术的示范和推广，积极推动膜过程和膜装备技术进步；③加强膜工业基础管理建设；④创新多元化投入机制。

参考文献

[1] 陈富强，池勇志，田秉晖，等. 高盐工业废水零排放技术研究进展 [J]. 工业水处理，2018，38（8）：1-5.

[2] 韩洪军. 煤化工结晶盐如何合理处理？[J] 环境影响评价，2015，（3）：97-98.

[3] 万印华，沈飞，苏仪，等. 高性能膜分离材料、膜过程强化关键技术及装备的研制与应用 [J]. 科技促进发展，2015，（3）：369-373.

[4] Turek M，Chorążewska M. Nanofiltration process for seawater desalination-salt production integrated system [J]. Desalination and Water Treatment，2009，7（1-3）：178-181.

[5] 胡小武. 高效反渗透废水处理工艺在电厂废水零排放中的应用 [J]. 神华科技，2011，9（5）：92-96.

[6] Cole G. Use of continuous electrodeionization to reduce ammonia concentration in steam generators blow-down of PWR nuclear power plants [J]. Desalination，2000，132（1-3）：249-253.

[7] 叶作铝. MVR 蒸发技术在冶金工业废水零排放中的应用 [J]. 世界有色金属，2018，（23）：16-18.

第二十五节　污水碳氮分离与能源化技术展望

田　哲

（中国科学院生态环境研究中心）

一、发展污水碳氮分离与能源化技术的重要意义

污水中蕴含着大量有机物（碳源与能源物质），随着碳减排的全球呼吁与行动，构建污水达标减排过程中有效回收碳源/能源的技术体系，具有重要的经济与生态价值。每年污水的碳排放占全球非二氧化碳类温室气体排放量的 5%，同时消耗了全球 3%的电能[1]。

国际上的碳分离与能源化研究刚刚兴起，一方面普及率较低，例如美国已经有 544 座污水厂运行厌氧工艺，但其中只有不到 20%的水厂能够进行能源回补[2]；另一方面大部分国家污水厂的能量效率均在 50%以下[2]，例如新加坡典型水厂在 35%左右，我国典型水厂则在 31%左右。污水厂的能源回补和节能降耗仍存在极大的提升空间。与此同时，污水中氮素污染物的高效、经济去除也是

一大难题。目前普遍采用以硝化-反硝化为基础的异养生物脱氮技术，但是该过程往往需要消耗大量的资源和能源[3]。污水的有机物含量和碳氮比是制约其碳氮分离及能源化的关键环节。针对不同污水的性质，开发对应的新型处理技术，将成为提高其碳氮分离效率和能源利用程度的重要措施。

二、国内外相关研究进展

根据污水来源和碳源含量，污水可分为高浓度工业有机废水、中低浓度工业有机废水，以及城市污水。在众多的处理技术中，厌氧氨氧化技术[4]、厌氧膜生物反应器技术[5]以及好氧颗粒污泥技术[6]以其高运行负荷、高处理效率、高能源回收率/低能耗、低污泥产量等特征，最能满足提高污水的碳氮转化速率和能源利用程度的需求，具备广阔的应用前景。

（一）用于污水生物深度脱氮的厌氧氨氧化技术

将厌氧氨氧化技术拓展至低深度氨氮污水，特别是城市污水处理工艺中，将极大提高污水的能源效益，节约1/3的运行成本，有望成为污水生物脱氮的升级技术。目前，厌氧氨氧化技术主要用于高浓度含氮废水的侧流脱氮工艺。国际上荷兰、瑞士、丹麦等国家把厌氨氧化脱氮技术用在废水的主流脱氮工艺中[7, 8]，但以实验室小试为主，工程案例较少。

（二）用于高浓度有机废水处理的厌氧膜生物反应器技术

高浓度有机废水的有机污染物减排和资源化潜力巨大，厌氧膜生物反应器是适用于高浓度有机废水处理的极具前景的新型减排技术。厌氧膜生物反应器有机结合了厌氧消化与膜分离，比三相分离器能更高效地截留厌氧菌和污染物[9]，在全球已经得到了一定的科技示范应用，展现出高负荷达标和能源回收的良好前景，是实现高浓度有机废水减排和资源化极富潜力的技术措施。目前高浓度有机废水厌氧膜生物反应器存在能耗高、膜污染严重等问题，影响了高浓度有机废水厌氧膜生物反应器的推广应用。

（三）用于城市污水和中低浓度工业有机废水处理的好氧颗粒污泥技术

好氧颗粒污泥技术作为新一代好氧生物处理技术，将常规絮体活性污泥转化成为颗粒状的活性污泥，极大地提高反应器生物质浓度，增强污泥代谢活性，改善污泥沉降性能，同时有效减少剩余污泥产生和处理系统占地面积[10]，该技术的研究应用将引领好氧生物处理技术的变革性发展。目前，国内外该技术已实现实验室小试和中试的成功培养，并处于走向实际大规模工程应用的阶段，国内还具有该技术的原创性成果。

三、未来待解决的关键技术问题

要将厌氧氨氧化脱氮工艺用于废水的深度脱氮，需重点解决低浓度基质下饥饿胁迫所导致的厌氧氨氧化菌生长缓慢、活性下降、代谢转型等关键技术。好氧颗粒污泥技术需要重点开发面向实际废水的好氧颗粒污泥关键培养技术，深入了解好氧颗粒污泥的形态结构特征和形成机理，发展好氧颗粒污泥的快速培养技术和稳定化控制技术，探讨反应器流态动力学表现特征及针对性工艺结构设计。

四、未来发展前景及我国的发展策略

（一）未来发展前景

预计到 2030 年，以厌氧氨氧化技术、厌氧膜生物反应器技术和好氧颗粒污泥技术等为代表的碳氮分离与能源化技术的实际应用将为国民经济发展和生态环境建设做出重要贡献。

（1）研究厌氧氨氧化寡营养条件下的富集培养方法，获得强基质亲和力的厌氧氨氧化菌，并研究其饥饿-饱食效应，探明其休眠-苏醒过程和生长动力学特性，解决深度脱氮面临的基质饥饿问题；通过研究寡营养菌的代谢条件，探明厌氨氧化菌的刺激-应答过程和反应动力学特性；利用寡营养型厌氧氨氧化细菌及其生长代谢规律，研究创新型厌氧氨氧化深度脱氮工艺，大力推动治污减排工作的深入发展。

（2）通过膜组件及膜生物反应器的构型优化和过程控制等关键技术的突破，实现厌氧膜生物反应器在高浓度有机废水处理上的广泛应用。

（3）在提升城市污水处理技术、发展绿色节能的废水生物处理工艺、实现不同污染物的高效去除等方面取得重大进展，在未来 10～20 年，最终实现好氧颗粒污泥技术的真正工程化应用，为废水污染控制提供全新的技术手段。

（二）我国的发展策略

近年来，我国在环境治理方面投入了大量经费，取得了瞩目的成绩。但是作为一个人口大国、“世界工厂”，我国环境污染治理任重而道远。我们应充分认识我国污水处理领域的挑战和机遇，明确碳氮分离和能源化技术在我国可持续发展能源战略中的重要地位，针对生物环保技术“基础薄、投资大、研发周期长、见效慢”的特点，制定长期、稳定、一致的政策和多学科跨行业发展计划，对厌氧氨氧化技术、厌氧膜生物反应器技术及好氧颗粒污泥技术等新型污水处理技术的研发和落地给予持续、稳定的支持。此外，在科研体制上应当以大企业为主，产学研结合，通过足够的资金和人才投入来强化基地建设。

参考文献

[1] EPA Office of Water. Wastewater Management Fact Sheet，Energy Conservation [M]. Washington D C：U. S. Environmental Protection Agency，2006：1.

[2] EPA Office of Water. Opportunites for and Benefits of Combined Heat and Power at Wastewater Treatment Facilities，EPA-430-R-07-003 [R]. Washington D C：U. S. Environmental Protection Agency，2007：42.

[3] 李桂凤，黄宝成，汪彩华，等. 厌氧氨氧化技术应用于主流城市污水处理的研究进展 [J]. 生物产业技术，2019，(2)：65-74.

[4] Mulder A，Vandegraaf A A，Robertson L A，et al. Anaerobic ammonium oxidation discovered in a denitrifying fluidized bed reactor [J]. FEMS Microbiology Ecology，1995，16 (3)：177-183.

[5] Kim H C，Shin J，Won S，et al. Membrane distillation combined with an anaerobic moving bed biofilm reactor for treating municipal wastewater [J]. Water Research，2015，71：97-106.

[6] Mishima K，Nakamura M. Self-immobilization of aerobic activated sludge—a pilot study of the aerobic upflow sludge blanket process in municipal sewage treatment [J]. Water Science and Technology，1991，23 (4-6)：981-990.

[7] van der Star W R L，Abma W R，Blommers D，et al. Startup of reactors for anoxic ammonium oxidation：experiences from the first full-scale anammox reactor in Rotterdam [J]. Water Research，2007，41 (18)：4149-4163.

[8] Lackner S，Gilbert E M，Vlaeminck S E，et al. Full-scale partial nitritation/anammox experiences—an application survey [J]. Water Research，2014，55：292-303.

[9] Cheng H, Hiro Y, Hojo T, et al. Upgrading methane fermentation of food waste by using a hollow fiber type anaerobic membrane bioreactor [J]. Bioresource Technology, 2018, 267: 386-394.

[10] Gao D W, Liu L, Liang H, et al. Aerobic granular sludge: characterization, mechanism of granulation and application to wastewater treatment [J]. Critical Reviews in Biotechnology, 2011, 31 (2): 137-152.

第二十六节　土壤复合污染源头控制和可持续修复技术展望

骆永明　滕　应　刘五星　赵　玲

（中国科学院南京土壤研究所）

一、发展土壤复合污染源头控制和可持续修复技术的重要意义

随着工农业生产的快速发展和城市化进程的不断加快，重金属和有机污染物在土壤中日益积累，土壤中污染物之间的复杂交互形成了复合污染。土壤中的复合污染物往往比单一污染对环境造成的危害更加恶劣，治理过程也更加复杂。因此，如何对复合污染土壤进行高效而经济的修复成为亟待解决的难题。

土壤污染的产生是一个与人为生产活动紧密相关的持续不间断的过程，采用传统的“头疼医头，脚痛医脚”的治理模式常常会有修复费用较高、易造成二次污染的缺点。而对水体和大气污染进行治理，已逐渐形成了从污染物的产生源头入手，构建环境污染治理的源头控制-过程阻断-末端监管的治理模式。因此，土壤修复治理还需从制度创新、技术进步、产业演进和能源优化四个方面建立土壤环境污染源头控制治理模式。在修复技术的选用上，我国虽然已研发了一些环境友好的修复技术，但由于这些技术普遍修复速率较慢，导致利益相关方对其接受程度有限，所以除一些示范工程外，实际应用案例较少[1]。与发达国家绿色可持续修复、原位修复技术应用比例已达到50%以上的现状相比，我国还存在着较大差距[2]。因此，在未来10～20年，我国只有将集污染治理、安全利用和生态功能保护一体的源头控制与治理技术应用于土壤复合污染修

复，在修复工程的设计阶段充分引入绿色可持续修复理念，才能从环境、社会、经济三个方面将修复带来的影响降至最小以实现环境净效益的最大化，从而有利于土壤修复产业的长远健康发展。

二、国内外相关研究进展

（一）国外近年来的研究动向

污染土壤修复起源于 20 世纪 70 年代末期。在过去的 40 多年间，欧美国家在改进污染土壤修复技术和建立健全法律法规方面取得了较多的进展。20 世纪 80～90 年代盛行的异位土壤焚烧和地下水抽提处理技术在 21 世纪后逐渐被原位土壤和地下水修复技术所取代。近 10 年来，国际上土壤修复领域最重大的进展之一是绿色与可持续修复的兴起，英国、荷兰、加拿大、巴西、意大利等国相继成立了专业的绿色可持续修复组织，各国政府部门和行业协会不断发布新的政策、指南、应用软件等。

美国环境保护署提供了 30 余个绿色可持续修复案例，其中包括生物反应器、人工湿地、植物修复、风能驱动的土壤气体抽提等技术[3]。为了给绿色可持续修复提供全面的实践指导，目前更多和更具体的绿色可持续修复案例正在被搜集。例如，实施绿色可持续修复要求更精确地界定污染范围，通过小点多处的处理达到同样的风险管控目的，倾向于采取原位处理而非异位处理方式，对低风险和难去除的污染物采用监测自然衰减的手段等。为了减少二次影响，必须全面考虑修复所使用的材料和能源对周边环境的影响等。在实施绿色可持续修复的过程中，常采取全生命周期评价的方法，对修复活动涉及的所有材料、能源、设备都进行“摇篮—坟墓”式的环境影响评价，全面综合地计算修复所获得的“净效益”。以此方式来选取最可持续的修复方案，识别热点问题，并相应地进行改进和优化。通过对这些技术和方法的有效使用，达到避免过度修复和减少二次影响的目标。

目前，国际上越来越重视污染土壤的绿色可持续修复。发达国家开展绿色可持续修复研究和实践的主要方法有修复技术筛选矩阵、多标准分析评价（multi criteria analysis，MCA）法、成本效益分析（cost-benefit analysis，CBA）法、环境效益净值分析（net environmental benefit analysis，NEBA）法和生命周期评估（life cycle assessment，LCA）法。并以此为基础开发了一些定量和半定量评估软件或系统，用来指导场地土壤的可持续修复。但目前还没有国际公认的指标体系。

（二）我国的研究开发现状

我国政府部门对土壤环境质量日益重视，尤其是《土壤污染防治行动计划》颁布后，我国的污染土壤修复已进入高速发展的时期。为避免土壤污染修复工程中出现过度修复和二次污染问题，我们必须尽快改变目前土壤修复只考虑修复工程自身的时间与经济成本和偏向于短期快速的传统修复方式，还需考虑修复方式是否能够有效防止污染物的释放、修复材料与操作的安全性、修复的长效性等因素，建立污染土壤修复可持续性评价体系，以采取最佳的修复方法和模式，提高修复的环境、社会、经济效益。

近年来，我国开始重视发展污染场地（土壤）的绿色可持续修复。2016 年 3 月，中国环保产业协会启动了《污染场地绿色可持续修复通则》的标准制定工作，旨在为绿色可持续修复的实施提供指导框架。2017 年 6 月“中国可持续环境修复大会”在北京召开并签署《推动绿色可持续性修复的倡议书》。2017 年 10 月，中国可持续修复论坛（Sustainable Remediation Forum for China，SuRF-China）成立。与此同时，我国科研工作者在包括绿色可持续修复的框架研究、全生命周期的环境二次影响评估、不同修复技术的可持续性比较等多个方面开展了相关研究，并在国际学术期刊上发表多篇研究成果。

三、未来待解决的关键技术问题

污染土壤的绿色可持续修复包括六个核心要素：修复系统的能源消耗、废气排放、需水量和对水环境、土地和生态系统的影响、修复中的材料消耗及产生的废物和长期的管理行为。绿色可持续修复并非一种新兴技术，而是一种近年来逐渐发展的修复理念。由于我国当前城市土地快速开发的需求，业主及土地开发商通常希望修复过程在尽量短的时间内完成，但采用短期快速的土壤修复方式可能对环境和社会带来极大的负面影响，如修复工程能耗高、资源消耗量大、产生二次污染、土壤资源功能丧失且具有较高环境风险等缺点。

即使修复工作者具有绿色可持续修复的理念，具体实施的方法仍然仅在具备很好的场地调查基础时才能适用。在我国土壤修复工作中，通常存在重修复、轻调查的倾向。例如，开始修复工程之前通常没有对场地的水文地质、地球化学和生物情况进行细致调查，经常会导致污染场地修复需要的工程量靠有限的污染数据来进行评估的情况发生。由于环境基础资料缺乏，无法选取能最大化成本收益与提高修复效果的联合修复技术，也难以评估修复行为的环境影响。

我国污染土壤修复在进行技术选择时，需要借鉴发达国家的经验，构建基于我国修复技术现状，并涵盖环境、社会与经济特色的绿色可持续修复技术评估框架，为我国污染场地修复技术优选提供方法学依据。由于土壤复合污染的多样性与复杂性，想要通过单一的方法来达到理想修复目的将面临很大的困难，物理、化学、生物等多种技术的综合利用将成为未来的发展趋势。结合绿色可持续修复理念，要在未来 10～20 年实现土壤复合污染源头控制和可持续修复技术的实际应用尚存在许多重大问题需要解决，具体如下。

（1）场地污染快速精准调查与污染源解析技术，包括融合地球物理探测和环境化学快速检测技术的场地污染扫描诊断和智慧调查技术，需掌握各类土体物理性参数变化与不同环境污染物之间的响应关系，污染物通量精确测算，数据反演与成像，探测设备轻便化与多功能，基于化学、生物学和数值模拟的源解析方法等关键技术，为土壤复合污染的源头治理提供有力支撑。

（2）矿区土壤复合污染成套控制与治理的可持续修复技术，包括矿区采选和冶炼场地土壤污染问题成套控制与治理技术、材料和设备研发，集成矿区污染土壤及尾矿库的生物/物化覆盖材料与稳定层构建、酸性高浓度重金属矿坑水处理等关键技术，建设金属矿区场地土壤污染全过程控制和分级治理体系，为我国矿区污染土壤可持续修复打下坚实基础。

（3）油气开采场地的土壤污染源头控制与治理技术，包括应用清洗、脱附技术对油气开采的外排废液、泥浆和油泥等带来的土壤污染问题成套控制与治理技术体系，形成高浓度石油污染土壤连续处理工艺系统，经济、高效地满足不同单元过程对污染物脱除要求。

（4）重金属污染农田土壤安全修复技术，包括超富集植物修复、低积累作物培育、植物-微生物协同修复、农艺综合调控、稳定修复、替代种植与安全利用等关键技术，以及相关的产品与装备研发。开发针对实际污染农田的“一土一策”综合修复技术，实现工程化并进行技术评价，形成修复标准和规程。

（5）在积极借鉴美国经验的基础上，研究绿色可持续修复技术评估体系并建立适合中国国情的绿色可持续修复发展战略、技术导则、应用标准以及相应的管理机制，为实现中国污染场地的可持续修复与再开发打下坚实的理论基础与政策支持。

四、未来发展前景及我国的发展策略

（一）未来发展前景

从目前到2035年是我国土壤复合污染可持续修复技术赶超国际先进水平的重要发展时期。到2035年，有望实现如下发展目标。

（1）大规模土壤复合污染源头控制与绿色可持续修复技术将得到广泛应用，其中包括具有自主知识产权的污染源快速精准调查及源解析技术、重金属-有机污染物复合污染的绿色高效生物和化学调控组合修复技术、土壤污染全过程控制和分级治理技术及土壤可持续修复技术评价体系。

（2）以复合污染土壤生物和化学调控组合修复、污染农田土壤安全修复和植物技术为主的组合式原位修复为主要内容的集污染治理、安全利用和生态功能保护于一体的源头控制与治理系统达到实际应用水平；含矿区污染土壤及尾矿库的生物/物化覆盖材料与稳定层构建、酸性高浓度重金属矿坑水处理、材料及装备的研发等技术；高浓度石油污染土壤连续处理工艺系统及重金属污染农田土壤安全修复产品与装备研制取得突破性进展，完成示范应用验证，形成若干符合我国国情的土壤复合污染可持续修复技术。

（二）我国的发展策略

现有物理、化学和生物修复技术都有一定适用范围的限制，特别是对无机-有机复合污染土壤来说，能同时有效修复无机和有机复合污染的土壤技术较少。为应对复合污染土壤修复市场对修复技术的需求，我们必须广泛应用集污染治理、安全利用和生态功能保护于一体的源头控制与可持续修复技术，以达到经济、社会和环境的协调发展，满足国家生态环境安全的要求。

我们应充分认识国际和国内两大市场的相关发展趋势，明确土壤修复技术在我国生态环境可持续发展战略中的重要地位，针对土壤修复技术“种类多、投资大、研发周期长、技术集成性强”等特点，制定长期、稳定、一致的政策和跨行业发展计划，对土壤复合污染源头控制与可持续修复技术的研发给予持续、稳定的支持。此外，在科研体制上应当以科研院所与企业合作的方式，通过足够的资金投入来强化基地建设。到 2030 年，土壤复合污染源头控制和可持续修复技术的广泛应用将为我国区域经济社会高质量发展做出重要贡献。

参考文献

[1] Luo Y M，Tu C. Twenty years of research and development on soil pollution and remediation in China [J]. Beijing：Science Press，Singapore：Springer Nature，2018.

[2] 杨勇，何艳明，栾景丽，等. 国际污染场地土壤修复技术综合分析 [J]. 环境科学与技术，2012，35(10)：92-98.

[3] U. S. Environmental Protection Agency. Green Remediation：Incorporating Sustainable Environmental Practices into Remediation of Contaminated Sites [R]. 2008.

附　　录

附录1

“支撑创新驱动转型关键领域技术预见与发展战略研究”生态环境领域第二轮德尔菲调查问卷

（仅需将此问卷寄回，纸质版可复印）

中国科学院

“支撑创新驱动转型关键领域技术预见与发展战略研究”项目组

2019年3月

一、中国科学院面向 2035 年生态环境领域技术预见德尔菲调查专家邀请函

尊敬的专家：

您好！

感谢您参与了中国科学院组织的生态环境领域的第一轮德尔菲调查工作，也感谢您提出的宝贵、细致的意见，专家组对您的意见都进行了认真的学习与讨论。第一轮德尔菲调查问卷专家选择的统计结果，请见邮件的附件，供您在本轮（第二轮，即最后一轮）填写问卷时参考。

得益于各位的大力支持，第一轮德尔菲调查取得了很好的效果，问卷回收率创了新高，非常感谢您的支持。希望您能再次抽出宝贵的时间参与本次（第二轮）德尔菲调查，在您的支持下将进一步提升预见的效果。第一轮调查中没来得及填写问卷的专家学者，也希望您支持我们的第二轮调查。我们将把调查的结果反馈给您，并在最后的公开报告中对参与调查的专家学者进行公开致谢。

本技术预见项目由现任中国科学院科技战略咨询研究院（原中国科学院科技政策与管理科学研究所）书记穆荣平研究员担任研究组组长，由中国科学院安徽光学精密机械研究所专家刘文清院士担任专家组组长，邀请国内著名专家担任领域专家组成员。拟通过两轮德尔菲调查（技术预见通常为两轮），遴选出生态环境领域 2035 年前重要技术领域和关键技术，并绘制出关键技术发展路线图。该项目研究成果将提供给国家发展和改革委员会、科学技术部、中国科学院、国家自然科学基金委员会等部门参考，并将通过研究报告、媒体报道等方式向社会公开发布。

期望您收到后两周内填写问卷并反馈。您的个人问卷信息保密，问卷仅对技术预见课题研究组成员和课题专家组成员可见。

感谢您的参与！

中国未来 20 年技术预见研究组
中国生态环境 2035 技术预见研究组
研究组组长：穆荣平研究员（中国科学院科技战略咨询研究院）
专家组组长：刘文清院士（中国科学院安徽光学精密机械研究所）
2019 年 3 月 10 日

二、背景资料：开展技术预见工作的背景和意义

为什么要开展技术预见工作？限于知识结构和研究领域所限，个人很难准确把握未来技术发展趋势，预测其经济社会影响，进而对国家制定科技发展战略和政策提供系统而全面的建议。技术预见（technology foresight）就是要通过科学的调查和统计分析方法，集聚领域内最权威专家的集体智慧最大限度地克服这种局限性，运用科学的方法选择出未来优先发展的技术领域和技术课题，为科技和创新决策提供支撑。

开展国家技术预见行动计划已经成为世界各国遴选优先发展技术领域和技术课题的重要活动。日本继 1971 年完成第一次大规模技术预见活动之后，每五年组织一次，至今已经完成了十次大型德尔菲调查，并将预见结果和科技发展战略与政策的制定紧密结合起来。荷兰率先在欧洲实施国家技术预见行动计划，其后德国于 1993 年效仿日本组织了第一次技术预见，英国、西班牙、法国、瑞典、爱尔兰等国继之而动。此外，澳大利亚、新西兰、韩国、印度、新加坡、泰国、土耳其及南非等大洋洲、亚洲和非洲国家也纷纷开展技术预见活动。

早在 2003 年，中国科学院就启动了“中国未来 20 年技术预见研究”项目。中国科学院原院长路甬祥院士、原副院长江绵恒同志担任项目总顾问，科技政策与管理科学研究所负责具体实施。该项目在深入分析全面建设小康社会的重大科技需求的基础上，针对“信息、通信与电子技术”“先进制造技术”“生物技术与药物技术”“能源技术”“化学与化工技术”“资源与环境技术”“空间科学与技术”“材料科学与技术”等 8 个技术领域，邀请国内 70 余位著名技术专家组成了 8 个领域专家组，400 余位专家组成了 63 个技术子领域专家组，遴选出 737 项重要技术课题并进行了两轮德尔菲调查，全国 2000 余位专家对技术课题的重要性、可行性、实现时间、制约因素等进行了独立判断。

该项目研究成果在国内外产生了广泛影响，出版发行了《中国未来 20 年技术预见》《中国未来 20 年技术预见（续）》《技术预见报告 2005》《技术预见报告 2008》等四本学术著作。项目部分研究成果在《国家中长期科学技术发展规划纲要（2006—2020 年）》和《中国科学院“十一五”规划》中得到了应用，为科

技决策制定提供了有力支撑。新华社、香港《南华早报》、《科学时报》等重要媒体报道了项目研究成果，引起了社会各界的广泛关注。

本次调查工作是之前技术预见研究项目的延续和拓展。项目将邀请国内著名专家担任领域专家组成员，通过两轮德尔菲调查，遴选出包括“生态环保技术”在内的十大技术领域面向2030年最重要的技术领域和关键技术。

该项目研究成果将提供给国家发展和改革委员会、科学技术部、中国科学院、国家自然科学基金委员会等部门参考，并将通过研究报告、媒体报道等方式向社会公开公布。参与调查回函的专家姓名将以公开出版物附录的形式一并发布。

三、专家信息调查

请您在问卷调查回函时留下您的详细联系方式，以便我们后续与您联系。谢谢！

专家姓名		研究方向			
年龄	20～30岁□　31～40岁□　41～50岁□　51～60岁□　61～70岁□　71岁以上□	电话		传真	
性别	男□　　女□	E-mail		邮编	
所属部门	高校□　科研院所□　政府□　企业□　其他□	通信地址			

四、技术子领域调查

请您分别判断各子领域在2019～2025年和2026～2035年对中国*的重要性，分别在“对促进经济增长的重要程度”“对提高生活质量的重要程度”“对保障国家安全的重要程度”三栏内，选择填写A、B、C、D四种答案：

A：很重要；B：重要；C：一般；D：不重要。

重要程度 \ 技术子领域		化学品环境风险防控	环保产业技术	全球环境变化与应对	大气污染防治	清洁生产	生态保护与修复	水环境保护	土壤污染防治	重大自然灾害预判与防控
2019～2025年	对促进经济增长的重要程度									
	对提高人民生活质量的重要程度									
	对保障国家安全的重要程度									
2026～2035年	对促进经济增长的重要程度									
	对提高人民生活质量的重要程度									
	对保障国家安全的重要程度									

* 不包括台湾省、香港特别行政区和澳门特别行政区。

填表须知：（1）在“对促进经济增长的重要程度”“对提高生活质量的重要程度”“对保障国家安全的重要程度”三栏内，请根据您的判断，选择填写A、B、C、D四种答案：A：很重要；B：重要；C：一般；D：不重要。

（2）除上述三栏外，请在相应的空格内划“√”或做具体说明。

五、技术课题调查

请仅对您了解的及感兴趣的技术课题作答，无需全部作答：

（1）在“对促进经济增长的重要程度”、“对提高生活质量的重要程度”、“对保障国家安全的重要程度”三栏内，请根据您的判断，选择填写A、B、C、D四种答案：A：很重要；B：重要；C：较重要；D：不重要

（2）除上述三栏外，请在各栏的空格内划“√”或做具体说明。

（3）各项技术课题的内涵参见《附件2：技术课题清单及其简述》

范例：

技术子领域	技术课题编号	技术课题	您对该课题的熟悉程度				在中国*预计实现时间						对促进经济增长的重要程度	对提高生活质量的重要程度	对保障国家安全的重要程度	当前中国*的研究开发水平			技术水平领先国家（地区）（可做多项选择）					当前制约该技术课题发展的因素（可做多项选择）					
			很熟悉	熟悉	一般	不熟悉	2020年前	2021～2025年	2026～2030年	2031～2035年	2036年以后	无法预见				国际领先	接近国际水平	落后国际水平	美国	日本	欧盟	俄罗斯	其他（请填写）	技术可能性	商业可行性	法规政策标准	人力资源	研发投入	基础设施
				√				√					C	C	A			√	√					2	4	5	3	4	4

* 不包括台湾省、香港特别行政区和澳门特别行政区，余同。

填表须知：（1）在“对促进经济增长的重要程度”、“对提高生活质量的重要程度”、“对保障国家安全的重要程度”三栏内，请根据您的判断，选择填写A、B、C、D四种答案：A：很重要；B：重要；C：较重要；D：不重要。

（2）除上述三栏外，请在各栏目相应的空格内划“√”或做具体说明。

德尔菲调查问卷正文：

技术子领域	技术课题编号	技术课题	您对该课题的熟悉程度				在中国*预计实现时间						对促进经济增长的重要程度	对提高生活质量的重要程度	对保障国家安全的重要程度	当前中国*的研究开发水平			技术水平领先国家和地区（可做多项选择）					当前制约该技术课题发展的因素（可做多项选择）					
			很熟悉	熟悉	一般	不熟悉	2020年前	2021～2025年	2026～2030年	2031～2035年	2036年以后	无法预见				国际领先	接近国际水平	落后于国际水平	美国	日本	欧盟	俄罗斯	其他（请填写）	技术可能性	商业可行性	法规政策标准	人力资源	研发投入	基础设施
化学品环境风险防控	1	核能放射性污染防控技术得到实际应用																											
	2	高放废物处理处置纳米材料与技术得到实际应用																											
	3	化学品风险评估与事故应急预警及控制技术得到实际应用																											
	4	日遗化武危害暴露组学评估技术得到实际应用																											
	5	针对食品接触材料中纳米成分的暴露评估技术得到广泛应用																											
	6	开发出个人消费品中纳米材料的安全使用标准																											

* 不包括台湾省、香港特别行政区和澳门特别行政区，余同。

填表须知：（1）在“对促进经济增长的重要程度”“对提高生活质量的重要程度”“对保障国家安全的重要程度”三栏内，请根据您的判断，选择填写 A、B、C、D 四种答案：A：很重要；B：重要；C：一般；D：不重要。

（2）除上述三栏外，请在各栏目相应的空格内划“√”或做具体说明。

续表

技术子领域	技术课题编号	技术课题	您对该课题的熟悉程度				在中国* 预计实现时间						对促进经济增长的重要程度	对提高生活质量的重要程度	对保障国家安全的重要程度	当前中国的研究开发水平			技术水平领先国家和地区（可做多项选择）					当前制约该技术课题发展的因素（可做多项选择）					
			很熟悉	熟悉	一般	不熟悉	2020年前	2021～2025年	2026～2030年	2031～2035年	2036年以后	无法预见				国际领先	接近国际水平	落后于国际水平	美国	日本	欧盟	俄罗斯	其他（请填写）	技术可能性	商业可行性	法规政策标准	人力资源	研发投入	基础设施
化学品环境风险防控	7	长期慢性低剂量重金属污染暴露健康风险评估关键技术得到实际应用																											
	8	高风险化学品的全生命周期环境风险分析及环境友好替代品的筛查技术得到广泛应用																											
	9	基于组学和生物学通路的化学品预测毒理学技术得到实际应用																											
	10	基于人体再生组织和微流控芯片技术的化学品健康效应评估技术得到实际应用																											
	11	化学物质生态系统群落效应的微宇宙测试与风险评估技术得到实际应用																											
	12	开发出新型持久性有机污染物人体暴露与健康风险评估模型																											

续表

技术子领域	技术课题编号	技术课题	您对该课题的熟悉程度				在中国*预计实现时间						对促进经济增长的重要程度	对提高生活质量的重要程度	对保障国家安全的重要程度	当前中国的研究开发水平			技术水平领先国家和地区（可做多项选择）					当前制约该技术课题发展的因素（可做多项选择）					
			很熟悉	熟悉	一般	不熟悉	2020年前	2021～2025年	2026～2030年	2031～2035年	2036年以后	无法预见				国际领先	接近国际水平	落后于国际水平	美国	日本	欧盟	俄罗斯	其他（请填写）	技术可能性	商业可行性	法规政策标准	人力资源	研发投入	基础设施
环保产业技术	13	基于光谱质谱技术的高端环境监测仪器得到普遍应用																											
	14	工业炉窑烟气污染物减排与过程节能优化耦合技术成为行业主流																											
	15	机动车尾气近零排放技术集成得到广泛应用																											
	16	替代燃料车/机超低排放控制技术得到规模应用																											
	17	室内空气微量污染物监测与净化技术得到广泛应用																											
	18	高盐工业废水近零排放技术与装备得到广泛应用																											
	19	水处理高性能膜材料及装备得到广泛应用																											
	20	工业持久性有机物源头减量与协同控制技术及装备得到广泛应用																											

续表

技术子领域	技术课题编号	技术课题	您对该课题的熟悉程度				在中国*预计实现时间						对促进经济增长的重要程度	对提高生活质量的重要程度	对保障国家安全的重要程度	当前中国的研究开发水平			技术水平领先国家和地区（可做多项选择）					当前制约该技术课题发展的因素（可做多项选择）					
			很熟悉	熟悉	一般	不熟悉	2020年前	2021～2025年	2026～2030年	2031～2035年	2036年以后	无法预见				国际领先	接近国际水平	落后于国际水平	美国	日本	欧盟	俄罗斯	其他（请填写）	技术可能性	商业可行性	法规政策标准	人力资源	研发投入	基础设施
环保产业技术	21	危险废物超洁净协同处置技术得到广泛应用																											
	22	复合污染地块原位微生物-植物修复体系甄选技术得到实际应用																											
	23	产业废物多途径、多层次、协同化处置技术得到广泛应用																											
	24	循环型绿色智慧园区构建成为环保综合治理新模式																											
全球环境变化应对	25	高精度全球变化数据产品得到广泛应用																											
	26	气候变化年代际重大事件的早期信号检测技术得到实际应用																											
	27	全球碳、氮、水和能量循环与气候变化相互作用机理得到基本阐明																											
	28	多尺度天气气候模式得到实际应用																											

续表

技术子领域	技术课题编号	技术课题	您对该课题的熟悉程度				在中国*预计实现时间						对促进经济增长的重要程度	对提高生活质量的重要程度	对保障国家安全的重要程度	当前中国的研究开发水平			技术水平领先国家和地区（可做多项选择）					当前制约该技术课题发展的因素（可做多项选择）					
			很熟悉	熟悉	一般	不熟悉	2020年前	2021～2025年	2026～2030年	2031～2035年	2036年以后	无法预见				国际领先	接近国际水平	落后于国际水平	美国	日本	欧盟	俄罗斯	其他（请填写）	技术可能性	商业可行性	法规政策标准	人力资源	研发投入	基础设施
全球环境变化应对	29	近期气候预测系统得到实际应用																											
	30	非结构的人地系统模式得到实际应用																											
	31	二氧化碳捕集利用及封存（CCUS）技术得到实际应用																											
	32	气候变化影响与风险评估技术得到实际应用																											
	33	碳排放和减碳的影响评价及成本核算技术得到实际应用																											
	34	生物安全防控设施与体系得到广泛应用																											
	35	二噁英等无意产生的POPs减排及BAT/BEP技术得到实际应用																											
	36	荒漠绿洲稳定性评估及城市发展调控技术得到实际应用																											

续表

技术子领域	技术课题编号	技术课题	您对该课题的熟悉程度				在中国*预计实现时间						对促进经济增长的重要程度	对提高生活质量的重要程度	对保障国家安全的重要程度	当前中国的研究开发水平			技术水平领先国家和地区（可做多项选择）					当前制约该技术课题发展的因素（可做多项选择）					
			很熟悉	熟悉	一般	不熟悉	2020年前	2021～2025年	2026～2030年	2031～2035年	2036年以后	无法预见				国际领先	接近国际水平	落后于国际水平	美国	日本	欧盟	俄罗斯	其他（请填写）	技术可能性	商业可行性	法规政策标准	人力资源	研发投入	基础设施
全球环境变化应对	37	汇碳节水湿地恢复技术体系得到实际应用																											
	38	臭氧层保护监测与ODS替代技术得到实际应用																											
	39	高光谱物种尺度识别技术在生物多样性变化监测中得到实际应用																											
大气污染防治	40	雾霾和臭氧污染形成机理得到初步阐明																											
	41	大气复合污染协同优化调控技术开发成功																											
	42	千米级污染气体分布监测卫星载荷在轨运行得到实际应用																											
	43	大气环境和气象要素光学立体监测网络得到广泛应用																											
	44	基于光学遥测的高分辨污染源清单快速核算技术得到实际应用																											

续表

技术子领域	技术课题编号	技术课题	您对该课题的熟悉程度				在中国*预计实现时间						对促进经济增长的重要程度	对提高生活质量的重要程度	对保障国家安全的重要程度	当前中国的研究开发水平			技术水平领先国家和地区（可做多项选择）					当前制约该技术课题发展的因素（可做多项选择）					
			很熟悉	熟悉	一般	不熟悉	2020年前	2021～2025年	2026～2030年	2031～2035年	2036年以后	无法预见				国际领先	接近国际水平	落后于国际水平	美国	日本	欧盟	俄罗斯	其他（请填写）	技术可能性	商业可行性	法规政策标准	人力资源	研发投入	基础设施
大气污染防治	45	大气多参数高轨卫星监测得到广泛应用																											
	46	自适应网格大气环境建模预测污染和精准控制技术得到广泛应用																											
	47	基于大数据融合的大气污染监测与应急联动技术得到广泛应用																											
	48	低温氧化脱硝技术得到实际应用																											
	49	高温干法过滤技术得到实际应用																											
	50	过渡金属基材料 VOCs 催化氧化技术得到实际应用																											
	51	工业过程中低能耗气体分离及资源化回收清洁技术得到广泛应用																											
清洁生产	52	重化工业污染基因图绘制完成并在重点行业污染全过程控制中得到应用																											

续表

技术子领域	技术课题编号	技术课题	您对该课题的熟悉程度				在中国*预计实现时间						对促进经济增长的重要程度	对提高生活质量的重要程度	对保障国家安全的重要程度	当前中国的研究开发水平			技术水平领先国家和地区（可做多项选择）					当前制约该技术课题发展的因素（可做多项选择）					
			很熟悉	熟悉	一般	不熟悉	2020年前	2021～2025年	2026～2030年	2031～2035年	2036年以后	无法预见				国际领先	接近国际水平	落后于国际水平	美国	日本	欧盟	俄罗斯	其他（请填写）	技术可能性	商业可行性	法规政策标准	人力资源	研发投入	基础设施
清洁生产	53	少水绿色低碳造纸技术得到实际应用																											
	54	基于超低排污的煤化工清洁生产技术得到广泛应用																											
	55	制革行业源头减排技术得到广泛应用																											
	56	半导体照明产品绿色制造技术得到实际应用																											
	57	基于精准控制的典型原料药高效转化与绿色分离技术开发成功																											
	58	高级氧化湿法冶金技术得到实际应用																											
	59	湿法电解过程反应器型电解槽得到实际应用																											
	60	机械化学反应技术得到实际应用																											
	61	无氰电镀技术得到广泛应用																											

续表

技术子领域	技术课题编号	技术课题	您对该课题的熟悉程度				在中国* 预计实现时间						对促进经济增长的重要程度	对提高生活质量的重要程度	对保障国家安全的重要程度	当前中国的研究开发水平			技术水平领先国家和地区（可做多项选择）					当前制约该技术课题发展的因素（可做多项选择）					
			很熟悉	熟悉	一般	不熟悉	2020年前	2021～2025年	2026～2030年	2031～2035年	2036年以后	无法预见				国际领先	接近国际水平	落后于国际水平	美国	日本	欧盟	俄罗斯	其他（请填写）	技术可能性	商业可行性	法规政策标准	人力资源	研发投入	基础设施
清洁生产	62	金属表面防腐蚀绿色经济的前处理技术得到实际应用																											
	63	物联网、大数据及人工智能集成技术在工业园区绿色发展中得到广泛应用																											
	64	分散染料绿色制造集成技术得到实际应用																											
	65	大功率电池清洁生产与循环利用技术得到实际应用																											
	66	大宗工业固废高值利用与污染协同控制技术推广应用																											
生态保护与修复	67	多尺度生态网络建设技术得到实际应用																											
	68	生物多样性多尺度保护技术得到实际应用																											
	69	生态物联网技术体系得到实际应用																											

续表

技术子领域	技术课题编号	技术课题	您对该课题的熟悉程度				在中国*预计实现时间						对促进经济增长的重要程度	对提高生活质量的重要程度	对保障国家安全的重要程度	当前中国的研究开发水平			技术水平领先国家和地区（可做多项选择）					当前制约该技术课题发展的因素（可做多项选择）					
			很熟悉	熟悉	一般	不熟悉	2020年前	2021～2025年	2026～2030年	2031～2035年	2036年以后	无法预见				国际领先	接近国际水平	落后于国际水平	美国	日本	欧盟	俄罗斯	其他（请填写）	技术可能性	商业可行性	法规政策标准	人力资源	研发投入	基础设施
生态保护与修复	70	水土保持的生态修复与功能提升技术得到广泛应用																											
	71	青藏高原生态修复与保护技术体系得到实际应用																											
	72	城市近自然森林构建技术得到实际应用																											
	73	滨海湿地生态修复技术得到广泛应用																											
	74	梯级开发大江大河流域生态修复与保护技术得到实际应用																											
	75	河网水系生境修复技术得到广泛应用																											
	76	富营养化湖泊生态修复的系统解决方案得到广泛应用																											
	77	草型湖泊生态修复成套技术得到实际应用																											
	78	荒漠化地区植被修复成套技术的运用																											

续表

技术子领域	技术课题编号	技术课题	您对该课题的熟悉程度				在中国*预计实现时间						对促进经济增长的重要程度	对提高生活质量的重要程度	对保障国家安全的重要程度	当前中国的研究开发水平			技术水平领先国家和地区（可做多项选择）					当前制约该技术课题发展的因素（可做多项选择）					
			很熟悉	熟悉	一般	不熟悉	2020年前	2021～2025年	2026～2030年	2031～2035年	2036年以后	无法预见				国际领先	接近国际水平	落后于国际水平	美国	日本	欧盟	俄罗斯	其他（请填写）	技术可能性	商业可行性	法规政策标准	人力资源	研发投入	基础设施
生态保护与修复	79	草原生态系统多功能恢复与提升技术得到实际应用																											
	80	海洋生态管理模式得到实际应用																											
	81	珊瑚移植修复技术得到广泛应用																											
水环境保护	82	基于新型树脂吸附的废水资源化技术得到广泛应用																											
	83	开发出用于水处理的刺激响应智能化膜																											
	84	催化臭氧氧化技术在工业废水处理中得到实际应用																											
	85	开发出有机废水中的类芬顿技术																											
	86	碳分离与能源化技术得到广泛应用																											
	87	开发出磷/氮分离转化与回收技术																											

续表

技术子领域	技术课题编号	技术课题	您对该课题的熟悉程度				在中国*预计实现时间						对促进经济增长的重要程度	对提高生活质量的重要程度	对保障国家安全的重要程度	当前中国的研究开发水平			技术水平领先国家和地区（可做多项选择）					当前制约该技术课题发展的因素（可做多项选择）					
			很熟悉	熟悉	一般	不熟悉	2020年前	2021～2025年	2026～2030年	2031～2035年	2036年以后	无法预见				国际领先	接近国际水平	落后于国际水平	美国	日本	欧盟	俄罗斯	其他（请填写）	技术可能性	商业可行性	法规政策标准	人力资源	研发投入	基础设施
水环境保护	88	高效低能耗选择性电驱动膜技术在工业用水处理中得到广泛应用																											
	89	MVR 蒸发技术在废水处理中得到广泛应用																											
	90	废水处理的湿式氧化技术得到实际应用																											
	91	开发出水处理中的等离子体技术																											
	92	基于水质响应与剂量监控的高效紫外消毒技术得到广泛应用																											
	93	开发出用于废水生物深度脱氮的厌氧氨氧化技术																											
	94	好氧颗粒污泥技术在城市污水和中低浓度工业有机废水处理中得到实际应用																											
	95	水通量高于 15 LMH 且处理能耗低于 2.5 千瓦时/米 ^{3} 的正渗透系统得到实际应用																											

续表

技术子领域	技术课题编号	技术课题	您对该课题的熟悉程度				在中国*预计实现时间						对促进经济增长的重要程度	对提高生活质量的重要程度	对保障国家安全的重要程度	当前中国的研究开发水平			技术水平领先国家和地区（可做多项选择）					当前制约该技术课题发展的因素（可做多项选择）					
			很熟悉	熟悉	一般	不熟悉	2020年前	2021～2025年	2026～2030年	2031～2035年	2036年以后	无法预见				国际领先	接近国际水平	落后于国际水平	美国	日本	欧盟	俄罗斯	其他（请填写）	技术可能性	商业可行性	法规政策标准	人力资源	研发投入	基础设施
土壤污染防治	96	土壤污染的新型原位监测技术与设备得到实际应用																											
	97	场地土壤污染快速精准诊断与智慧调查技术得到实际应用																											
	98	土壤污染源解析、风险识别与预警技术得到广泛应用																											
	99	基于生物有效性的土壤污染风险评估与基准得到广泛应用																											
	100	以植物技术为主的组合式原位修复新模式得到广泛应用																											
	101	现代生物技术在土壤污染防治与绿色修复中得到广泛应用																											
	102	新型纳米技术在土壤-地下水污染诊断和修复中得到实际应用																											
	103	人工智能技术在土壤污染防治与修复中得到实际应用																											

续表

技术子领域	技术课题编号	技术课题	您对该课题的熟悉程度				在中国*预计实现时间						对促进经济增长的重要程度	对提高生活质量的重要程度	对保障国家安全的重要程度	当前中国的研究开发水平			技术水平领先国家和地区（可做多项选择）					当前制约该技术课题发展的因素（可做多项选择）					
			很熟悉	熟悉	一般	不熟悉	2020年前	2021～2025年	2026～2030年	2031～2035年	2036年以后	无法预见				国际领先	接近国际水平	落后于国际水平	美国	日本	欧盟	俄罗斯	其他（请填写）	技术可能性	商业可行性	法规政策标准	人力资源	研发投入	基础设施
土壤污染防治	104	污染土壤固化稳定化新技术与新产品得到广泛应用																											
	105	矿区和油田土壤污染源头控制和可持续修复技术得到实际应用																											
	106	有机污染场地土壤原位修复技术与装备得到广泛应用																											
	107	非水相液体（NAPLs）类高风险污染场地原位修复技术得到广泛应用																											
	108	场地土壤与地下水污染风险管控与协同原位精准修复技术得到广泛应用																											
	109	城市再开发场地污染风险管控与安全利用技术体系得到广泛应用																											
	110	基于 GIS 和大数据的污染土壤风险管控与修复决策系统得到广泛应用																											

续表

技术子领域	技术课题编号	技术课题	您对该课题的熟悉程度				在中国* 预计实现时间						对促进经济增长的重要程度	对提高生活质量的重要程度	对保障国家安全的重要程度	当前中国的研究开发水平			技术水平领先国家和地区（可做多项选择）					当前制约该技术课题发展的因素（可做多项选择）					
			很熟悉	熟悉	一般	不熟悉	2020年前	2021～2025年	2026～2030年	2031～2035年	2036年以后	无法预见				国际领先	接近国际水平	落后于国际水平	美国	日本	欧盟	俄罗斯	其他（请填写）	技术可能性	商业可行性	法规政策标准	人力资源	研发投入	基础设施
重大自然灾害预判与防控	111	基于大数据和人工智能的地质灾害风险管理技术得到广泛应用																											
	112	智慧和韧性减灾社区得到实际应用																											
	113	应对极端气候灾害的预警、控制和风险预估技术得到实际应用																											
	114	开发出海岸带地质灾害监测预警和风险评价技术																											
	115	地震次生灾害链的风险判识、评价与控制技术得到实际应用																											
	116	海洋气象智能预警系统得到实际应用																											
	117	防洪工程全面可视化、信息化监测预警技术得到广泛应用																											
	118	大比例尺、高精度自然灾害风险区划技术得到实际应用																											

续表

技术子领域	技术课题编号	技术课题	您对该课题的熟悉程度				在中国*预计实现时间						对促进经济增长的重要程度	对提高生活质量的重要程度	对保障国家安全的重要程度	当前中国的研究开发水平			技术水平领先国家和地区（可做多项选择）					当前制约该技术课题发展的因素（可做多项选择）					
			很熟悉	熟悉	一般	不熟悉	2020年前	2021～2025年	2026～2030年	2031～2035年	2036年以后	无法预见				国际领先	接近国际水平	落后于国际水平	美国	日本	欧盟	俄罗斯	其他（请填写）	技术可能性	商业可行性	法规政策标准	人力资源	研发投入	基础设施
重大自然灾害预判与防控	119	突发性山洪灾害预报与动态预警技术得到广泛应用																											
	120	高精度城市洪涝短临预报与迁安避险决策技术得到广泛应用																											
	121	开发出极端气候影响下综合风险防范技术平台																											
	122	开发出海底异重流风险判识与调控技术																											
	123	基于无线探测网络和无人驾驶飞行器的灾害管理技术得到广泛应用																											
	124	基于大数据的自然灾害救助物资储备与应急联动技术得到实际应用																											
	125	灾害衍生环境下资源环境承载力的快速评估技术得到广泛应用																											

尊敬的专家：

感谢您回答“支撑创新驱动转型关键领域技术预见与发展战略研究”生态环境领域第二轮德尔菲调查问卷。

如果您对此问卷内容和技术预见工作有建议或意见，请不吝赐教！

您的建议和意见（包括对技术课题的建议和对本次德尔菲调查的建议）：

附录2　德尔菲调查问卷回函专家名单

（排名不分先后）

李　杰	关小红	陈长伦	吴李君	邓祥征	巢清尘	章　宇	杨学军
李　森	黄　俊	张太生	范桥辉	陈景文	杜冬云	罗孝俊	邹元春
翁宁泉	曾　宁	白志辉	丁维新	陈伟强	刘世梁	王　灿	尚占环
赵明辉	张国斌	何庆生	王震洪	常学向	黄安宁	叶　谦	林慧龙
朱安民	吴乾元	岑望来	张忠国	顾军农	张效伟	李　激	任文杰
徐向阳	周　通	赵　旭	赵南京	徐　鹤	王祥科	宋维峰	胡宝兰
李　柱	李秀华	郝郑平	吴宇澄	吴龙华	刘五星	王家嘉	张瑞昌
孙向辉	王志伟	赵　玲	韩存亮	吕明超	桂华侨	朱　濛	高　娟
邹德勋	叶代启	文湘华	何　洪	邢维芹	吴春发	刘世亮	许振良
胡鹏杰	徐　莉	陈永山	罗旭彪	乔显亮	李志博	马婷婷	钱林波
谭长银	吴忠标	滕　应	王洪臣	刘俊新	张国涛	熊　喆	孙玉焕
方向晨	姚春霞	高吉喜	黄占斌	潘云雨	倪进治	陈　健	孟兴民
陈同斌	虞　磊	刘鸿雁	王　晴	封　克	高　翔	梁尔源	于德爽
翟盘茂	刘增俊	吴　骏	沈源源	罗　飞	汪　军	熊鸿斌	高　岩
余海波	吴绍洪	穆　杨	唐　历	吴晋沪	张长波	王小明	廖小林
辛　沛	王圣瑞	郭青海	王兴祥	俞汉青	李永涛	王　平	卢　涛
汤志云	黄志霖	柯　欣	巩　杰	金小伟	雷晓辉	刘庆芬	翟红娟
卜元卿	贾汉忠	高　杰	程功弼	卜　静	韩建均	李发生	王升忠
历红波	孙建奇	马　杰	程晓陶	郭义强	吴卫红	彭世球	马奇英
黄邦钦	余运波	张　凡	陈兆波	黄　阳	陈　方	侯一筠	周景辉
韦　斯	田　晔	郭　斌	黄玉娟	许　安	水　平	吴吉春	罗　军
董全民	史建波	王茂华	汪诗平	张伟明	张　晖	游　静	刘红斌
刘兆明	朱东强	罗胜联	栾金义	杜昱光	魏世强	张润铎	柴之芳
谢小平	刘朝阳	周利强	梁　斌	郑　蕾	张远航	徐海根	万　袆

黄文典　庞晓燕　崔岩山　平立凤　邓绍坡　田　昆　吴爱国　封国林
景传勇　李荣辉　王文颖　韦　婧　王　翔　林红军　周炳升　高迎新
阚海东　周　斌　吕正勇　郭红岩　崔晓鹏　李芳柏　胡洪营　王　芳
黄道友　刘文清　陈永翀　陈　靖　李家星　孟国文　郭建英　周金星
程继军　吴冬秀　吴启堂　马玉寿　靳　健　史　薇　冯海波　吴敬禄
李大鹏　王德利　李俊生　赵清贺　叶　宏　李　越　李博洋　杨　薇
侯精明　卢少勇　龚继明　王　果　陈军辉　赵　娜　霍明昕　尹大强
张庆华　潘丙才　张尚弘　施凤海　韩　璐　张勇强　陈卫平　韩国栋
潘保柱　廖卫红　陈光浩　罗　勇　彭　杨　尚会建　洪坚平　刘国华
翟永洪　陈占光　王苏民　曹国庆　何盛宝　胡　波　胡凯衡　陈少华
陈国雄　李玉霖　张守海　黄　青　孙　峙　黄　爽　陈梦舫　刘云慧
刘振刚　何孟常　王铁宇　任立人　肖　东　尚彦军　刘　国　李春利
刘洪春　田　禹　贠延滨　刘静玲　曾希柏　何绪文　胡文友　李会泉
王建兵　谭科艳　董敏刚　魏树和　贾永刚　唐　宋　赵廷宁　司福祺
申洋洋　高乃云　李鑫钢　赵庆良　吕一河　陈华丽　彭永臻　付　军
张　康　杨建新　冯亚松　吴　鹏　金美青　黄国鲜　席北斗　姚仕明
钱　翌　卢欣石　陈进生　刘代欢　胡卫国　曹宏斌　曹　曼　刘全儒
欧阳威　王丽萍　陈　硕　崔　鹏　刘海飞　龚建华　张全兴　祝凌燕
许　强　李廷轩　丹　利　董世魁　姜　明　马建中　蒋金平　宋　静
李书鹏　骆永明　李旭祥　牛健植　魏　伟　徐　斌　宗子就　盛连喜
王　磊　王小军　王志东　徐爱华　王文龙　毕　德　梁兴印　李　建
陈冬赟　胡筱敏　王学雷　储日升　马宏瑞　刘燕华　包存宽　石利利
任洪强　韩洪军　李　梅　刘永健　高士祥　雷光春　刘劲松　白军红
黄泽春　臧文超　沙作良　王学川　郧堂春　张中英　王　清　李长冬
张天舒　王永安　程　迪　陈嘉斌　周荣军　汪　稔　廖学品　杨春维
徐顺清　张永双　陈　刚　魏江波　李述贤　王兰民　陈志华　陈海群
王亚强　李希来　李洪波　刘　敏　杨敬增　李敬光　朱　余　刘纪远
杨家宽　郭　磊　陈尚芹　徐友宁　李　军　乔　琦　陈良富　仉天宇
潘本锋　奚旦立　王龙基　巢世军　陈建荣　方降龙　高建荣　郭绍辉
胡迁林　李　昂　李彩亭　李健生　李　鲲　李书莉　刘秀庆　钱　毅

沈　飞　沈　毅　石　碧　王传义　王　圣　王泽建　吴文涛　易　斌
于建国　俞志敏　展思辉　张道新　张　辉　张力小　赵　吉　赵中伟
周华坤　周顺桂　朱　健　朱兆亮　邹　昊　张丽霞　满文敏　何　超
何良年　杨忠东　高　林　赵　宁　王玉涛　崔宗强　韩静磊　孙阳昭
任志远　崔保山　郗　敏　谢永宏　张明祥　卢　琦　丛日春　曹世雄
周巧富　许吟隆　靳甜甜　陆兆华　温宗国　张正旺　吕世海　蒋志刚
李　新　卫　伟　赵新全　高清竹　曹广民　张　娜　李铁键　陈小娟
李　勇　朱德军　马　超　胡小贞　赵学勇　杨　庆　黄　霞　刘学军
周　琪　苏立君　张彭义　林　璋　张宏科　马鲁铭　楚文海　施汉昌
吕晓龙　郑兴灿　安太成　黄　勇　李　继　邢德峰　张耀斌　季　民
刘思彤　方　芳　李伟英　傅旭东　陈银广　买文宁　杨　欣　温　璐
张小林　赵勇胜　萧作平　梁　恒　陈洪凯　贠延滨　刘传正　张春晖
刘　正　李　元　邢宝山　李　晖　马　骏　晁代印　黄新元　陈彩艳
余应新　林道辉　龙　涛　李首建　段桂兰　黄沈发　韩用顺　黄宏坤
施积焱　徐文忠　刘树庆　罗启仕　高胜达　廖晓勇　杨　洁　廖　红
蒋长胜　陈焱山　唐朝生　王东晓　刘思金　彭　勇　宋　云　夏天翔
王宏青　林　军　王喜龙　单晖峰　王亚韡　林春野　付融冰　朱利中
付凤富　伍　涛　王　辉